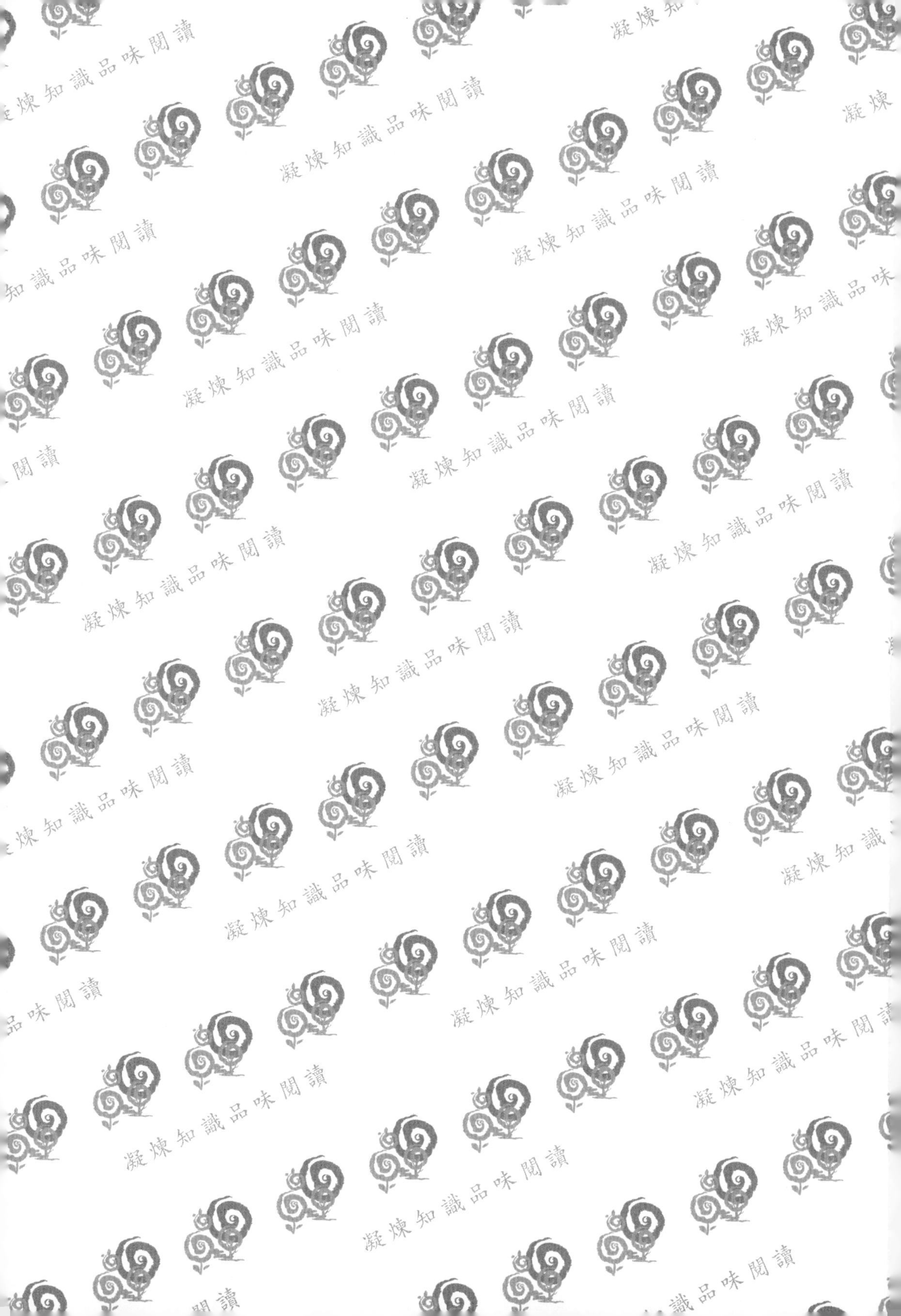
凝煉知識品味閱讀

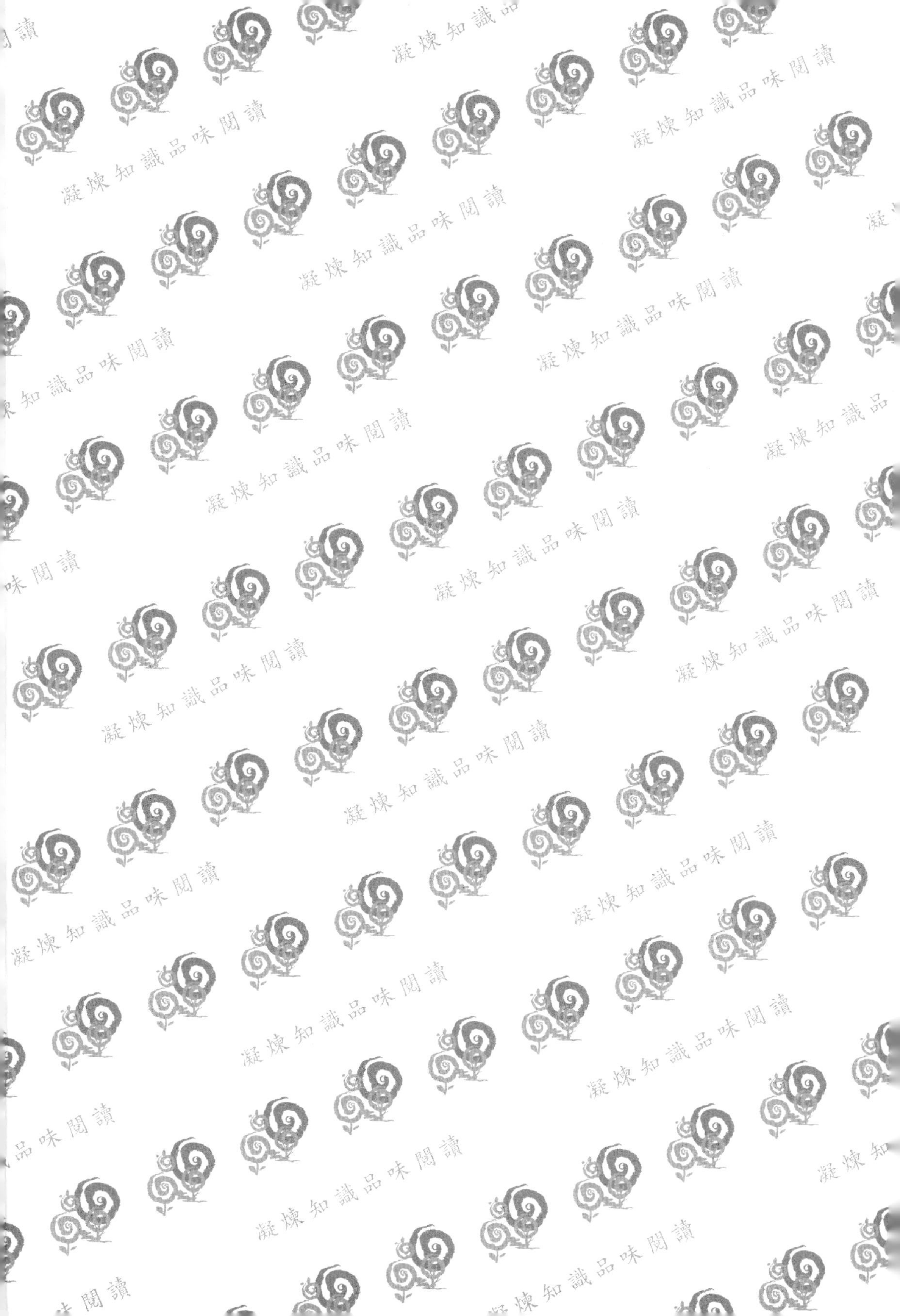
凝煉知識品味閱讀

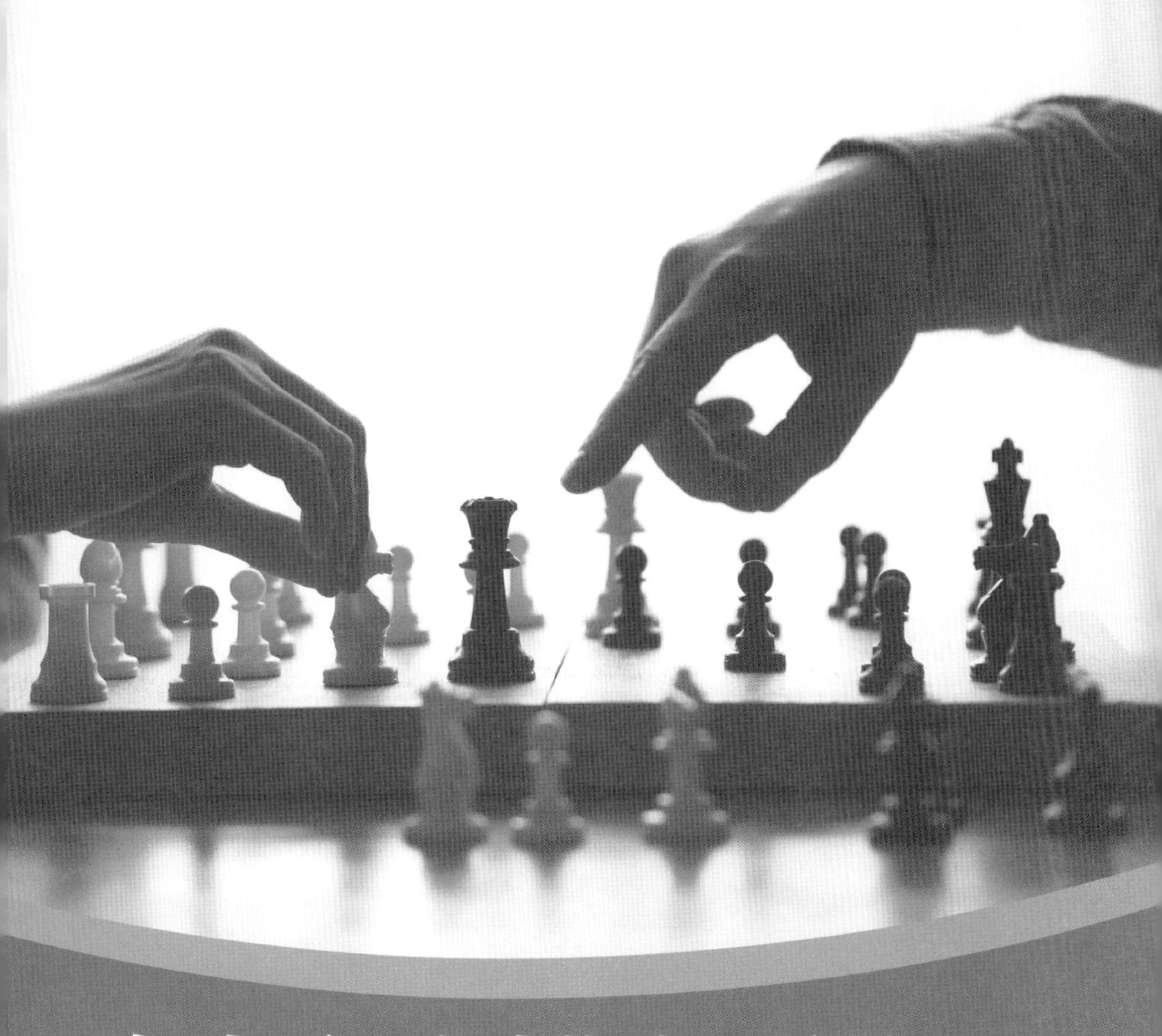

# 美中印太博弈下的台日關係

*Taiwan-Japan Relations amid the Coopetition between the U.S. and China in the Indo-Pacific*

五南圖書出版公司 印行

陳文甲・著

# 自序

楔子。誠如英國前首相邱吉爾所言：「回首看得越遠，向前也會看得越遠。」唯有深刻地回顧與反思既往，才能清楚地預見與擘畫未來。

驀然回首。經歷三十年公職，期間有幸能在「行萬里路與讀萬卷書」的國際事務工作職場上得到淬礪與養成，才有底氣於九年前離開公職後開展了人生第二春，轉進開南大學公共管理研究所專任教職，同時兼任董事會主任秘書、國家暨區域發展研究中心主任；並為累積學術能量，分赴國立政治大學國際事務學院、國立中山大學中國與亞太區域研究所等校授課，以及擔任當代日本研究學會第一副會長、國策研究院資深顧問、台灣日本研究院資深顧問等職務，並且樂於挑戰許許多多的研討會論文發表與新聞媒體的國際時事評論。

起心動念。在邁入學術圈即將「十年磨一劍」的前夕，該是盤點學術研究成績的時候了，從而燃起撰寫本書的念頭。在構思與撰寫的全程中，念茲在茲的還是負笈東瀛時指導教授成田孝三恩師的教誨：「地域政策研究者，在當前全球化的潮流中，須以更宏觀的研究視野，來看待區域發展的過去與未來」，猶記這幾年就是同樣思路陸續撰寫完成《亞太區域經濟合作之政經分析》、《俄烏戰爭的剖析》與《台灣有事，全世界都有事》等專書。此外，身為「留日與知日」學者，始終秉持著高度的榮譽心與使命感，對於長期關心與掌握「生於斯，長於斯」的印太局勢發展，特別是近年來隨著美中印太博弈的白熱化，帶給台灣與日本在外交、安全、經濟等方面的共同挑戰與機遇，透過多年來積累的「公職閱歷、專業知識、學術研究與公共影響」等能力進行深刻研析，殫精竭慮提出台日關係的學術見解與因應政策建言，促進台日間的相互支持與合作，確立雙邊關係在印太戰略中的長遠價值。

闡明美中。當前兩國在印太區域的博弈格局中，美中既採取「軍事、外交、經濟」等面向的「戰略衝突」行動，也施展「競爭中有合作，對抗中有對話」的「戰略靈活」態勢；其實就是「競合」博弈，即在「各自不同」利益與安全的議題上呈現「競爭與對抗」，而在「彼此共同」利益與安全的議題上展現「合作與互賴」。

梳理台日。台日關係當然取決於美中博弈的態勢，記憶深刻的是，2021 年 12 月 1 日筆者在現場聆聽到日本已故首相安倍晉三於在國策研究院舉辦的「影響力論壇」線上演說指出：「『台灣有事』等同於『日本有事』，也等同於『美日同盟有事』。」再一次公開重申台灣的安全直接影響日本，並進一步影響美日同盟的戰略利益，若台海一旦發生衝突，不僅威脅日本的國家安全，還會牽動美日同盟的防務合作，反映出台日之間在地緣政治和安全合作上的重要性，也凸顯了台日在維護印太區域穩定中的關鍵角色和與美國緊密合作的重要性。因此，台日關係發展因受到美中印太博弈的催化下更形緊密，成為共同應對安全挑戰和維護地區穩定之必然選擇；唯有台日關係更加堅實，美日同盟與印太戰略對遏制中國權力擴張的力道才會更加強大。

細究台日。彼此間擁有多層次且密切的「五形與五體」關係，包括：一是在「美國引領」所形塑的「戰略共同體」，二是在「地緣安全」所形塑的「命運共同體」，三是在「民主政治」所形塑的「價值共同體」，四是在「經貿科技」所形塑的「利益共同體」，五是在「民間友情」所形塑的「情感共同體」；台日當應強化「五形與五體」的關係與合作，建構綿密堅定的戰略夥伴關係，並與具有共同價值觀的美國無縫鏈結，聯袂因應印太與台海可能的變局，俾能確保區域穩定與安全。這正是「現實主義理論」中，從「拿破崙戰爭」、「兩次世界大戰」到「美蘇冷戰」的歷史經驗看來，無論台日是在追求「權力優化」（「攻勢現實主義」的邏輯）或是「安全至上」（「守勢現實主義」的邏輯），雙方唯有「自助互助」才能共生共榮，也才能保持戰略自主與靈活，進而成為美中印太博奕的共同主角。

兼論兩岸。當前中國正受限於「武統台灣動機雖然強烈，惟軍事實力明顯不足，加上美日介入後果嚴重」等三大因素，對台充其量只能持續加大「統一戰線、文攻武嚇、經濟脅迫、認知作戰、灰區作戰」等諸般手段，企圖「分化台灣、弱化台灣、恐嚇台灣、孤立台灣、制裁台灣」；所以從「條件論」面向來研判，中國短期內不致於有貿然攻台的實質作為。只是從研究中國對外政策的學術角度來看，尤須以「微觀與宏觀」研究方法，在「宏觀層次」上需觀察中國的國際制約與國內決定因素，以及在「微觀層次」上需掌握中國領導人習近平的「一人一黨，極權專制」決策模式，才能妥擬「超前部署、料敵從寬、禦敵從嚴」的政策因應；並要秉持「用兵之法，無恃其不來，恃吾有以待也；無恃其不攻，恃吾有所不可攻也」的高度警覺，強化台灣防衛力量與對中情報工作力度，才能精確掌握中國對台軍事預警動態，杜絕與防患中國「武統台灣」於未然。

擘畫未來。期待台灣政府應以「安內攘外之策與固本防患為先，確保台灣永續生存發展」為國家發展戰略：首先，團結全民齊心發展國力與威懾力，共同應處美中博弈影響下的印太與兩岸變局；其次，審時度勢地運用台灣既有的「地緣價值、科技價值、民主價值、國防價值」等四大優勢，「借力使力」與美日同盟發展更為緊密的政經與安全合作關係，進而聯合民主國家陣營共構綿密的「全球安全防護網」；嗣後，當台灣有更強大的國力與國際援助力，才能體現「靠實力才有真和平」的真諦，才能務實開啟兩岸的「和平對等的民主對話」，才能確保台海的和平與穩定。

感恩戴德。懇請學術先進們對本書不吝指正，期藉以發揮拋磚引玉之效能，集思廣益為台灣永續生存與發展而努力；並隨著本書的付梓，尤須向雙親與成田孝三恩師生前的養育教導，昔日公職單位的栽培養成，還有開南大學顏志光董事長與林玥秀校長的支持鼓勵，並有學術與媒體界的師長好友的賜教力挺，以及竹仔腳家人始終的關愛疼惜，在在都是從事學術研究與撰寫本書至為關鍵的動能，謹致上最誠摯的敬意與謝意。

陳文甲

2024 年夏月

# 目錄

# 圖目錄

# 表目錄

# 第一章 緒論

從「修昔底德陷阱」（Thucydides's Trap）的觀點，西元前 5 世紀急遽崛起的雅典震驚了陸地霸主斯巴達，雙方因為「遏制與反遏制」引發長達三十年的戰爭；誠如美國著名作家馬克・吐溫（Mark Twain）曾說過「歷史不會重演，但總是驚人的相似」（History does not repeat itself, but it does often rhyme），近年來隨著中國的「大國崛起」，企圖以「重建國際新秩序」為名，行「建構全球霸權」之實，直面挑戰美國的世界霸主地位，引發近年來美中之間的競爭與衝突。特別是美國前任總統川普在 2018 年起採取「美國優先、美中貿易戰」的「單邊主義」進行「鬥而不破」的戰略嚇阻；嗣後拜登總統在 2021 年 1 月就任後，也隨即在前總統川普的抗中基礎上，開展以美國為主導的藉由「聯合盟友、反制中國」的「安保態勢」，先行以「外交安保態勢」，鏈結「美日同盟」（Japan-US Alliance）、「四方安全對話」（Quad）、「七國集團峰會」（G7）、「北大西洋公約組織峰會」（NATO）；嗣後以「軍事安保態勢」，藉以「美日同盟」為核心聯合盟國舉行數十場大型聯合軍演，並於 2021 年 9 月成立強化澳英美三邊安全夥伴關係的「澳英美三方安全夥伴關係」（AUKUS），同時身為美國最為重要的盟國日本亦配合新修「國安三文件」，確定日本將中國定為「最大戰略挑戰」與允許自衛隊「擁有反擊能力」；[1] 隨後並以「經濟安保態勢」，於 2022 年 2 月正式公布「印太戰略」（Indo-Pacific Strategy）文件，其中以「印太經濟架構」（Indo-Pacific Economic Framework, IPEF）為「印太戰略」（Indo-Pacific Strategy）的核心，在在顯示美國刻正以「外交、軍事、經濟」等全面性的安保結盟手段遏制中國，以維持印太與台海區域安全。[2]

1 陳文甲，〈陳文甲觀點》利益與安全！日中關係「競合」新局—評日本新版安保三文件〉，《Newtalk 新聞》，2022 年 12 月 21 日，〈https://newtalk.tw/news/view/2022-12-22/849662〉。

2 陳文甲，〈拜登時期美中博弈與美日同盟聯合軍演之評析〉，《亞洲政經與和平研究》，第 9 期，2022 年 4 月，頁 25-50。

同時，自2022年2月24日的俄烏戰爭與2023年的以哈戰爭開打後，更是牽動著世界情勢走向以美、日、歐為主的「自由民主陣營」與中、俄、北韓、伊朗的「極權專制陣營」的「兩極體系」對抗勢頭發展，就像美國學者奧根斯基（A. F. K. Organski）在1950年代首先提出的「權力轉移理論」，直指新大國的崛起與既有的霸權國家為維持權力與利益，雙方於是產生權力衝突，衍生「戰爭」或「兩極體系」的弔詭情勢，冷戰時期「雅爾達體系」似已風雲再現。[3] 尤其是俄烏戰爭帶動著日中與台日關係的大變化，因為這場戰爭對印太區域來說，俄國藉「一個俄國」入侵烏克蘭，未來中國也極有可能如法炮製用「一個中國」的藉口，使用武力片面改變台灣與日本西南諸島的主權現狀，當然引發日本的高度緊張，因此才有日本已故首相安倍晉三於2022年4月12日投書《洛杉磯時報》，指陳台灣與烏克蘭處境的異同，籲請美國應該改變對台「戰略模糊」轉為「戰略清晰」，並表明防衛台灣決心。[4] 這是他繼2021年12月1日在國策研究院舉辦的「影響力論壇」線上演說指出：「『台灣有事』等同於『日本有事』，也等同於『美日同盟有事』」，再一次公開重申台灣的安全直接影響日本，並進一步影響美日同盟的戰略利益，若台海一旦發生衝突，不僅威脅日本的國家安全，還會牽動美日同盟的防務合作，反映出台日之間在地緣政治和安全合作上的重要性，也凸顯了台日在維護印太區域穩定中的關鍵角色和與美國緊密合作的重要性，並顯示出美日同盟在印太地區的戰略重要性和彼此間的防衛承諾，進一步強調台灣的穩定對區域安全的不可或缺性。

此外，美國向來對地緣政治的掌控主要是採取「離岸制衡戰略」（offshore balancing strategy），而台日關係發展近期特別緊密，也是受到這個戰略的影響。隨著中國近年「軍事、外交與經濟」的霸權擴張，已經嚴重影響到美日同盟與印太區域的安全，加上俄烏戰爭使中俄兩國發展成

3 菱傳媒，〈未來事件簿4／四方論戰 美國博弈陷「安全或戰略困境」？〉，《菱傳媒》，2023年3月29日，〈https://rwnews.tw/article.php?news=7994〉。

4 中央通訊社，〈安倍為台發聲 外交部：將強化合作為新世代民主奠基〉，《中央通訊社》，2022年4月14日，〈https://www.cna.com.tw/news/aipl/202112140123.aspx〉。

**圖 1-1　日本故首相安倍晉三在國策研究院「影響力論壇」線上演說**

資料來源：筆者現場拍攝。

更緊密的戰略協作關係後，美國當然希望日本在印太區域「軍事、外交與經濟」等安保領域能夠承擔更大的責任，同時減輕美國在該區域投入；而日本的岸田政權為了國家安全與利益的需要，以及提高在印太區域的話語權，自然樂於也勇於投入力量與資源，傾全力推動美國對中國實施「離岸制衡戰略」。至於台灣跟日本一樣，同處第一島鏈核心位置，由地緣政治中的「翻轉地圖」角度來看，台日有著如鍋蓋完全壓蓋中國國力的對外發展的地緣壓制；所以對美國而言，台日不僅是美國前進太平洋的據點，更具有地緣屏障與圍堵作用；就中國而言，走進太平洋會受到北方的俄國的濱海邊疆區、朝鮮半島的阻礙，接著日本列島，直到奄美大島、沖繩、先島群島（宮古群島、八重山群島和尖閣群島），以及台灣的地緣牽制。

當前台灣既然肩負著美日同盟對中國的圍堵重責大任，所以台灣的地緣戰略位置也就格外的重要，台灣一旦被中國併吞，台灣將成為中國霸權擴張的「墊腳石」，如此中國海軍將可突破第一島鏈，直驅西太平洋及南太平洋，美日同盟及「印太戰略」將遭到嚴重的挑戰與威脅；若台灣納入美日同盟的戰略協作關係，則台灣將更可發揮位處關鍵核心的地緣戰略作

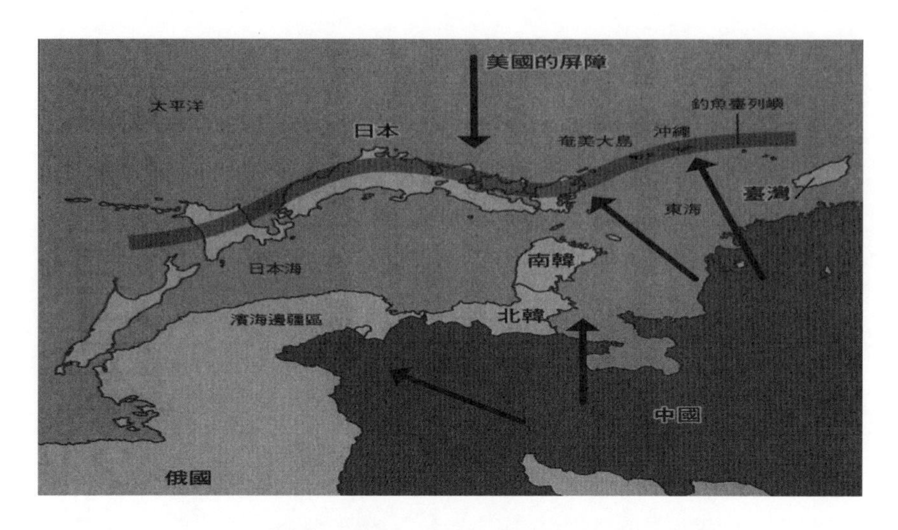


**圖 1-2　翻轉地圖下中國受到台日的鍋蓋圍堵**

資料來源：茂木誠，《超地緣政治學》（台北：城邦文化，2018），頁 191。

用，成為中國的「絆腳石」，制約中國藍水海軍的霸權擴張。[5] 所以對於中國而言台灣不僅僅是主權的核心問題，也是能否成為海洋大國的戰略問題；而對美日而言台灣是攸關印太安全與利益的最前哨，也是擔綱執行美日同盟戰略的重要夥伴，因此台灣儼然與日本般成為執行美國遏制中國霸權擴張的要角。[6]

因此，唯有台日緊密關係更加堅實，美日同盟與「印太戰略」對遏制中國的力道才會更加強大。此外，台日之間既然擁有多層次且密切的「五形與五體」關係，包括：一則是在「美國引領」所形塑的「戰略共同體」、二則是在「地緣安全」所形塑的「命運共同體」、三則是在「民主政治」所形塑的「價值共同體」、四則是在「經貿科技」所形塑的「利益共同體」、五則是在「民間友情」所形塑的「情感共同體」，所以台日更應該強化上揭「五形與五體」的合作力量，與美國緊密鏈結共同因應印太與台

5 自由時報，〈新日相外交主旋律不變 學者：台灣猶如「兩顆石頭」〉，《自由時報》，2021 年 10 月 7 日，〈https://news.ltn.com.tw/news/politics/breakingnews/3695942〉。

6 陳文甲，〈陳文甲專欄》當前美日同盟戰略需求托舉下的台日關係〉，《中央廣播電台》，2022 年 4 月 22 日，〈https://insidechina.rti.org.tw/news/view/id/2130664 〉。

海可能的變局，確保區域和平與穩定。這正是台日在「現實主義理論」中，自從「拿破崙戰爭」、到「兩次的世界大戰」，以及「美蘇冷戰」的經驗，台日為追求「權力極大化」（「攻勢現實主義」）或「安全極大化」（「守勢現實主義」），[7] 而「自助互助」乃是台日共生共榮的不二法則。

## 第一節　研究動機與目的

### 壹、研究動機

在當今國際政治舞台上，「東升西降」的趨勢使得「印度洋—太平洋」區域（以下簡稱印太區域）成為全球關注熱點，其地緣政治的複雜性和經濟的蓬勃發展為全球安全與繁榮影響全球與人類發展。但是 2018 年以後，美國與中國之間的戰略競爭在該區域展現出前所未有的激烈程度，所引發的波動不僅影響印太區域，在全球化的趨勢之下，其影響所及遍布全球。[8] 因此，本書的研究動機首先在於深入分析印太區域的戰略重要性，探究其對於全球政治經濟格局的重大影響，並探討台日在「印太戰略」的框架之下，深入研究美國如何透過其在印太的軍事布局、經濟政策及國際合作來維持其全球霸權地位，同時分析中國如何借助經濟崛起、軍事現代化以及「一帶一路」等戰略來擴大其國際影響力。此外，本書也致力於揭露在這場大國博弈中，區域內其他國家特別是台日如何進行戰略定位，以及如何透過外交策略和安全合作來保障自身的國家利益。

日本作為區域內的重要國家，其安全政策的演變及對外關係的調整影響著區域安全架構。本書將分析日本如何在保障國家安全和推動區域穩定的同時，加強與美國的同盟關係，並透過積極參與區域事務來應對日益複

7　盧業中，〈盧業中導讀：當前美國外交政策的「結」與「解」〉，《風傳媒》，2019 年 11 月 2 日，〈https://www.storm.mg/article/1867523?page=1〉。

8　RAYMOND ZHONG，〈台灣、貿易、技術：詳解新時代美中競爭〉，《紐約時報中文網》，2021 年 11 月 16 日，〈https://cn.nytimes.com/asia-pacific/20211116/us-china-tensions-explained/zh-hant/〉。

雜的國際環境。台灣則因其獨特的地理位置和政治地位，在美中戰略競爭中有著關鍵的位置。本書將探討台灣如何在美中博弈中尋求永續生存與發展，以及其在印太區域安全與穩定中所扮演的角色。

本書提供多維度的分析，為理解印太區域的複雜性提供一個多方面的視角，不僅對學術界具有重要的理論價值，透過深化對該區域國際關係的理解，也為政策制定者提供有價值的參考。在全球力量對比發生重大變化的背景下，理解並應對印太區域的挑戰對於維護區域乃至全球的和平與穩定具有迫切的需要。

## 貳、研究目的

本書旨在了解美中戰略競爭對台日關係的影響，並分析如何塑造台日在印太區域的安全與外交戰略。隨著全球力量平衡的轉移，特別是美國與中國之間的戰略競爭日趨激烈，台日所扮演的角色愈發受到國際社會的關注。因此，了解和分析台日之間的互動對於印太區域的穩定與和平具有重要的意義。本書將探討台日兩國如何透過加強彼此之間的合作，來應對來自於區域安全挑戰，並在美中戰略競爭的大背景下尋找合作與發展的新機遇。

本書的目的之一是揭示美中戰略競爭對台日關係的具體影響，包括政治、經濟、安全等多個層面。研究將重點考察在這場大國博弈中，台日如何調整其外交政策和安全戰略，以保護自身的利益並維持區域穩定。此外，研究還將評估台日關係在應對區域安全挑戰，特別是面對中國日益增長的影響力時，所展示的合作潛力與策略。

其次，本書將探索台日在政治、經濟、社會文化等領域的合作機會，以及這些合作如何促進兩國關係的深化，並對區域乃至全球的戰略格局產生積極影響。特別是在新興科技、經濟合作、人文交流等領域，台日兩國如何利用這些機會來強化彼此的關係，並共同應對未來可能出現的挑戰。

最後，本書將提出具體的政策建議，旨在為台灣和日本政府在制定外交與安全策略時提供參考。這些建議將基於本書的發現，指出如何透過加強台日之間的合作，來促進印太區域的和平、穩定與繁榮。透過這些研究目的的實現，本書期望為理解當前印太區域複雜的國際關係動態提供新的視角和深刻的洞察。

## 第二節　研究範圍

本書的研究範圍深入挖掘印太區域的戰略重要性，並詳細考察區域內主要國家的戰略互動，以下是本書主要範圍：

### 壹、印太區域的地緣政治與經濟格局

探討印太區域如何成為全球經濟增長的引擎，以及其海洋通道對於全球能源供應和國際貿易的至關重要性。透過分析區域內外大國的經濟戰略和投資模式，本書將揭示經濟利益如何塑造政治互動和安全政策。

### 貳、美中在印太區域的戰略競爭

深入研究美國為維持其全球霸權地位而在印太區域採取的策略，以及中國如何透過一帶一路倡議、軍事現代化和外交戰略來擴展其影響力。本書將重點分析美中之間在技術、海洋安全和貿易政策方面的博弈，以及其對區域安全架構和國際秩序的深遠影響。

### 參、日本與台灣在「印太戰略」中的角色

探討日本如何透過強化自衛能力、深化美日同盟關係，以及積極參與區域事務來應對安全挑戰和維護區域穩定。同時，本書也將關注台灣在區

域安全中的獨特地位，分析其如何在美中戰略競爭中尋找生存和發展的空間，以及台灣對區域安全與穩定的貢獻。

## 肆、印太區域的多邊合作與安全架構

評估區域內的安全合作機制，如美日同盟、四方安全對話等，並分析這些機制在促進區域政治經濟穩定和安全中的作用。本書將探討如何透過多邊合作來應對非傳統安全威脅，如海盜行為、恐怖主義和網路安全等，以及這些合作如何影響區域的戰略平衡。

# 第三節　研究理論

本書採用地緣戰略中的「海權論」（sea power doctrine）分析印太區域的戰略重要性，特別是如何控制關鍵海域和海上通道，建設強大海軍，以及利用海洋資源來擴展國家影響力；運用「現實主義」（realism）中的「權力轉移理論」（power transition theory）分析中國的崛起如何挑戰了美國的霸權地位，並探討這一權力轉移過程中的戰略互動；採用約翰・米爾斯海默（John Mearsheimer）的「攻勢現實主義」（offensive realism）分析印太區域的安全困境，特別是美中在該區域的戰略競爭；另外，本書的分析層次上著重於國際體系層次，關注國家之間的關係以及國際體系的結構如何影響印太區域的國際政治變化。此外，本文透過「戰略三角理論」分析在中美關係走入競爭狀態之下美中台互動概況，探討印太戰略下兩岸關係走向。

## 壹、「海權論」

### 一、「海權論」的發展

「海權論」是一種關於海上力量對國家利益和歷史發展的影響的

理論，由美國海軍歷史學家阿爾弗雷德·賽耶·馬漢（Alfred Thayer Mahan）在 19 世紀末提出。馬漢透過分析 1660 年至 1783 年間的歐洲海戰史，提出了制海權的概念和要素，並主張海權對一個國家的經濟、政治、軍事和外交有決定性的作用。馬漢認為，一個國家要成為強大的海權，必須具備以下六個因素：地理位置、自然結構、領土範圍、人口、民族特點和政府政策。馬漢還強調艦隊決戰、海上封鎖、貿易保護和殖民地擴張等海上戰略的重要性。[9] 馬漢的「海權論」對當時和後來的世界產生了深遠的影響，尤其是在一戰和二戰期間。許多海洋大國，如英國、日本、德國、法國等，都受到了馬漢的啟發，並根據他的理論發展自己的海軍戰略和艦隊建設。美國也在一戰後逐漸意識到海權的重要性，並將馬漢的理論作為美國海軍的戰略核心。

## 二、「海權論」的觀點

### （一）海權是大國地位的關鍵

馬漢的「海權論」認為，一國的地位與其控制海上通道和重要海域的能力密切相關，能夠掌握重要海域、控制海上通道的國家，往往能在國際舞台上占據優勢地位，成為世界的主要強權。這些國家利用其海權來擴展影響力，保護商船安全，並在必要時投射軍事力量，確保經濟利益和戰略安全。[10] 以英國為例，17 至 19 世紀的英國殖民帝國正是建立在其強大海權的基礎之上。英國強大海軍控制世界上的主要航線和海域，尤其是在直布羅陀、蘇伊士運河等關鍵位置擁有戰略要地，確保其商船能夠安全通行，並促進貿易和工業革命。此外，英國還透過海軍力量在全球範圍內保護其殖民地和海外利益，對抗其他競爭對手，如法國、西班牙等國的海軍力量。

---

9 Alfred Thayer Mahan, The Influence of Sea Power upon History, 1660-1783 (Boston: Little, Brown and Company, 1890), p. 25.

10 Jonathan R. Dull, “Mahan, Sea Power, and the War for American Independence,” International History Review, Vol. 10, No. 1, February 1988, pp. 59-67.

馬漢強調，海權不僅僅是軍事力量的展現，更是一國綜合國力的體現，強大的海軍能夠保障國家的海上安全，維護國際貿易路線的暢通，並在國際關係中扮演關鍵角色。因此，對於追求國際地位和影響力的國家而言，建立和維護強大的海權是實現其國家戰略目標的重要手段。[11] 在當今的國際關係中，馬漢的「海權論」仍具有重要的實際意義。隨著全球化的深入發展和國際貿易的日益頻繁，控制重要的海上通道和戰略要地對於保護國家利益、維護區域和平穩定具有不可忽視的作用。因此，無論是對於傳統的海上強國，還是新興的海權國家而言，理解和運用「海權論」的原則，都對其國家安全和國際地位的提升具有重要意義。

## （二）海軍力量是實現海權的關鍵

馬漢特別強調海軍的重要性，海軍不僅是保護國家商業利益和海上通道的關鍵，更是國家綜合國防戰略的核心組成部分。一個強大的海軍能夠有效地抵禦外來侵略，保護國家的海上邊界，並維護國家的主權和海洋資源。海軍的存在增強國家在國際事務中的談判能力，並在必要時提供實施遠洋作戰和戰略威懾手段。[12]

馬漢同時主張國家的海上力量應建立在一支現代化和高效率的海軍基礎之上，國家需要投資於海軍建設，包括戰艦的建造、海軍人才的培養以及相關技術的研發。在馬漢的時代，戰艦是海軍力量的象徵，擁有強大的火力和堅固的防護，是海上作戰的主力。雖然現代海軍的組成更加多元化，包括航母、潛艇、巡洋艦等，但馬漢關於以主力艦隊為中心的思想對於理解海軍戰略仍具有重要意義。

總體而言，馬漢的「海權論」強調建立強大海軍對於一個國家保護商業利益、維護國防安全以及實現國際戰略目標的重要性。隨著全球化和國際局勢的發展，海軍力量在國際政治中的作用日益凸顯，馬漢的理論提供了關於如何建立和運用海權的深刻見解。

---

11 Friedhelm Kruger-Sprengel, “International Security and Navigation,” India Quarterly, Vol. 29, No. 2, April 1973, pp. 120-125.

12 R. Unger, “Alfred Thayer Mahan, Ship Design, and the Evolution of Sea Power in the Late Middle Ages,” International History Review, Vol. 19, No. 3, August 1997, pp. 505-521.

## （三）海上通道和戰略要地的控制

馬漢在其海權理論中，特別強調控制重要海上通道和戰略要地在建立和維護國家海權中的重要性。這些關鍵地點不僅對國家的商業活動至關重要，更是軍事戰略的核心，其中直布羅陀海峽、蘇伊士運河等地的控制權能夠決定一個國家在全球海上交通中的影響力，這些海域的控制者能夠保障自身商船的安全，同時對敵對國家的海上活動施加限制。[13] 馬漢進一步說明，重要海島和海港的控制同樣對維護國家的海權必要性，不僅為商船提供必要的補給站和避風港，也能作為海軍的前哨基地，支持遠洋作戰和海上巡邏，在戰略點上建立海軍基地，國家能夠有效地監控海上通道，保護重要的航線，並在必要時進行戰略部署。

此外，馬漢強調控制戰略要地便能夠控制海上資源流動，包括商貿、能源和其他重要物資。在經濟全球化和能源依賴日益增加的今天顯得尤為重要。國家通過控制這些關鍵地點，不僅能夠保障自身經濟利益，也能在國際政治中扮演關鍵角色，影響或甚至決定國際經濟和政治格局的走向。[14] 馬漢所提出的海權理論不僅指出海上通道和戰略要地在國家安全和經濟發展中的重要性，也為國家如何透過海軍力量和戰略部署來維護和擴展其海權提供了深刻的洞察。

## （四）海外基地和商業據點的重要性

馬漢的海權理論強調海外基地和商業據點對於建立和維護一國的重要性，不僅是海軍力量展示的平台，也是國家全球戰略布局的關鍵點，在戰略要地設立海外基地可以確保海軍在遠離本土的區域也能接受有效的支援，包括補給、維修和休息，這對於長期的海上作戰和海上存在至關重要。[15] 這些基地和據點的設立，不僅有助於強化國家的海上防禦能力，更

---

13 Joseph S. Nye, Jr., “U.S. Power and Strategy after Iraq,” Foreign Affairs, Vol. 82, No. 4, July/August 2003, pp. 68-71.

14 Robert D. Kaplan, “The Geography of Strategy,” Foreign Affairs, Vol. 78, No. 2, March/April 1999, pp. 46-61.

15 J. R. Holmes, “China’s Way of Naval War: Mahan’s Logic, Mao’’s Grammar”, Comparative Strategy, Vol. 28, 2009, pp. 217-243.

能夠增強其在國際舞台上的影響力。海外基地能夠作為國家力量的前哨，不僅可以快速反應區域衝突，也能夠在必要時支援盟友或進行人道主義援助。此外，這些基地往往位於戰略要地，能夠控制重要的海上通道和航線，對於保護國家的海上交通安全和保障商業船隊的自由航行至關重要。

馬漢還指出，海外基地和商業據點的建立，應該與友好國家的合作並行，透過與盟國和友好國家建立貿易關係和戰略夥伴關係，不僅可以加強其海權，還可以獲得更多的國際支持和資源共享，有助於提高海軍基地的運營效率，同時也有助於建立和維護國際聯盟，對於應對全球性的挑戰和威脅具有重要意義。[16]

海外基地和商業據點的建立是實現海權戰略的一個關鍵步驟，也是國家在全球範圍內投射力量、維護安全和促進經濟發展的重要工具。當今全球化和區域經濟一體化不斷加深的時代，擁有有效的海外基地和商業據點，對於保護國家利益、增強國際地位和應對全球挑戰都具有重要的戰略意義。

### （五）國際貿易影響海權

馬漢的理念強烈地將海權與國家繁榮及國際貿易的成功緊密相連，認為國際貿易不僅是國家經濟發展的推動力，更是國家力量和影響力的象徵。在這個框架下，海權成為保護和促進國際貿易的關鍵。控制海上通道和保護商船不僅保障商業貿易安全，也確保國家經濟利益的最大化。國家透過控制關鍵海上通道，如直布羅陀海峽或蘇伊士運河，可以有效地監控和影響全球貿易流動。此外，保護商船不僅防止海盜行為和其他海上威脅，也維護國家作為可靠貿易夥伴聲譽。[17]

此外，馬漢認為貿易本身是國家力量的一個重要來源，透過國際貿易，國家可以獲得必要的資金、資源和技術，這些都是增強其海軍和工業實力的基礎。因此，積極參與國際貿易，並與其他國家建立互利的經濟關

---

16 同註6。

17 R. Carpenter, "Alfred Thayer Mahan's style on sea power: A paramessage conducing to ethos," Communication Monographs, Vol. 42, No. 3, 1975, pp. 190-202.

係，是一個國家擴大其海權和加強國際地位的重要策略。因此，馬漢主張，一個真正追求繁榮和安全的國家，應該致力於建立和維護強大的海軍力量，積極保護其海上通道和商船，並透過參與國際貿易和建立經濟夥伴關係來加強其全球影響力。這樣的戰略不僅保護了國家的經濟利益，也確保了其長期的國家安全和國際地位。[18]

### 三、採用「海權論」的優勢

「海權論」強調海洋對於國家安全、經濟繁榮以及國際地位的重要性，有助於本書深入分析印太區域的地緣政治格局，特別是對於如台灣這樣的島嶼國家，以及擁有廣闊海域的日本，海權論提供一個框架來理解它們在保障海上安全和維護海上通道自由方面的戰略行動。

其次，透過「海權論」，更能夠細致地分析美國和中國在爭奪印太區域海權的過程中各自的戰略考量和行動，包括軍事部署、海上通道控制以及海軍力量的擴張，有助於了解美中戰略競爭如何影響區域安全結構和國際秩序。

再者，透過「海權論」分析台日如何透過加強海軍力量、建立海上通道的安全和參與國際海事合作來保障其海洋利益和經濟安全。「海權論」的視角有利評估台日在面對美中戰略競爭和區域安全挑戰時的戰略選擇和外交政策。

## 貳、「權力轉移理論」

### 一、「權力轉移理論」的發展

「權力轉移理論」的發展得益於 20 世紀中期國際關係研究的蓬勃發展，學者們對於大規模戰爭的原因以及國際體系中權力變動的影響產生

---

[18] P. Kennedy, "The Influence and the Limitations of Sea Power," International History Review, Vol. 10, February 1988, pp. 2-17.

了濃厚的興趣。奧根斯基在其 1958 年的著作《世界政治的爭鬥》（World Politics）中首次提出「權力轉移理論」，該理論強調國家實力對於國際關係和區域安全的重要性。奧根斯基指出，當一個國家的實力增長超過其他國家時，權力轉移就會發生，進而對區域和全球安全產生影響。隨著「權力轉移理論」提出之後，庫格勒（Jacek Kugler）等學者進一步發展「權力轉移理論」，並將其應用於實際的國際關係研究，因此誕生更多關於權力轉移的概念和模型，並強調權力轉移對區域安全和國際秩序的影響。

隨著時間的推移，「權力轉移理論」在國際關係理論中運用更加廣泛，許多國際關係學者和政策制定者開始將其應用於分析和預測國際政治中的權力變動和區域安全局勢，此理論的發展和應用有利於理解和應對國際關係中的變化和挑戰。「權力轉移理論」的發展源於對大規模戰爭和國際體系中權力變動的研究興趣，並受到奧根斯基及其學生庫格勒等學者的貢獻，該理論用於解釋國際體系中權力變動的影響，並對區域安全和國際秩序的穩定性具有重要意義。隨著全球情勢的變化，「權力轉移理論」仍在不斷發展和應用，以應對新的國際挑戰。

## 二、「權力轉移理論」主要觀點

### （一）權力結構的轉變

奧根斯基在其「權力轉移理論」中，探討國際體系中大國間權力分布的變化對全球穩定性的影響，強調大國間相對權力的變動對國際秩序的重大意義，且國際體系的穩定性不僅取決於各國間的力量對比，也跟力量對比的變化速度和模式息息相關。當一個或多個國家的實力快速增長，挑戰現有的國際權力結構時，原有的國際秩序受到衝擊，衝突和戰爭的可能性隨之增加。這種權力的轉移通常出現在崛起的國家迅速發展其經濟、軍事、科技等方面的能力，並開始尋求在國際體系中重新定位其地位的階段。這些國家可能會挑戰現有的國際規範和秩序，尋求更有利於自身利益的新規則。這種力量的增長和地位的重新定位可能引起現有大國的警惕和抵制，尤其是當守成者認為新興力量的崛起威脅到自身的安全和利益時。[19]

奧根斯基特別強調權力轉移過程中的不確定性和不穩定性，當崛起的國家感覺到現有的國際體系限制了其進一步發展，並尋求改變現狀以獲得更多的國際影響力時，可能會採取更為積極甚至激進的外交和軍事政策，而守成者為保護自身的地位和利益，也可能採取對抗性措施來遏制新興力量的崛起。這種動態的互動可能導致國際關係的緊張，甚至爆發衝突和戰爭。[20] 因此，奧根斯基的「權力轉移理論」用以分析和預測國際體系中大國間權力分布變化的影響，特別是在全球化和國際關係快速變動的當代背景下，這一理論對於理解國際政治的動態變化具有重要的理論和實踐意義。

### （二）滿足與不滿足的權力

「權力轉移理論」透過區分滿足的權力和不滿足的權力體現國際體系中大國行為的根本動力。守成者國家作為滿足的權力，通常擁有支配國際體系的能力和意願，其主要目標是維護現有的國際秩序和規範，因為這些秩序和規範有利於其保持國際地位和經濟利益。這些國家通常透過外交手段、國際機構和規則以及軍事力量來維持自己的霸權地位，抵制任何可能動搖現有秩序的挑戰；與此相反，挑戰者國家作為不滿足的權力，通常對現有的國際體系和規範感到不滿。隨著這些國家的經濟和軍事實力的快速增長，便開始尋求改變現有秩序以反映自己日益增長的國際地位，並爭取更多的國際影響力和利益。這種對改變的追求可能表現為對國際規範的挑戰、區域影響力的擴張，甚至是對守成者國家利益的直接挑戰。[21]

這種國際體系中的權力對抗創造一種固有的不穩定性，因為不滿足的權力和滿足的權力之間的利益和目標存在根本的衝突。守成者國家可能認

---

19 A. F. K. Organski and Jacek Kugler, The War Ledger (Chicago: The University of Chicago Press, 1980), pp. 15-19.

20 Ronald L. Tammen, Jacek Kuglr, Douglas Lemke, Allan C. Stam Ⅲ, Mark Abdollahian, Carole Alsharabti, Brian Efird and A. F. K. Organski, Power Transitions: Strategies for the 21st Century (New York: Chatham House Publishers of Seven Bridges Press, 2000), pp. 8-9.

21 吳玉山，〈權力轉移理論：悲劇預言？〉，包宗和主編，《國際關係理論》（台北：五南，2011 年），頁 391-394。

為必須採取措施來遏制挑戰者的崛起，以防止自身地位的削弱和國際秩序的動盪，而挑戰者國家則可能認為需要更加積極地推動國際秩序的改變，以確保其利益得到承認和保障。因此，「權力轉移理論」不僅提供理解國際政治衝突和合作的重要視角，同時也強調國際體系中的動態性和變化性。理解滿足的權力和不滿足的權力之間的互動，對於預測國際關係的發展趨勢、制定有效的外交政策，以及維護國際和平與安全都具有重要的理論和實踐意義。

### （三）戰爭與權力轉移的關聯

「權力轉移理論」闡明，在國際體系中，當一個崛起的國家開始質疑並尋求改變由現有霸權國家主導的國際秩序時，國際關係的緊張和衝突風險顯著升高。這種風險的增加尤其明顯，當挑戰者國家認為現有體系限制其進一步的發展和國際地位的提升，而守成者國家則無法或不願透過和平手段來適應這種權力的變化。[22]

挑戰者國家可能認為，現有的國際規範、政策和權力結構不再反映當前的國際力量分布，也不符合其日益增長的國際地位和利益。因此，這些國家可能尋求透過外交談判、區域影響力的擴張，甚至是軍事力量的展示來改變或重塑國際秩序。這種改變的尋求可能包括爭奪資源、控制戰略要地，或推動建立新的國際機構和規範。[23]

同時，守成者國家為保護霸權地位和維護現有的國際秩序，可能會採取措施來阻礙挑戰者的崛起，包括加強軍事聯盟、實施經濟制裁或進行軍事部署。當守成者國家無法有效地透過和平手段來管理和適應權力的變動時，其可能採取更為強硬的策略來維護自身的利益。[24]

這種在國際體系中的權力競爭和對抗，尤其是當涉及核心利益和戰略安全問題時，可能導致衝突甚至戰爭的爆發。權力轉移的過程充滿了不確

22 倪世雄，《當代國際關係理論》（台北：五南，2010 年），頁 258。
23 王緝思，《國際關係理論》（北京：世界知識出版社，2012 年），頁 280-281。
24 楊潔篪，《大國外交》（北京：中央編譯出版社，2014 年），頁 120-125。

定性和風險，守成者和挑戰者之間的互動模式，以及對國際秩序變化的反應和適應，將在很大程度上決定國際體系的未來走向和穩定性。[25]

### 三、採用「權力轉移理論」的優勢

「權力轉移理論」能夠提供一個全面的框架來分析和理解印太區域的戰略格局，特別是在美國作為現有霸權與中國作為挑戰者之間的權力競爭，有助於凸顯區域內權力變動深層次原因和可能發展趨勢。

其次，採用「權力轉移理論」能夠幫助解釋台日如何在美中權力競爭的背景下制定和調整自己的外交和安全策略，以及如何透過區域合作和國際外交來維護自己的利益和安全。

「權力轉移理論」強調國際體系中的動態性和不確定性，成為預測未來國際關係趨勢和可能的衝突點的有力工具，透過分析各國的權力變動和策略調整，本書能夠提供關於印太區域未來發展的洞見。

本書採用的「權力轉移理論」不僅有助於學術研究，同時也能為政策制定者提供寶貴的參考。理解權力轉移過程中的潛在風險和衝突機會，可以協助決策者制定更為積極和有效的外交、安全和經濟政策。

## 參、「攻勢現實主義」

### 一、「攻勢現實主義」理論發展

本書採用「攻勢現實主義」理論，該理論是由美國政治學者約翰・米爾斯海默於 1990 年代提出，屬於國際關係理論中的一個分支。「攻勢現實主義」是「現實主義理論」的一個流派，其核心觀點認為在國際體系中，處於無政府狀態的情況下，大國為確保自身生存而不僅追求足夠的實力來維護安全，還會積極爭取更多的實力，以實現區域或全球的霸權地

25 傅瑩，《中國外交的思考與實踐》（北京：世界知識出版社，2013 年），頁 180-185。

位，從而最大程度地確保自身安全。[26]「攻勢現實主義」強調權力和安全在國際政治中的關鍵作用，並主張國家之間的競爭是受到國際體系結構的影響。該理論基於實證主義和理性選擇，用來解釋和預測國際政治事件，主張在無政府的國際體系中，為了確保生存，國家必須持續追求權力和霸權地位。[27]「攻勢現實主義」與「守勢現實主義」的主要區別在於前者認為國家是追求權力最大化的修正主義者，而後者認為國家是維護現有秩序的大國。

## 二、「攻勢現實主義」觀點

「攻勢現實主義」的核心觀點包括以下要素，首先，強調國際體系的無政府特徵，即缺乏全球性中央政府或機構來管理國家間的行為。其次，該理論指出安全困境的存在，即國家在追求自身安全時，可能會引發其他國家的不安和反應，產生武裝競賽和衝突的風險。此外，「攻勢現實主義」主張國家通常追求權力的最大化，並努力成為區域或全球的霸權，以提高自身安全和地位。這種追求權力和霸權的意圖驅使國家採取各種戰略行動。「攻勢現實主義」認為，國際體系中存在不信任和力量追求，這導致安全困境的出現。當一個國家採取措施來提高自身安全時，其他國家可能會對其行動感到擔憂，認為這可能構成威脅，因此也會加強軍事實力，導致軍備競賽和緊張局勢。「攻勢現實主義」還強調國家是理性行為者，會根據國際體系的結構和自身的利益做出戰略性的選擇。在無政府的國際體系中，國家傾向於追求權力，透過增強自身實力、形成聯盟或制衡潛在的霸權國家來維持國際體系的平衡。「攻勢現實主義」提供一個框架，解釋國際體系中國家爭權奪利、競爭和追求霸權地位的動機和行為，體現國際政治中的不確定性、競爭和潛在衝突，同時也指出國家間合作的可能性和限制。

---

26 John Mearsheimer, The Tragedy of Great Power Politics (New York: W. W. Norton & Company, 2001), pp. 31-40.

27 John J. Mearsheimer, "The False Promise of International Institutions," International Security, Vol. 19, No. 3, Winter 1994, pp. 13-14.

根據「攻勢現實主義」觀點，國家之間的關係充滿競爭、衝突和戰爭的潛在因素。這種現象主要源於每個國家試圖以其他國家作為策略工具，以追求更多的權力和安全。此外，「攻勢現實主義」認為國際體系的結構會對國家的行為產生重大影響。例如，當國際體系呈現多極結構時，戰爭的潛在可能性較高，而當國際體系呈現單極結構時，戰爭的可能性較低。此外，「攻勢現實主義」提出國家應該謹慎避免過度擴張，以免引起其他國家對其行為的平衡反應；國家應該利用「卸責策略」（buck passing），[28] 讓其他國家承擔抵抗侵略者的責任；國家應該實施離岸制衡（offshore balancing），[29] 利用海洋力量來阻止其他區域出現霸權。[30]

## 三、採用「攻勢現實主義」之優勢

本書採用「攻勢現實主義」作為理論基礎具有顯著優勢，尤其在解讀美中競爭、探討台日策略以及分析區域戰略布局方面。「攻勢現實主義」主張，國家在無政府的國際體系中追求權力以確保自身安全，並傾向於採取主動策略以增強其國際地位，為本書提供有效的分析框架。

當分析美中在印太區域的戰略博弈時，「攻勢現實主義」可以協助讀者理解為何這兩大國不斷在軍事、經濟及影響力方面擴張自己的力量範圍。美國透過加強在印太區域的軍事存在和深化與盟友的關係來制衡中國的崛起，而中國則透過其一帶一路倡議和軍事現代化計畫來擴大其區域影響力。這一理論不僅幫助解釋兩國的行為，而且也提供分析其未來走向的基礎。

其次，在探討台日關係及其在區域戰略中的地位時，「攻勢現實主義」提供寶貴的視角。台日作為美中戰略競爭的關鍵區域行動者，透過強

28 卸責策略是指一個大國將其在某一區域的安全責任委託給該區域的其他國家或集團，從而減少自身的軍事負擔和風險，如美國在冷戰期間將其在歐洲的安全責任委託給北約，而不是直接與蘇聯對抗。

29 離岸制衡是指一個大國利用另一區域大國來遏制潛在敵對大國的崛起，而不是直接在該區域部署軍事力量，如美國在兩伊戰爭中支持伊拉克，以防止伊朗成為波斯灣的霸權。

30 Eric J. Labs, “Beyond Victory: Offensive Realism and the Expansion of War Aims,” Security Studies, Vol. 6, No. 4, Summer 1997, pp. 22-23.

化自我防衛能力、加強與美國等區域盟友的合作，以及提升其在國際場合的戰略地位來尋求安全保障和國家利益的最大化，特別是在面對中國的軍事崛起和區域影響力擴張時，「攻勢現實主義」解釋台日為何積極參與區域安全事務，並尋求透過外交和安全措施來平衡中國的力量。

最後，「攻勢現實主義」強調權力和安全的主導地位為本書提供解釋印太區域多邊安全架構的有力工具，特別是在分析如美日同盟、四方安全對話等安全組織對區域安全穩定的貢獻時。這一理論框架有助於深入理解區域國家如何透過集體安全措施來應對共同的安全威脅，並在美中競爭的大背景下尋求自身利益的最大化。總體而言，「攻勢現實主義」以其對權力和安全的深刻理解，為本書提供分析框架，不僅有助於解讀印太區域的大國政治，也為理解台日在此格局中的戰略行為提供關鍵見解。

## 肆、「分析層次理論」

「分析層次理論」（levels of analysis）是國際關係領域中的一個重要概念，用於理解和分析國際系統中的各種現象。這一理論最初由美國國際關係學者肯尼斯・華爾茲（Kenneth Waltz）在其著作《國際政治理論》（Theory of International Politics）中提出。「分析層次理論」，也常被稱為分析維度，是國際關係研究中一個核心概念，用來解釋和理解國際事件和國際系統中的行為。這一理論將分析焦點分為不同的層次，通常包括個人層次、國家層次和國際系統層次。

在國際關係的「分析層次理論」中，個人層次將焦點放在個人決策者身上，如國家領導人、政策制定者或其他有影響力的人物。這一層次強調這些個體的個性、信念、價值觀、心理狀態等如何影響國家的外交政策和國際行為；與此相對應的，國家層次則專注於國家這一單位，探討政治制度、經濟結構、社會文化、民族主義和國內政治等內部特性如何塑造國家的對外行為和國際關係。這些內部因素與國家之間的互動模式共同塑造國際關係的格局；最後，在國際系統層次上，分析的重點轉向國家間的互動及其對整個國際體系的影響，涵蓋國際體系的結構、權力分布、國際法和規範，以及國際組織和聯盟等結構性特徵。這一層次的分析強調了國際體系的結構性特徵和規範如何在更廣闊的層面上影響國家的行為和國際關係的發展動態。[31]

本書考慮到討論的是區域內國家之間的互動、戰略競爭，以及國家如何在快速變化的國際環境中尋找和保護自身利益，國際系統層次可能是最適合的分析層次。這一層次能夠幫助分析和理解區域內外大國如美國、中國、台日之間的戰略互動，以及這些互動如何影響區域安全和經濟格局。此外，國際系統層次還能提供洞察力來理解這些國家如何透過多邊合作和國際機構來管理和調解衝突，促進區域穩定和合作。

# 伍、「戰略三角理論」

## 一、理論緣起

在 1960 年代，隨著蘇聯和中國這兩個共產主義大國因意識形態和政治理念的分歧而關係日益緊張，特別是 1969 年「珍寶島事件」後，兩國的關係降到冰點。蘇聯在中蘇邊境大量部署軍隊，對中國北方安全構成前所未有的威脅。面對這種情況，中國不得不重新評估其國防策略，將重點放在加強北方邊境的軍事部署上。1970 年代，冷戰背景下的國際政治格局進一步複雜化。美國、蘇聯和中國之間的關係呈現出一種獨特的動態平衡，既有合作的可能性也有對抗的現實。此時美國正尋求從越南戰爭的困境中脫身，並希望重新集中資源來對抗蘇聯的全球擴張。這一戰略需求促使美國積極尋求與中國的接觸和合作，從而形成了一種「聯中制俄」的新戰略格局，除了減輕美國在亞洲的軍事負擔，也意在利用中國作為一個戰略支點來平衡蘇聯的勢力。國際關係學者對這一時期美國、蘇聯和中國之間多變三角關係表現高度的興趣，認為透過對這種戰略三角的研究，不僅

[31] D. Mitchell, "Do International Institutions Matter," International Studies Review, Vol. 5, No. 3, September 2003, pp. 360-363.

能夠深入理解大國間的競爭與合作關係，還能準確預測國際情勢可能變化。[32] 美、蘇、中三者之間的合縱連橫大戲在三角戰略中展露無遺，在冷戰時期左右國際局勢的變化，兩岸關係也因為美國的戰略改變而產生微妙的變化。

1981 年，加州大學柏克萊分校的政治學家羅德明（Lowell Dittmer）對「戰略三角理論」進行系統化闡述，使其成為研究美國、蘇聯和中國三方互動關係的關鍵理論框架之一。羅德明指出，應用「戰略三角理論」需要基於三個基本假設：首先，戰略三角中的每一方都是擁有獨立主權的行動主體，它們之間的戰略互動非常緊密；其次，這三方形成的戰略三角包含三組雙邊關係，而這些雙邊關係都會受到其他兩組關係的影響；最後，戰略三角中的每一方都會試圖透過與其他兩方的合作或對抗來尋求最佳利益，從而達到避免危險和尋求利益的目的。[33] 羅德明將三邊的戰略三角發展區分如下四種模式，三邊家族（Ménage à trois）、羅曼蒂克（Romantic）、結婚（Marriage）與單位否定（Unit-veto），如圖 1-3。

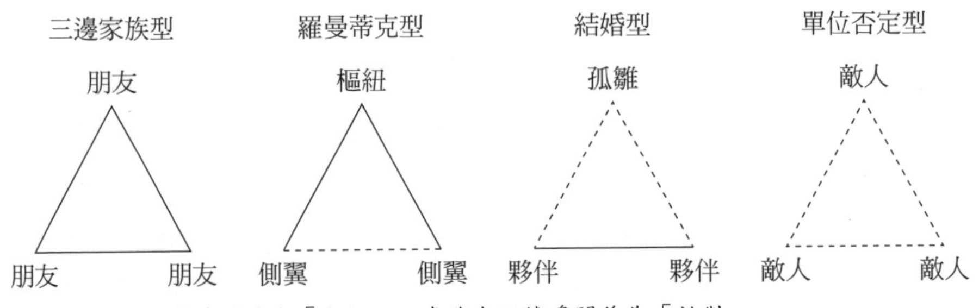


說明：實線表示雙邊關係為「友好」，虛線表示雙邊關係為「敵對」。

**圖 1-3　戰略三角的四種類型**

資料來源：沈有忠，〈美中臺三角關係：改良的戰略三角分析法〉，《展望與探索》，第 4 卷第 3 期，2006 年 3 月，頁 28。

32 羅際方，《兩岸關係對我國公民投票法影響之研究》（台北：師範大學政治研究所碩士論文，2005 年），頁 75。

33 Lowell Dittmer, The Strategic Triangle: China and the United States, and the Soviet Union (New York: Praeger), p. 33.

## 二、理論要況

在羅德明的分析中，他提出了幾種戰略三角關係的類型，每種類型都有其特定的合作成本和穩定性問題。首先，三邊家族型戰略三角允許參與方以較低的成本達成合作並獲得利益，但這種關係並不是最穩固的。這是因為各國對於三方合作是否完全符合自己的利益持續有所保留。在羅曼蒂克型戰略三角中，樞紐國家能夠從兩個對立的側翼國家中獲得最大的利益。這種情況可能引起某個側翼國家的疑慮，擔心自己會被樞紐國家和另一側翼國家聯合排斥。結婚型戰略三角則涉及兩個國家基於對第三方的敵對態度而形成的聯盟。但當這兩個國家之間的實力有顯著差異時，較弱的一方可能會被第三方用利益誘惑，從而打破原有的平衡，形成新的關係結構。最後，單位否決型關係是所有類型中最不穩定的，因為它涉及到的合作關係容易受到任何一方的否決或變化的影響。這些不同的戰略三角關係類型揭示國際政治中合作與競爭的複雜性，以及維持穩定關係的挑戰。[34]

在國際關係的舞台上，沒有永久的盟友或敵對國家，存在的只有不斷變化的利益。這意味著任何戰略三角關係都不可能永久固定，它們會隨著全球政治環境的變化而調整。以羅曼蒂克型戰略三角為例，當樞紐國家能夠從兩個相互敵對的國家中獲益最大化時，這種關係似乎對樞紐國家最有利。然而，當這兩個側翼國家決定結束彼此的敵對關係，或者尋求和解但不與樞紐國家對立時，這三方的關係可能會轉變為更為穩定的三邊家族型模式，形成一種相對友好的聯繫。反之，如果這兩個側翼國家消除彼此間的敵意，並轉而對之前的樞紐國家採取對抗姿態，則這種關係可能演變為結婚型戰略三角，其中兩個國家聯合對抗那個孤立的國家。這種關係的轉變凸顯了國際政治中利益驅動的本質，以及國家之間關係動態的不確定性和可變性。

34 蔡榮祥，〈國際政治平衡者的角色和轉變：比較歐巴馬總統時期和川普總統時期的美中台三角關係〉，《遠景基金會季刊》，第21卷第1期，2020年1月，頁5-6。

### 三、採用「戰略三角理論」優勢

「戰略三角理論」提供一個多維度的分析框架，適用於深入探討兩岸關係及其與第三方國家（如美國）的互動。這一理論強調三方之間的動態關係，有助於從全面的角度理解兩岸關係的發展趨勢，以及外部因素如何影響這一關係的戰略選擇和政策調整。透過分析戰略平衡，可以更好地洞察兩岸權力結構的變化，並探討如何透過策略調整來維持或改變這種平衡，從而促進穩定或達成特定的政治目標。

此外，「戰略三角理論」不僅有助於分析和預測兩岸關係的未來發展，還能為政策制定者提供制定更有效策略的參考依據。這種分析框架使得政策制定者能夠更好地理解國際環境的變化如何影響兩岸關係，並根據這些變化來調整自身的戰略，以保護國家利益並促進區域穩定。總之，採用「戰略三角理論」來分析兩岸關係，能夠提供一個全面、動態且具有戰略深度的視角，有助於更好地應對兩岸關係中的複雜性和挑戰。

## 第四節　文獻回顧與評述

### 壹、文獻回顧

### 一、地緣政治與國際關係理論

地緣政治的現代分析逐漸從傳統的國家安全和領土爭端拓展到包括經濟、技術、環境和文化等方面，全面分析國家的全球戰略。地緣政治的多元化分析愈來愈注重綜合國力，包括經濟實力、科技創新、文化影響力等非傳統安全因素。這種全面分析的觀點有助於更深入理解國家之間的關係，並提供更多解決問題的可能性。此外，地緣政治的多元化分析也考慮經濟和技術的變化，並將其納入國家的戰略考慮之中。在現代社會中，國家間的互動不再僅限於軍事衝突和領土爭端，經濟、技術、環境和文化等因素也成為地緣政治分析的重要角度。經濟實力的增長和科技創新的進步對國家的地位和影響力產生重大影響。[35] 例如，一個國家的經濟實力的增長可能會帶來更多的資源和機會，進而提高其區域和全球的影響力。同樣，科技創新的發展可以增強一個國家的競爭力，並在國際事務中發揮更重要的作用。再者，一個國家的文化特色和價值觀可能會影響其與其他國家的關係，並在國際事務中發揮影響力。例如，一個國家的藝術、電影和音樂等文化產品可能會被其他國家所接受和喜愛，進而加強其國際形象和聲譽。地緣政治的現代分析多元化趨勢還體現在對非傳統安全因素的重視上。[36] 傳統的地緣政治分析主要關注軍事衝突和領土爭端等傳統安全問題，而現代分析則更加關注經濟、環境、能源和社會等非傳統安全因素。這種轉變反映了國際社會對全球挑戰的關注和需求，並促使國家在制定戰略和政策時更加全面地考慮各種因素。

根據「權力轉移理論」，當新興國家開始對由現有霸權國家主導的國際秩序提出質疑並尋求改變時，將增加國際關係中的緊張和衝突風險。守成者和挑戰者互動模式，以及對國際秩序變化的反應和適應，將在很大程度上影響國際體系的未來走向和穩定性。當一個國家崛起並追求更大的影響力時，這可能導致現有霸權國家感到威脅，並可能引發競爭行為，包括經濟、軍事和政治方面的角力，甚至可能導致軍事衝突。[37] 舉例來說，新興國家可能開始擴大其軍事實力，以保護自身利益並打破現有的權力結構。同時，現有霸權國家可能採取各種手段來維護其霸權地位，包括經濟制裁、外交斡旋和軍事威懾。此外，權力轉移還可能導致國際秩序的重新塑造。新興國家可能尋求改變現有的國際規範和制度，以反映其自身利益和價值觀，導致可能引發守成者和挑戰者之間的對立和衝突，並對國際秩序的穩定性產生重大影響。因此，國際社會需要密切關注權力轉移的

35 Anca Dinicu and Romana Oancea, “Geopolitical E-Analysis Based on E-Learning Content,” International Association for Development of the Information Society, 2017, pp. 105-112.

36 Bogdan Levyk, O. Aleksandrova, Svitlana Khrypko and Ganna Iatsenko, “Geo-policy and Geo-psychology as Cultural Determinants of Ukrainian Religion, Mentality and National Security,” Journal of History Culture and Art Research, Vol. 9, No. 3. September 2020, pp. 217-225.

37 同註 13。

發展，並採取適當的措施來解決相關的爭端和衝突，以維護世界和平與穩定。[38] 但是權力轉移不一定必然走向衝突，守成者和挑戰者之間也存在著合作的潛力。雙方可以透過對話和談判來解決爭端，並建立平衡和共同繁榮的關係。此外，國際社會可以發揮積極的作用，透過促進對話和協商，以及提供經濟援助和發展支持，來幫助處理權力轉移所帶來的挑戰。[39]

「海權論」是一個重要的理論框架，強調海上通道的控制和海軍力量的建設對於國家的全球影響力。這種理論的發展源於對於國際關係中權力變動和區域安全的研究興趣。根據「海權論」的觀點，國家應該投資建設一支現代化和高效的海軍，並以戰艦為主力，以確保海上通道的安全和領土的保護。海外基地和商業據點的建立是「海權論」中的另一個重要方面，這些基地和據點可以作為國家在海外進行軍事行動和保護國家利益的重要基礎，不僅可以提供戰略優勢，還可以增加國家在國際事務中的發言權和影響力，以及為國家提供更多的經濟機會和資源，進一步增強其全球影響力。但是「海權論」也面臨著一些挑戰和限制，例如建設現代化和高效的海軍需要大量的資金和技術支持，對經濟不佳的國家來說可能是一個困難的任務。其次，海外基地和商業據點的建立可能會引起其他國家的關注和反對，導致區域局勢的不穩定。[40] 因此，國家需要謹慎考慮各種因素，並與其他國家進行有效的溝通和合作。

「現實主義理論」是一個廣泛應用於國際關係領域的理論框架，其核心概念是國家在追求權力、安全和利益方面的行為模式，特別是「攻勢現實主義」，強調國家透過擴張和衝突來實現自身的利益，並在國際體系中追求相對的權力地位。[41] 相比之下，「守勢現實主義」認為國家更傾向於維護現有的安全和權力平衡，並避免不必要的衝突和戰爭。在「現實主義理論」中，國家被視為國際體系中最重要的行為者，其行為主要受國家利

38 徐昕，〈權力轉移與國際秩序變遷：理論與實證研究〉，《世界經濟與政治論壇》，第 6 期，2012 年，頁 12-20。
39 李振軍，〈新興大國崛起與國際秩序變革：理論與實踐〉，《國際問題研究》，第 4 期，2014 年，頁 10-22。
40 張文德，〈海權論與中國的海上戰略〉，《國際問題研究》，第 1 期，2015 年，頁 23-30。
41 王緝思，〈霸權穩定論與權力轉移理論：評析與反思〉，《國際關係研究》，第 2 期，2005 年，頁 49-64。

益、安全和權力的驅使。[42] 根據這一觀點，國家通常會追求增加自身的實力和影響力，以確保其安全和利益。這種追求權力的行為往往涉及領土擴張、資源爭奪、軍事衝突等。「攻勢現實主義」認為，國家之間的競爭和衝突是不可避免的，因為每個國家都希望在國際體系中獲得更好的地位和影響力。[43] 但「守勢現實主義」則主張國家應該更加謹慎地運用權力，避免不必要的衝突和戰爭。這種觀點認為，國家應該尋求維持現有的安全和權力平衡，以確保自身的穩定和利益。「守勢現實主義」強調國家之間的合作和外交手段，以解決爭端和維護國際秩序的穩定性。[44]「現實主義理論」的發展得益於對國際關係的深入研究和觀察，論對於解釋國際政治中的衝突、競爭和合作具有重要意義。同時，「現實主義理論」也面臨著一些挑戰和限制。例如，忽視非國家行為者和其他因素對國際關係的影響，並且可能過度簡化國家行為動機和過程。

## 二、印太區域戰略重要性

印太區域在全球政治和經濟中的重要性不容忽視，尤其體現在海上安全、重要航線的維護，以及區域內的資源爭奪等方面。這一區域不僅擁有複雜的地緣政治環境，也是世界經濟和貿易的重要樞紐。

印太區域的海上安全對全球貿易影響甚鉅，許多國家依賴這一區域的海上航線進行油氣和其他貿易貨物的運輸。此外，根據「歐洲議會」的報告，印度洋被視為世界上增長最快的經濟體之一。不僅如此，印度洋還連接著大西洋和亞太區域，因此對地緣戰略具有極大的重要性。但是中國在該區域的海上存在和野心正在不斷增加，特別是透過 2013 年提出的「一帶一路」戰略，中國對區域的安全動態造成顯著影響，使得印太區域的經

42 同註 32。

43 Sean M. Lynn-Jones, "Realism and America's Rise: A Review Essay," International Security, Vol. 23, No. 2, Fall 1998, pp. 157-182.

44 Dominic D. P. Johnson, D. Phil. and Bradley A. Thayer, "The evolution of offensive realism," Politics & Life Sciences, Vol. 35, June 2016, pp. 1-26.

濟和安全局勢變得更加複雜和多變。[45]

印太區域的航線是全球最繁忙的海上通道之一，例如麻六甲海峽等重要航道的安全對於維持全球經濟的穩定性極其重要。這些航道是許多國家進行貿易和物資運輸的關鍵通道，尤其對於亞太區域的國家來說更是如此。但印太區域的海上安全面臨著一系列的挑戰和威脅，其中包括非法活動、海盜行為、領土爭端和地緣政治緊張局勢等。[46] 另外，鑑於中國的崛起和其在印太區域的日益增強的海上力量發展，區域國家和其他國際利益攸關方開始加強對印太區域的關注和行動，特別是美國，作為區域的重要國家和世界上最大的海軍強國之一，已經將重心從中東轉向印太區域，以確保該區域的海上安全和穩定，並加強其在印太區域的海軍存在和軍事合作。例如，美國在該區域進行一系列軍事演習和聯合行動，以加強與區域盟友和夥伴國家的合作和協調。此外，還加大對區域國家的安全援助和培訓，以提高其自身的防禦能力和應對能力。

印太區域擁有豐富的自然資源，包括漁業、石油和天然氣等，使得印太區域成為全球資源爭奪的熱點。各個國家都制定自己的戰略和目標，以開發和控制這些資源。例如，中國和美國在印南海區域的對峙可能會對區域的穩定和安全造成破壞。[47] 此外，東南亞國家也對中國在印度洋區域的增加表示擔憂，並正在尋求解決方案來應對這些挑戰。除了資源爭奪，印太區域的挑戰現在地緣戰略和國際貿易上，該區域海上通道是全球最繁忙的之一，許多國家依賴這些航道進行貿易和物資運輸。特別是近年中國的崛起，在印太區域的海上存在和影響力不斷增加。中國提出的「一帶一路」戰略使得區域內的經濟和安全局勢變得更加複雜和多變，並且引起國際社會的廣泛關注和討論。

45 Mingjiang Li, “The Belt and Road Initiative: geo-economics and Indo-Pacific security competition,” International Affairs, Vol. 96, No. 1, January 2020, pp. 169-187.

46 J. S. Lobo, “Balancing China: Indo-US relations and convergence of their interests in the Indo-Pacific,” Maritime Affairs: Journal of the National Maritime Foundation of India, Vol. 17, No. 1, July 2021, pp. 73-91.

47 王緝思，〈印太戰略的演變與前景〉，《世界經濟與政治論壇》，第 6 期，2022 年，頁 12-20。

## 三、美中關係與戰略競爭

美國認為印太區域對於全球和平與繁榮具備關鍵作用，因此致力於促進自由、開放、包容和以規則為基礎的國際秩序。美國的軍事策略包括強化與區域盟友的安全合作、提高軍事存在以及進行聯合軍事演習，且和日本、韓國、澳大利亞、菲律賓、泰國等國家有正式的防衛條約，並與台灣、新加坡、越南等國家有非正式的安全關係，同時在日本、韓國、關島等地部署數萬名士兵和先進的武器裝備，並定期派遣航母戰鬥群和戰略轟炸機在該區域巡航。[48] 此外，美國還與盟友和夥伴共同組織多項軍事演習，以提高彼此之間的戰術協調和戰略信任。與此同時，中國在近年來顯著提升軍事實力，特別是海軍和飛彈能力的現代化，並在南海等地展現其領土主張，對美國在該區域的傳統影響力構成挑戰。中國宣稱對南海大部分水域擁有主權，並在一些爭議島礁上建造人工島和軍事設施。[49] 中國還不斷增加其海上力量投射能力，建造第二艘航空母艦、新型驅逐艦和核潛艇等裝備。中國還擁有大量的常規和核彈道導彈和巡航導彈，可以打擊美國在該區域的基地和艦隊。中國還透過舉辦軍事演習、實施海上巡邏、發表強硬聲明等方式，展示其捍衛國家利益和主權的決心。

美中兩國在印太區域都有巨大的經濟利益和投資。美國透過自由開放的貿易政策和投資計畫來維護其經濟利益，包括與區域國家建立互惠互利的貿易關係，促進跨國貿易和投資，以及支持區域經濟發展。同樣地，中國透過一帶一路倡議等大型基礎設施投資項目來擴大其經濟影響力。這些項目不僅為中國帶來更多的商機和投資機會，還為區域國家提供更多的基礎設施建設和經濟發展機會。這些經濟活動不僅影響兩國的經濟關係，還對區域國家的經濟發展和政策選擇產生重要影響。

在外交政策層面，美國和中國都在積極與印太區域的國家進行外交互動，尋求建立或加強合作關係。美國透過重申對區域安全承諾、提供經濟

48 徐昕，〈美國在亞太區域的戰略轉移及其影響〉，《國際關係研究》，第 4 期，2021 年，頁 10-22。

49 Andrew Erickson and Michael S. Chase, “China’s Maritime Gray Zone Strategy,” Naval War College Review, Vol. 71, No. 4, Autumn 2018, pp. 41-68.

援助和推動價值導向的外交政策來維護其在該區域的影響力，並積極參與區域安全對話和多邊合作機制，以促進區域的和平與穩定。中國則透過提供經濟援助、投資基礎設施項目和推動多邊合作機制來擴大其在區域內的影響。中國還積極參與國際組織和倡議，以增進區域間的互聯互通和共同發展。

## 四、台日關係對「印太戰略」的影響

台灣在「印太戰略」中被視為一個關鍵因素，尤其是在維護南海的航行自由和飛越自由方面扮演著重要的角色。台灣的地理位置使其能夠在促進這些自由方面發揮關鍵作用。此外，台灣被排除在全球供應鏈之外，這對其加強安全能力構成阻礙，同時也凸顯需要解決台灣有效融入國際貿易和商業的結構性問題的迫切性。[50] 為了解決這些問題，台灣可以加強與其他國家的合作，特別是在維護區域安全和促進經濟合作方面。其次，積極參與國際組織和多邊合作，以推動自身的利益和立場。此外，進一步發展技術和創新能力，以提高在全球供應鏈中的地位。最後，台灣應該積極推動國內改革，解決結構性問題，並提供更好的環境和條件來吸引外國投資和商業機會。

日本通常將台灣問題視為其整體國家安全和利益的一部分，這種觀點源於日本對海上安全通道的關注和對區域安全的重視。日本政府一直在密切關注台海局勢的發展，並根據情勢變化調整其對台灣的立場。過去幾年，隨著中國在印太區域的日益增強的海上存在和地緣戰略，日本對台灣問題的關注程度有所增加。中國提出的「一帶一路」戰略及在南海區域的活動，引起日本對區域安全的擔憂。因此，日本政府已經開始加強與台灣的關係，包括在經濟、安全和人文交流等方面的合作。儘管日本對台灣問題的關注程度有所上升，但日本政府在其對台灣的政策中仍然保持著戰略

50 Hao Wang, "National identities and cross-strait relations: challenges to Taiwan's economic development," ZFW–Advances in Economic Geography, Vol. 66, No. 4, November 2022, pp. 228-240.

模糊，日本希望維持與中國的經濟和政治關係，同時又希望保持與美國和其他區域盟友的合作。因此，日本政府在對台灣問題的表態上保持著謹慎和平衡的態度。但是根據最近 2021 年防衛白皮書所揭，有一些跡象表明日本對台灣問題的立場可能會有一些新的變化。[51]

台日之間的安全合作日益加深，有利確保印太區域的自由。台灣承諾將與日本進一步深化安全合作，特別是在維護台灣海峽的安全方面。但目前台日之間缺乏實時的信息共享機制，這對於建立更緊密的安全聯繫是一個挑戰。值得一提的是，日本和韓國之間已經有了「軍事情報保護協定」的合作機制，但是這種機制對於台日之間並不適用。[52] 儘管如此，雖然日本無法與台灣建立正式的防禦關係，但在非正式合作方面仍然有很大的發展空間。

## 貳、文獻綜評

在探討地緣政治與國際關係理論時，可以進一步擴展討論的範圍，以更全面地理解這一領域的重要性和影響。首先，除了經濟、技術、環境和文化等方面，還可以考慮探討其他領域，例如能源安全、民主發展和人權等議題。這樣可以提供更多的視角和深度，以應對不同區域和案例的挑戰。其次，除了地緣政治分析的多元化，還可以探討地緣政治在具體的國際政治情境中的應用方式。例如，可以討論地緣政治如何影響區域間的合作和衝突，以及如何在國際組織和機構中發揮作用。同時，可以透過深入研究特定地緣政治事件或趨勢，提供更具體的案例分析，以加深對這些議題的理解和見解，並有利於凸顯地緣政治與國際關係理論在當前全球政治格局中的相互作用和影響，為未來的研究和實踐提供更多的啟示和指導。

51 Csaba Barnabas Horváth, “Japonia i Tajwan-strategiczna konwergencja,” Teka Komisji Politologii i Stosunków Mi dzynarodowych, Vol. 11, No.1, 2016, pp. 85.

52 Kanehara Nobukatsu, “President Biden’s Desired Strategy for Engagement with China,” Asia-Pacific Review, Vol. 28, No. 1, July 2021, pp. 61-79.

印太區域因其地緣政治、經濟以及軍事的重要性而成為國際關注的焦點。儘管許多分析強調該區域戰略重要性，但仍存在對該區域內部不同國家間具體互動和競爭關係描述不足的問題。此外，對於該區域資源爭奪和海上安全的具體問題分析也不夠深入，缺乏對於解決這些問題策略的討論。為改善這些不足，未來的研究和報告應該提供更多關於印太區域內部國家之間的具體互動和競爭案例分析。同時，對於該區域內的資源爭奪和海上安全問題應進行更詳細的分析，並討論可能的解決策略或政策建議，以促進該區域的穩定與合作，並為相關國家提供具體可行的政策指導。

在探討美中在印太區域的戰略競爭時，當前的分析存在一些不足之處。儘管涉及美中兩國在該區域的競爭，但對於這一競爭背後的深層次原因和動力的分析並不充分，包括對兩國內部政策動態的深入理解，以及這些政策如何受到區域和全球層面因素影響的考量。其次，對於如何有效管理和緩和美中戰略競爭帶來的區域穩定風險的討論也相對有限。為改善這些不足，必須深入分析美中戰略競爭的根本原因和影響，不僅包括雙方的內部政策動態，還需考慮到區域和全球層面的因素。此外，還應探討和提出有效管理美中戰略競爭、緩和區域緊張局勢的具體策略和政策建議，為美中之間的戰略競爭提供更全面、更深入的視角。

對於台日之間的合作文獻在一些關鍵領域存在不足，特別是在分析台日之間具體合作內容及其對於雙方以及區域影響方面，本文的深度和廣度都有待加強，缺乏深入的案例研究或相關數據支持，使得對於台日安全合作在印太區域戰略格局中的具體作用和影響的評估顯得相對薄弱。為改善這一情況，應該集中於提供更多關於台日之間在安全合作、經濟互動以及人文交流等方面的具體案例和數據分析。此外，應該對台日安全合作在印太區域戰略格局中的作用進行更深入的分析，從而探討其對區域安全和穩定的具體影響，以利全面了解台日合作對於維護印太區域和平與穩定所發揮的重要作用。

# 第二章　當前印太局勢

在印太區域的戰略布局中，美國、中國、日本、澳洲和印度等國是區域內的戰略要角，該區域不僅是全球經濟的動力中心，也是重要的戰略海域，控制著全球發展的關鍵通道，如南海和麻六甲海峽。這些國家透過軍事部署、經濟合作策略和外交活動，展示在該區域提升影響力的不同途徑。面對領土爭端、海上安全問題及非法捕魚等安全挑戰，印太區域的國家必須尋找合作的途徑來確保區域的穩定與繁榮。多邊合作機制，如東盟和亞太經合組織，在促進區域合作與對話中發揮著關鍵作用。隨著地緣政治的變化，印太區域的未來將取決於這些國家如何平衡自身的戰略利益與共同的區域安全需求。

## 第一節　「印太戰略」重要性

### 壹、地理與經濟

#### 一、經濟動力中心

印太區域位處印度洋與太平洋，是當前全球經濟動力中心，推動著全球人類發展。印太區域擁有世界上最大的人口和最高的經濟增長率，尤其是中國和印度這兩個新興大國，不僅提供龐大的市場和消費需求，也推動科技、創新和基礎設施的發展。其次，印太區域是全球貿易和投資的重要樞紐，與其他區域如歐洲、美洲和非洲有著密切的經濟聯繫。印太區域的海上貿易通道是全球貨物運輸的主要動脈，也是維持區域和平與穩定的關鍵因素。此外，印太區域在全球治理和多邊合作中參與許多國際組織和機制，如東盟、亞太經合組織、亞洲基礎設施投資銀行等。這些組織和機制不僅促進區域內的合作與對話，也為解決全球性的挑戰如氣候變化、能源安全、反恐等提供了平台和方案。

數據顯示，印太區域是世界上最快增長的經濟區域之一，該區域包括多個主要經濟體，如中國、印度、日本和東盟國家，人口超過世界半數人口，包括全球 58% 的青年，經濟總量占全球 GDP 的 60%，全球經濟成長的三分之二，擁有世界 65% 的海洋和 25% 的陸地。[1] 根據美國政府的「印太戰略」文件，1.5 億印太人口將在本十年加入全球中產階級。另外根據國際貨幣基金組織（IMF）的數據，2023 年印太區域的經濟總量為 38.7 萬億美元，占全球經濟總量約 60%，其中中國是印太區域最大的經濟體，經濟總量為 19.9 萬億美元，占印太區域經濟總量的 51.4%。[2] 美國是印太區域第二大經濟體，經濟總量為 25.3 萬億美元，占印太區域經濟總量的 65.4%。[3] 日本是印太區域第三大經濟體，經濟總量為 5.1 萬億美元，占印太區域經濟總量的 13.2%。[4]

**表 2-1　2023 年印太區域主要國家經濟數據彙整表**

| 國家 | 經濟總量（億美元） | GDP 增長率（%） | 人均 GDP（美元） |
|---|---|---|---|
| 中國 | 19,900 | 5.5 | 14,100 |
| 美國 | 25,300 | 2.3 | 77,400 |
| 日本 | 5,100 | 1.2 | 40,300 |
| 印度 | 3,500 | 7.2 | 2,500 |
| 韓國 | 1,700 | 2.7 | 32,700 |
| 印尼 | 1,300 | 5.3 | 4,700 |
| 澳洲 | 1,400 | 3.2 | 56,300 |
| 泰國 | 500 | 3 | 7,300 |
| 越南 | 350 | 6.5 | 3,500 |

資料來源：IMF 網站。

1 白宮，〈美國印太戰略〉，《美國白宮》，2022 年 2 月，〈https://uploads.mwp.mprod.getusinfo.com/uploads/sites/68/2022/05/U.S.-Indo-Pacific-Strategy-zh.pdf〉。

2 IMF, "World Economic Outlook: October 2023," IMF, November 2023, 〈https://meetings.imf.org/zh/IMF/Home/Publications/WEO/Issues/2023/10/10/world-economic-outlook-october-2023〉.

3 BBC News 中文，〈「美國印太戰略：幫助印度崛起 聯合抗衡中國」〉，《BBC News 中文》，2021 年 1 月 15 日，〈http://www.bbc.com/zhongwen/trad/world-55684095〉。

4 The News Lens 關鍵評論網，〈「美國印太戰略中的「印太經濟框架」有哪些地緣政治意涵？與區域自由貿易協定有何不同？」〉，《The News Lens 關鍵評論網》，2022 年 4 月 13 日，〈https://www.thenewslens.com/article/164967〉。

## 二、攸關全球發展的戰略海域

南海和麻六甲海峽，不僅是亞洲、歐洲和非洲之間的主要海上通道，更是國際貿易和能源運輸的關鍵樞紐，戰略重要性不容小覷，每年有超過 8 萬艘船隻通過，是全球經濟運作的動脈。據統計，全球約一半的航運貨物和大約三分之一的原油運輸都經過這些海域。凸顯南海和麻六甲海峽在全球經濟和安全中的核心地位。此外，這些海域的安全狀況直接影響到全球石油市場的穩定性和國際貿易的流暢性，任何對這些海域的威脅，無論是自然災害還是地緣政治衝突，都可能導致全球供應鏈的中斷，影響世界經濟發展。因此，各國政府和國際組織都高度重視這些海域的安全。

麻六甲海峽不僅是連接印度洋與太平洋的關鍵通道，更是全球最繁忙的航道之一，對東亞各國，尤其是高度依賴能源進口的國家如中國、日本和韓國，具有無可替代的戰略重要性，因為全球約四分之一的貿易貨物和三分之一的原油運輸都依賴於這條狹窄的水道。任何對這條海峽的威脅，無論是海盜活動、恐怖主義行為、自然災害還是地緣政治衝突，都可能導致供應鏈中斷，嚴重影響東亞乃至全球經濟，一旦海峽航道受阻，不僅會推高全球油價，還可能迫使船隻繞道更長的路線，增加運輸成本和時間。

印太海域是世界上最繁忙的海上貿易區域之一，也是許多國家的安全利益所在，包括美國、中國、日本、印度、澳大利亞等，各國希望在該區域保持或增強自己的影響力，並防止其他國家不當崛起威脅各方利益。中國是印太區域最大的經濟體和軍事力量，近年在南海建造人工島礁，並部署軍事設施和武器，引發與其他聲索國家的爭端，如越南、菲律賓、馬來西亞等，還在東海與日本爭奪釣魚島（中國稱為釣島）的主權，並對台灣施加軍事壓力。[5] 此外，中國還透過「一帶一路」戰略擴大在亞洲、非洲和歐洲的影響力。美國作為印太區域的傳統盟友和合作夥伴，為維護印太區域的國際秩序，經常藉由第七艦隊和其他部隊實施定期的自由航行行動

5 Andrew Erickson and Michael S. Chase, "China's Maritime Gray Zone Strategy," Naval War College Review, Vol. 71, No. 4, Autumn 2018, pp. 41-68.

和聯合軍演，展示對該區域安全的承諾和能力，並與日本、澳大利亞、印度等形成 Quad 機制，以加強在防務、人道救援、反恐、海洋安全等領域的合作。美國還支持台灣、越南等國家提高其自衛能力，並提供政治和外交上的支持。因此，美國和其盟友在維持印太海域的控制和保障自由航行方面發揮關鍵作用，確保全球貿易的順暢和區域的安全穩定。

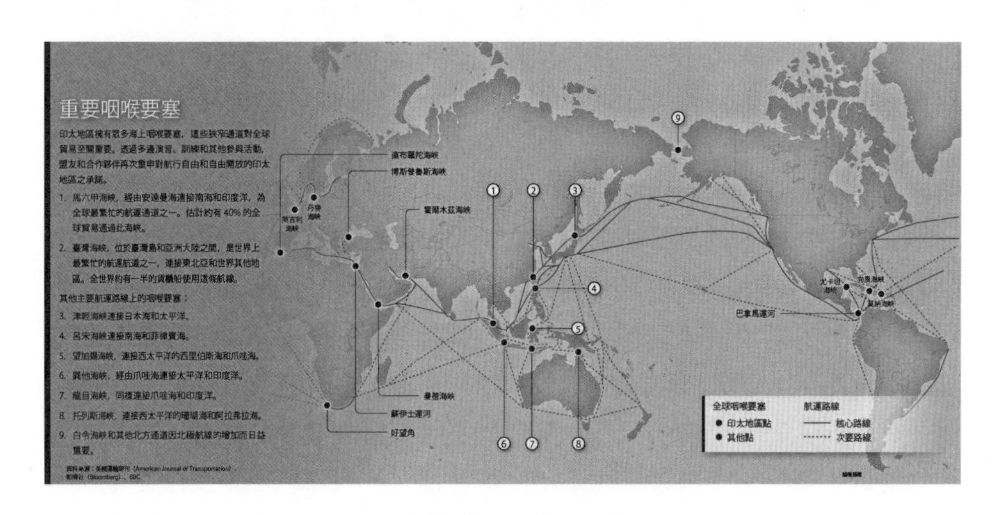


**圖 2-1　印太區域重要咽喉要塞**

資料來源：印太戰略論壇，〈菲律賓陸軍參謀長：安全動態 促使印太各方舉行多邊演訓〉，《The News Lens 關鍵評論網》，2024 年 3 月 6 日，〈https://ipdefenseforum.com/zh-hant/2024/03/ 共同願景 /〉。

儘管美國等大國積極在印太區域維護安全與穩定，但是印太海域也面臨著許多安全挑戰，例如海盜、恐怖主義、武裝衝突、海洋爭端和人道危機，不僅威脅到印太區域的和平與穩定，也將會對全球供應鏈、全球貿易和經濟穩定造成嚴重影響。如果麻六甲海峽或南海發生任何形式的封鎖或衝突，將會導致航運成本大幅上升，延誤貨物運送，甚至引發能源危機或糧食危機。因此美國經常以自由航行權為由，組織海軍艦隊通過印太海域。自由航行是指各國根據國際法，在不受任何限制或歧視的情況下，享有在國際水域和領海通過或飛越的權利，有利於促進貿易和投資，也有助於維護海洋秩序和規則，防止衝突和緊張局勢的升級。自由航行也是各國履行其國際責任和義務的前提，例如人道救援、環境保護和打擊跨國犯罪。[6]

# 貳、海上航道安全

## 一、領土爭端與安全問題

領土爭端是當今國際關係中的一個重要議題，尤其是在南海等關鍵海域。但是該處部分島嶼和海域向來存在主權爭議，包括中國、越南、菲律賓、馬來西亞、印尼、台灣和汶萊等。由主權爭議引發的緊張關係不斷升級，甚至發生武裝衝突或對峙，不僅威脅該區域和平與穩定，也影響到全球航道安全和自由貿易。

麻六甲海峽歷史上也是海盜活動的熱點，海盜利用這個地理優勢，伺機襲擊無防備或低速的船隻，搶劫財物或劫持人質，行動範圍從麻六甲海峽延伸到南海、安達曼海和孟加拉灣等區域。為了打擊海盜活動，東協（ASEAN）和其他相關國家建立多邊合作機制，如區域海上安全合作中心（ReCAAP）、麻六甲海峽巡邏行動（MALSINDO）和眼睛在天空行動（Eyes in the Sky），透過信息共享、聯合巡邏、情報分析和能力建設等方式，提高對海盜活動的預防和應對能力。根據 ReCAAP 的統計，自 2006 年以來，麻六甲海峽的海盜事件數量顯著下降，從 75 起減少到 2020 年的 2 起。不過，海盜活動仍然存在不可預測和變化的特徵，需要各方持續加強合作和警惕。

非法漁業和走私活動對印太海洋資源造成損害，同時也影響印太區域海上安全。這些活動不僅違反國際法和相關協議，也威脅沿海國家的主權和利益，該等活動破壞海洋生態系統的平衡，加劇貧困和飢餓的問題。此外，非法漁業和走私活動也可能與其他犯罪活動有關，如恐怖主義、毒品走私、人口販運等，進一步危及印太區域的和平與穩定。

---

6 Amitai Etzioni, “Freedom of Navigation Assertions,” Armed Forces & Society, Vol. 42, No. 3, July 2016, pp. 501 -517.

## 二、對全球貿易影響

印太區域的經濟增長和消費需求推動全球商品和服務的流通，促進了全球經濟的發展和多元化。根據亞洲開發銀行的數據，2019 年印太區域的 GDP 占全球 GDP 的 62%，而印太區域的貿易額占全球貿易額的 47%。印太區域的貿易政策和規則對全球貿易秩序和治理有重要影響，尤其是在面對全球貿易保護主義和單邊主義的挑戰時。

印太區域的國家和區域透過參與多邊、區域和雙邊的貿易談判和協定，共同推動貿易自由化和便利化，為全球貿易創造更多的機會和利益。例如，2022 年 1 月，15 個亞太國家正式簽署之區域全面經濟夥伴關係協定（RCEP）正式生效，這是目前世界上最大的自由貿易協定，涵蓋約 30% 的全球人口、GDP 和貿易。

印太區域的安全局勢和地緣政治對全球貿易的穩定性和可持續性有重大影響，特別是在涉及重要的海上通道和資源供應時。印太區域的一些國家之間存在領土爭端、民族衝突、恐怖主義威脅等安全問題，可能導致局部或全面的武裝衝突，嚴重影響全球貿易的正常運作。此外，印太區域也是美國、中國、俄羅斯等大國角力和競爭的舞台，這可能引發新的冷戰或貿易戰，對全球貿易秩序造成破壞或變革。

# 參、地緣政治環境

印太區域的地緣政治格局由多極權力結構所主導，涵蓋美國、中國、印度、日本在內的多個大國，該等國家不僅擁有顯著的經濟實力，還具有軍事存在。[7] 美國作為該區域的傳統強權，在該區域的軍事部署和安全承諾，特別是與日本、韓國、澳大利亞和菲律賓等國的聯盟關係，是其影響力的重要體現。此外，還透過經濟合作、技術交流和人文交流等多方面的

7 Sanjay Pulipaka and Libni Garg, “India and Vietnam in the Indo-Pacific,” India Quarterly, Vol. 77, No. 2, May 2021, pp. 143-158.

合作，加強與印太區域國家的聯繫；[8] 中國以「一帶一路」戰略加強與區域內國家的經濟聯繫，擴大在印太區域的影響力，在基礎設施建設、貿易合作和投資等方面與印太區域多國展開合作，同時也在南海等區域加強軍事存在；[9] 印度則是以「東向行動」政策加強與東南亞和其他印太區域國家的合作，並在印度洋區域發揮更大的戰略作用，同時致力於提升自身的海上安全能力，並與美國、日本等國合作，平衡區域權力結構；日本以「自由開放的印太戰略」與印太區域國家的合作，特別是在基礎設施建設、經濟合作和安全領域。日本與美國的聯盟關係以及與印度、澳大利亞等國的安全合作，[10] 顯示其在印太區域的戰略部署和影響力。因此，印太大國的相互作用和政策選擇，塑造印太區域多元且複雜的政治和安全格局，各國的合作和競爭共同影響著印太區域的穩定與發展，也對全球政治經濟格局產生重要影響。

印太區域是全球政治和經濟的重要舞台，也是安全挑戰的高風險區域，該區域的安全環境受到多種因素的影響，其中最主要的是領土爭端、軍事競爭和海上安全問題。南海和東海是最具爆發性的熱點。因為這些海域不僅富含自然資源，也是重要的戰略通道。中國與周邊國家如菲律賓、越南、馬來西亞等在這些海域有不同程度的主權聲索，並透過各種方式加強其實際控制。這些行動引發其他國家的反彈和抗議，甚至導致一些武裝衝突和對峙。在此背景下，印太區域的國家都在提升其軍事能力，特別是海軍力量，以應對可能的威脅和挑戰。這些國家不僅在建造更先進的艦艇、飛機和導彈，也在加強彼此之間的安全合作和聯盟關係。[11] 這些軍事競爭可能會加劇該區域的不穩定性和不可預測性。

---

8 Thomas Wilkins, “A Hub-and-Spokes ‘Plus’ Model of US Alliances in the Indo-Pacific: Towards a New ‘Networked’ Design,” Asian Affairs, Vol. 53, No. 3, May 2022, pp. 457-480.

9 V. Mishra, “US Power and Influence in the Asia-Pacific Region: The Decline of ‘Alliance Mutuality’,” Strategic Analysis, Vol. 40, No. 3, March 2016, pp. 159-172.

10 Yuichi Hosoya, “FOIP 2.0: The Evolution of Japan’s Free and Open Indo-Pacific Strategy,” Asia-Pacific Review, Vol. 26, No. 1, September 2019, pp. 18-28.

11 K. Koga, “Japan’s ‘Indo-Pacific’ question: countering China or shaping a new regional order,” International Affairs, Vol. 96, No. 1, January 2020, pp. 49-73.

印太區域的多邊合作不僅反映各國對維護區域和平與繁榮的共同願景，也體現對抗衡中國日益增長的影響力的戰略需求。東協作為區域合作的主導力量，推動「東南亞公約」、「東南亞條約組織」、「東盟區域論壇」、「東亞峰會」等多個平台的建立和發展，為各方提供溝通和協調的機會。[12] 四方安全對話則是一個由美國、日本、澳大利亞和印度組成的非正式安全框架，旨在促進民主價值觀、自由貿易和海洋安全等領域的合作。四方安全對話在 2020 年恢復高級別會議，並在 2021 年首次舉行領導人峰會，表明成員國對加強聯合應對中國挑戰的決心。

印太區域是世界上最具活力和多元化的區域之一，涵蓋亞洲、大洋洲和非洲的部分國家。該區域擁有世界上三分之一的人口，四分之一的經濟產出，以及五個核武國家，[13] 也是全球最重要的貿易走廊之一，每年有數以萬計的船隻通過該區域的海域，運送著各種商品和資源，但該區域也面臨著許多挑戰和威脅，如領土爭端、民族主義、恐怖主義、海盜活動、核擴散、氣候變化等。這些問題不僅影響到該區域內部的穩定與安全，也對外部國家和組織造成壓力和影響。例如，中國與美國在該區域的角力，不僅牽動區域內其他國家的選邊站隊，也對全球貿易、投資和供應鏈造成不確定性和風險；另一方面，該區域也是全球合作的重要平台，如亞太經合組織（APEC）、東盟（ASEAN）、東亞峰會（EAS）等，不僅促進區域內部的經濟整合和政治對話，也提供解決跨國問題的機會和渠道。例如，在氣候變化方面，該區域國家既是最大的溫室氣體排放者之一，也是最受氣候變化影響的受害者之一。因此，該區域國家在減排、適應和轉型方面的行動和合作，對全球氣候治理有著重要意義。

12 J. Calabrese, "Assuring a Free and Open Indo-Pacific-Rebalancing the US Approach," Asian Affairs, Vol. 51, No. 1, April 2020, pp. 307-327.

13 Sereffina Yohanna Elisabeth Siahaan, Helda Risman, "Strrngthening Asean Centrality Within the Indo-Pacific Region," PEOPLE: International Journal of Social Sciences, Vol. 6, No. 1, April 2020, pp. 254-266.

# 第二節　主要國家的戰略布局

## 壹、美國的「印太戰略」

### 一、戰略目標概述

美國在印太區域的戰略目標是維護一個自由和開放的區域秩序，並防止任何單一國家或勢力主導該區域。為實現這一目標，美國支持印太區域的民主發展和治理改革，以促進人權、法治、反貪腐和社會包容性；維護印太區域的海洋和空中自由，並反對任何違反國際法的單方面行動，如中國在南海建造人工島或實施軍事化；推動印太區域的經濟繁榮和互聯互通，並與盟友和夥伴合作制定共同的技術標準和規範，以確保數字領域的安全和開放；加強印太區域的安全合作和威懾力量，並與盟友和夥伴共同應對傳統和非傳統的安全挑戰，如恐怖主義、大規模殺傷性武器、太空、網路空間等；提供軍事援助和訓練，並增加在印太區域的軍事部署和演習，以提高自身和盟友的戰備能力，[14] 其中包括推出太平洋威懾計畫和海事安全計畫，以及與澳大利亞和英國建立 AUKUS，共同發展核動力潛艇等先進武器系統。

美國認為，這些政策和行動有助於促進印太區域的穩定與發展，並符合所有國家的利益。但是美國也面臨著來自中國等競爭對手的挑戰，這些對手試圖改變現有的國際秩序，並提出不同的願景和價值觀。因此，美國必須不斷調整其戰略方針，並與盟友和夥伴保持密切溝通與協調，以確保其在印太區域的領導地位和影響力。

### 二、具體措施

美國在印太區域的軍事存在相當廣泛，包括陸軍、海軍、空軍和海軍陸戰隊，透過在該區域部署軍隊、軍艦和飛機，以及與盟友和夥伴的軍事

14 The U.S. State Department, "A Free and Open Indo-Pacific: Advancing a Shared Vision," November 2019.

合作，確保區域的安全和穩定。據統計，印太區域擁有超過 37 萬 5,000 名美國軍事人員，並利用至少 66 個不同的防禦設施。[15] 美國軍隊不斷地現代化及重新定位其力量，使其在印太區域更具機動性、分散性、韌性和致命性。其次，美國積極組織軍事演習和聯合訓練，以提高區內國家的防禦能力並促進互操作性，這些演習不僅增強美國與盟友的合作關系，還提高在戰略和戰術層面的協同作用，以應對潛在的安全威脅和人道主義行動。

此外，美國還透過提供軍事援助和武器銷售，支持區內國家的軍事現代化，包括協助印度、日本和澳大利亞等國家的防禦產業合作，發展先進的軍事技術和能力，並透過多國合作增強區域的防禦和威懾能力。[16] 再者，美國與印太區域的盟友和夥伴在許多方面加強合作，包括軍事訓練、情報分享和戰略規劃。美國致力於加強與區域內的盟友和合作夥伴的網絡，以共同應對區域內的安全挑戰，並支持一個自由、開放的印太區域。這些活動展示美國對於印太區域安全和穩定的持續承諾，並強調美國在維護區域和全球安全中所扮演關鍵角色。[17]

美國在印太區域的經濟合作策略主要與該區域國家建立和深化雙邊和多邊貿易合作的重要性，包括傳統的貿易和投資關係，以及對基礎設施、能源安全和環境保護方面的支持和合作。美國以印太經濟框架（IPEF）加強與印太區域的經濟聯繫，該框架集合 13 個區域夥伴國，覆蓋全球約 40% 的 GDP。[18] IPEF 致力於推動區域經濟的韌性、可持續性和包容性增長，並解決 21 世紀面臨的重大挑戰，如供應鏈韌性、貿易、數字經濟規則制定、清潔能源轉型和反腐敗等。

軍事方面，美國增強在關鍵區域的軍事存在，透過與盟國的聯合演習和軍事合作，提高區域的防衛能力和戰略協同性，還透過安全援助和武器

15 The U.S. Congress, “U.S. Strategic Interests in the Indo-Pacific Region,” February 2023.

16 O. Leonova, “The Impact of the Strategic Partnership AUKUS on the Geopolitical Situation in the Indo-Pacific Region,” International Organisations Research Journal, Vol. 17, No. 3, October 2022, pp. 194-211.

17 同註 8。

18 R. Ajami, “Strategic Trade and Investments Framework and Geopolitical Linkages across Asia-Pacific Economies,” Journal of Asia-Pacific Business, June 2022, Vol. 23, No. 3, pp. 183-186.

**圖 2-2　美軍在印太區域駐軍**

資料來源：陳妍君，〈印太戰略新軸線 5／小馬可仕上任 菲美安全合作急速回溫〉，《中央社》，〈https://www.cna.com.tw/news/aopl/202305300041.aspx〉。

銷售，支持夥伴國的軍事現代化，從而加強區域的安全架構；[19] 經濟方面，美國透過 IPEF、APEC 以及與區域夥伴的多層次經濟合作計畫，強化經濟聯繫，不僅促進貿易和投資，還加強供應鏈的韌性，並推動區域內的

19 Elena Atanassova-Cornelis, "Alignment Cooperation and Regional Security Architecture in the Indo-Pacific," The International Spectator, Vol. 55, No. 1, February 2020, pp. 18-33.

經濟一體化和可持續發展；[20] 外交方面，美國透過參與國際組織和多邊合作機構，以及推動多邊和雙邊對話機制，加強與區域盟友和夥伴的聯繫，進一步鞏固區域內的政治和經濟合作，為印太區域的和平、穩定和繁榮提供了堅實的支撐。[21]

## 貳、中國印太布局

中國透過經濟、軍事和外交手段，不斷擴大在印太區域的影響力，如以「一帶一路」戰略向印太區域的許多國家提供基礎設施建設和貸款，增加其經濟影響力和政治影響力，並加強其在南海和東海的軍事部署，以及與部分區域內國家建立戰略夥伴關係，提高軍事和安全影響力，[22] 這些行動對區域的和平與穩定帶來挑戰。

### 一、經濟方面

中國是印太區域最大的經濟體，經濟實力在該區域占主導地位。中國透過「一帶一路」戰略向印太區域國家提供大量基礎設施投資，加強與這些國家的經濟聯繫。此外，積極參與區域經濟合作，如 APEC 和 RCEP，以擴大其經濟影響力。[23] 在印太區域，中國正利用其龐大的市場和資金施加經濟壓力和影響，迫使部分國家在政治、安全和人權等問題上屈服於中國的意志，如 2023 年，中國對澳大利亞發動貿易報復措施，包括禁止進口澳大利亞的牛肉、葡萄酒、大麥和煤炭等產品，以懲罰澳大利亞對中國涉嫌侵犯人權的行為提出批評。

---

20 The U.S. Department of State, "Fact Sheet: Indo-Pacific Economic Framework for Prosperity," May 23, 2022.

21 W. Tow, "Minilateral security's relevance to US strategy in the Indo-Pacific: challenges and prospects," The Pacific Review, Vol. 32, No. 2, May 2018, pp. 232-244.

22 Yiping Huang, "Understanding China's Belt & Road Initiative: Motivation, framework and assessment," China Economic Review, Vol. 40, September 2016, pp. 314-321.

23 Z. Ahmed and Md Ziaul Haque Sheikh, "Impact of China's Belt and Road Initiative on regional stability in South Asia," Journal of the Indian Ocean Region, Vol. 17, No. 3, January 2021, pp. 271-288.

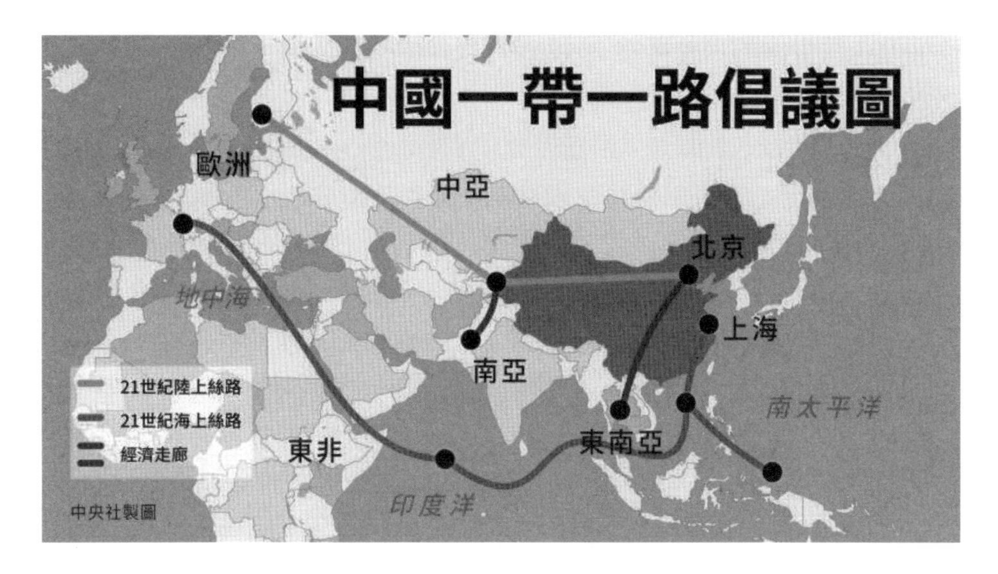


**圖 2-3　中國一帶一路倡議圖**

資料來源：呂佳蓉，〈一帶一路10週年投資收縮 學者：中國經濟走低 戰略主軸聚焦台美〉，《中央社》，2023年10月16日，〈https://www.cna.com.tw/news/acn/202310160032.aspx〉。

另一方面，中國也透過「一帶一路」戰略向印太區域國家提供高風險、高負債的基礎設施項目，使這些國家陷入「債務陷阱」，從而增加戰略影響力，如斯里蘭卡因無法償還中國提供的數十億美元貸款，被迫將其港口、機場和其他重要資產租給中國公司，並允許中國在其領土上建立軍事基地，這一舉動引起了國際社會的廣泛關注。中國透過「一帶一路」戰略在印太區域擴大其經濟和戰略影響力的策略，不僅改變了區域內的經濟格局，也對區域安全構成了潛在挑戰。這種以經濟援助和基礎設施投資為手段的影響力擴張，被一些評論家稱為「新殖民主義」。

## 二、軍事方面

根據美國國防部2023年度「中國軍力報告」，中國的軍事力量已經達到前所未有的水平，軍費開支在全球僅次於美國，約2,610億美元。中國的核武庫也在快速擴張，預計到2030年將擁有超過1,000枚可使用的核彈頭。[24] 中國的目標是在 2049 年實現「中華民族偉大復興」，並修改國際秩序以符合其利益和意識形態。

中國在南海、東海等爭議區域進行軍事活動，以擴大其軍事影響力，如 2023 年 4 月，中國組織航空母艦、驅逐艦和潛艇組成的艦隊，在台灣海峽附近進行演習，引發台灣和美國的強烈抗議。[25] 此外，中國積極發展海空軍，提升其在印太區域的遠程投射能力。中國已經擁有世界最大的海軍，包括 3 艘航空母艦、78 艘潛艇和 50 艘驅逐艦等。中國的海軍計畫在 2025 年服役第三艘航空母艦「福建艦」，該艦採用電磁彈射技術，能夠攜帶更多的戰鬥機和武器。[26] 中國的空軍也在不斷現代化和多元化，包括發展隱形戰鬥機、轟-20 隱形轟炸機、常規式武裝洲際飛彈系統等。2023 年 6 月，中國宣布第三艘航空母艦的下水，並表示將在未來幾年內建造更多的航空母艦，試圖透過這些行動來威嚇和挑戰美國及其盟友和夥伴。

**圖 2-4　中國航母圖**

資料來源：葛沖，〈中國三艘航母比較〉，《文匯網》，2022 年 6 月 18 日，〈https://www.wenweipo.com/a/202206/18/AP62ace6d9e4b033218a52b598.html〉。

24 U.S. Department of Defense, “Military and Security Developments Involving the People’s Republic of China 2023,” U.S. Department of Defense, October 2023, https://media.defense.gov/2023/Oct/19/2003323409/-1/-1/1/2023-MILITARY-AND-SECURITY-DEVELOPMENTS-INVOLVING-THE-PEOPLES-REPUBLIC-OF-CHINA.PDF.

25 江今葉，〈共軍在台周邊演習 美國防部監控中〉，2023 年 4 月 7 日，〈https://www.cna.com.tw/news/firstnews/202104070015.aspx〉。

26 Alexandre Sheldon-Duplaix, “Beyond the China Seas. Will China Become a Global ‘Sea Power’,” China perspectives, No. 3, January 2016, pp. 43-52.

### 三、外交方面

中國透過與印太區域國家簽訂貿易和投資協定，加強經濟實力和競爭力。例如，2022 年 1 月，中國與東盟正式實施了全球最大的自由貿易區 —— RCEP，涵蓋約 30% 的全球人口和 GDP。[27] 此外，中國還與巴基斯坦、孟加拉國、斯里蘭卡等國家推進「一帶一路」戰略的基礎設施建設和能源合作項目，提高在該區域的戰略地位。[28]

## 參、其他國家的角色

### 一、日本

日本正致力於增強其國防能力，以應對日益複雜的安全環境。2023 年，日本將國防預算增加至 6.8 萬億日元，[29] 反映日本對強化自身防禦能力的決心，特別是在導彈防禦、太空和網路安全等領域的投入，顯示日本對於未來戰爭形態的前瞻性思考和準備。此外，日本積極參與區域多邊機制，如東盟區域論壇（ARF）和 EAS，透過這些平台加強與印太區域國家的合作與對話。2023 年，日本與東盟十國簽署「東協—日本全面戰略夥伴關係視野」，[30] 深化日本與東協國家在政治、安全、經濟、社會和文化等多個領域的合作，展現了日本推動區域一體化和共同繁榮的決心。

27 呂嘉鴻，〈RCEP 正式生效：中國主導亞太區域經濟的機會與台灣的挑戰〉，《BBC 中文網》，2022 年 1 月 13 日，〈https://www.bbc.com/zhongwen/trad/business-59964200〉。

28 Z. Ahmed and Md Ziaul Haque Sheikh, "Impact of China's Belt and Road Initiative on regional stability in South Asia," Journal of the Indian Ocean Region, Vol. 17, No. 3, January 2021, pp. 271-288.

29 中評社，〈日本 2023 年度防衛預算 6.8 萬億日元 創歷史新高〉，《中評網》，2022 年 12 月 16 日，〈http://hk.crntt.com/crn-webapp/touch/detail.jsp?coluid=218&kindid=0&docid=106549330〉。

30 高詣軒，〈日本東協峰會 聲明擬強化安全合作〉，《聯合新聞網》，2023 年 12 月 17 日，〈https://udn.com/news/story/6809/7646062〉。

## 二、印度

印度與美國之間的合作是「印太戰略」的核心，此合作基於共同的利益和對區域和平與穩定的承諾。雙方在安全、經濟和外交等多個領域展開了深入且多元的合作，加強兩國之間的戰略聯繫，有效維護印太區域的整體安全格局。在安全領域，印美兩國透過定期舉行聯合軍演，如馬拉巴爾演習（Malabar Exercise），來提升協同作戰能力，演習涵蓋海上、空中和陸上作戰。此外，情報共享和防務技術合作也是印美安全合作的重要組成部分，不僅提升兩國的安全能力，也增強對區域安全挑戰的應對能力；[31] 在經濟領域，印美兩國透過貿易和投資合作來促進經濟聯繫和互利共贏。美國是印度的重要貿易夥伴之一，雙方在能源、科技、農業和醫療等領域有著廣泛的經濟互動。此外，印美兩國也在推動創新和企業合作，以促進經濟增長和技術進步；在外交領域，印美兩國透過高層互訪和戰略對話來加強政治互信和政策協調。兩國領導人的會晤和外交部門的定期對話有助於確保雙方在重要國際和區域議題上的立場一致，並共同推動印太區域的和平、穩定與繁榮。[32]

印度正積極加強軍事能力，特別是海軍力量，以保障在印度洋的戰略利益，凸顯印度對於確保其海洋邊界安全和維護區域航道自由的重視。[33] 印度透過引進先進的海軍裝備，如航空母艦、潛艇和多用途戰鬥艦艇，以及提升海軍基地的基礎設施建設，增強海上作戰能力。[34] 此外，透過國內研發和生產先進武器系統，如飛彈、無人機和雷達系統，減少對外國軍事技術的依賴，提升在印太區域的威懾能力和影響力；[35] 在經濟方面，印度推

31 V. Mishra, "India-US Maritime Cooperation: The Next Decade," Indian Foreign Affairs Journal, Vol. 12, No. 1, January/March 2017, p. 60.

32 江楓，〈強化印太聯盟 美國積極拉攏印度〉，《rfi》，2023 年 6 月 26 日，〈https://udn.com/news/story/6809/7646062〉。

33 D. Baruah, "Expanding India's Maritime Domain Awareness in the Indian Ocean," Asia Policy, No. 22, July 2016, pp. 49-55.

34 Asma Sana and Shaheen Akhtar, "India's 'Indo-Pacific' Strategy: Emerging Sino-Indian Maritime Competition," Strategic Studies, Vol. 40, No. 3, October 2020, pp. 1-21.

35 P. Ghosh, "Enhancing interoperability and capacity building: cooperative approach of the Indian Navy," Journal of the Indian Ocean Region, July 2016, pp. 19-208.

動「印度製造」（Make in India）等倡議，致力於打造吸引外資和促進工業化的環境，規劃將印度打造成全球製造業的樞紐，並透過提升製造業的競爭力來加強經濟實力。此外，也參與 IPEF 等區域經濟合作機制，加強與印太區域國家的經濟聯繫，促進貿易和投資，並推動區域經濟一體化。印度積極參與東盟區域論壇（ARF）、上海合作組織（SCO）等區域多邊機制，展現對於加強區域合作與對話的承諾，透過這些平台與印太區域國家共同探討和應對安全挑戰，並推動經濟和文化合作。[36] 在安全和防務領域，透過參與聯合軍演、反恐合作和海上安全對話等活動，加強與區域國家的戰略聯繫。同時，積極參與經濟合作和貿易談判，促進區域經濟一體化，並以科技合作和文化交流，強化與印太區域國家的人文聯繫。[37]

印度推動的「東向政策」（Act East Policy）和「印度洋倡議」（Indo-Pacific Initiative）旨在深化印度與東亞、東南亞以及印度洋區域國家的關係，並在共同維護區域和平、穩定與繁榮方面發揮積極作用，[38] 透過「東向政策」，加強與東盟國家的經濟合作和戰略夥伴關係，並在基礎設施建設、能源、農業和教育等領域展開合作，而「印度洋倡議」則聚焦於推動海洋安全、海洋經濟合作和可持續發展，強調印度在印度洋區域的戰略地位和作用。

## 參、澳洲

澳洲與美國之間的合作是其「印太戰略」的關鍵支柱，反映兩國對於維護印太區域和平與穩定的共同承諾，合作涵蓋安全、經濟和外交等多個層面，並在區域安全方面發揮特別重要的作用。在安全領域，澳美同盟是

[36] V. Shumkova and A. Korolev., “Security Institutions in Greater Eurasia: Implications for Russia.” International Organisations Research Journal, Vol. 13, No. 3, January 2018, pp. 70-81.

[37] R. Rajagopalan, “Evasive balancing: India’s unviable Indo-Pacific strategy,” International Affairs, Vol. 96, No. 1, January 2020, pp. 75-93.

[38] Ngaibiakching, Amba Pande, “India’s Act East Policy and ASEAN: Building a Regional Order Through Partnership in the Indo-Pacific,” International Studies, Vol. 57, No. 1, January 2020, pp. 67-78.

印太區域最堅固的軍事合作關係之一。兩國透過定期舉行的聯合軍演，如塔利斯曼軍刀（Talisman Sabre）演習，提升雙方的協同作戰能力，軍演涵蓋海上、空中和陸上作戰；[39] 情報共享和軍事技術合作也是澳美同盟的重要組成部分，如恐怖主義、網路安全威脅和海上安全問題。此外，美國對澳洲的軍事技術支持和合作，包括先進武器系統的銷售和共同研發項目，進一步加強澳洲的國防能力。為了強化對中國圍堵與遏制力度，澳英美於2021 年 9 月建立 AUKUS 聯盟，透過 AUKUS 機制，美、英將協助澳大利亞建造 8 艘核動力潛艇，以制衡中國航母在印太區域的行動；[40] 在經濟領域，澳美兩國透過自由貿易協定和投資合作來促進經濟聯繫和互利共贏，加強雙方的經濟關係；在外交層面，兩國領導人的會晤和外交部門的定期對話，有助於確保雙方在重要國際和區域議題上立場一致，並共同推動印太區域的和平、穩定與繁榮。

澳洲正在積極提升海軍和空軍作戰能力，以確保其在印太區域的戰略利益得到有效保障，主要透過引進先進的軍事裝備，如新一代潛艇、驅逐艦和戰鬥機。[41] 此外，透過國內研發和生產先進武器系統，推動國防產業的自主化，減少對外國軍事技術的依賴，提升在印太區域的威懾能力和影響力；在經濟方面，澳洲透過積極參與自由貿易協定和區域經濟合作，如跨太平洋夥伴全面進展協定（CPTPP），擴大在印太區域的經濟影響力，促進與印太區域國家的經濟聯繫。

澳洲透過積極參與 ARF、EAS 等區域多邊機制強化與印太區域國家的安全和防務合作，也在經濟、科技、文化和人文交流等領域建立合作網絡。在安全和防務領域，與區域夥伴共同應對傳統和非傳統安全威脅，如海洋安全、網路安全和跨國犯罪。澳洲的參與提升區域安全合作的效能，

39 Ashley J. Tellis, “The Rise of Great Powers and the Future of U.S. Grand Strategy,” Iinternational Affairs, Vol. 98, No. 2, March/April 2022, pp. 44-55.

40 Kurt Campbell and Jake Sullivan, “The US-Australia Alliance: A Vital Partnership for the Indo-Pacific,” International Affairs, Vol. 98, No. 5, September 2022, pp. 102-113.

41 T. Paige and J. Stagg, “Well-intentioned but missing the point: the Australian Defence Force approach to addressing conflict-based sexual violence,” Griffith Law Review, Vol. 29, No. 3, September 2020, pp. 468-492.

也增強對區域安全挑戰的集體應對能力。在經濟方面，推動自由貿易和投資，並與印太區域國家共同致力於經濟一體化和可持續發展。[42] 此外，加深與印太區域國家的人文聯繫，促進相互理解和信任。透過學術交流、文化活動和科技合作項目，緊密印太區域國家關係。澳洲的「印太戰略」強調與印度洋和太平洋區域國家的合作，特別是在海洋安全、反恐、人道援助和災害響應等領域，展現對區域和平與穩定承諾，也體現澳洲在印太區域發揮建設性和負責任角色的決心。

**圖 2-5　英美聯合宣布 AUKUS 潛艦合作案**

資料來源：張曉雯，〈劍指中國 澳英美聯合宣布 AUKUS 潛艦合作案〉，《中央社》，2023 年 3 月 14 日，〈https://news.ltn.com.tw/news/world/paper/1573496〉。

42 Ashley Townshend, "Australia's Engagement in the Indo-Pacific: Promoting Security and Prosperity," Australian Journal of International Affairs, Vol. 75, No. 1, 2021, pp. 73-89.

# 第三節　區域安全挑戰

## 壹、傳統與非傳統安全威脅

### 一、傳統安全威脅

印太區域面臨著多種傳統安全威脅，一些國家之間存在長期的領土和主權爭端，導致軍事對抗和競賽的升級，不僅浪費寶貴的資源，也削弱區域內的合作意願和能力。另一方面，這些爭端也牽動大國的利益和關係，威脅全球公共財產的安全，例如航行自由和國際貿易。因此，推動印太區域的多邊合作機制和對話平台的建立與發揮，以及加強各方之間的危機管理和信任建設，是維護該區域穩定與和平的必要條件和重要途徑。

南海和東海是印太區域的兩個重要海域，是全球最繁忙的海上航道，也是具有戰略意義和經濟價值的區域。南海擁有豐富的漁業資源和石油天然氣儲量，但同時也是多國爭端的焦點。中國、菲律賓、越南、馬來西亞、汶萊和台灣等國家或區域對於南海的部分島嶼和海域提出不同的主權主張，由於南海涉及利益龐大，各方在解決爭端過程中出現摩擦和衝突，挑戰區域和平與穩定；東海則是中日兩國之間敏感議題，主要涉及釣魚島及其附屬島嶼的主權問題。中國和日本都認為自己對釣魚島享有歷史和法理上的主權，釣魚島不僅具有象徵性的意義，也可能隱藏著豐富的海洋資源和戰略價值。因此，中日雙方在釣魚島問題上的立場堅定，難以妥協。

隨著區域國家為保護利益而加強軍事力量建設，南海和東海水域軍事競賽日益加劇，包括在爭議島礁上建設軍事基地以及部署先進武器系統，如導彈、無人機和反艦飛彈等，對區域和平與安全構成嚴重威脅。雖然武裝衝突的可能性不是不可避免，但區域緊張局勢的升級增加意外衝突發生風險，特別是在缺乏有效溝通機制和危機管理措施的情況下，小規模衝突有可能升級為更大規模的對抗，甚至引發第三方的介入。

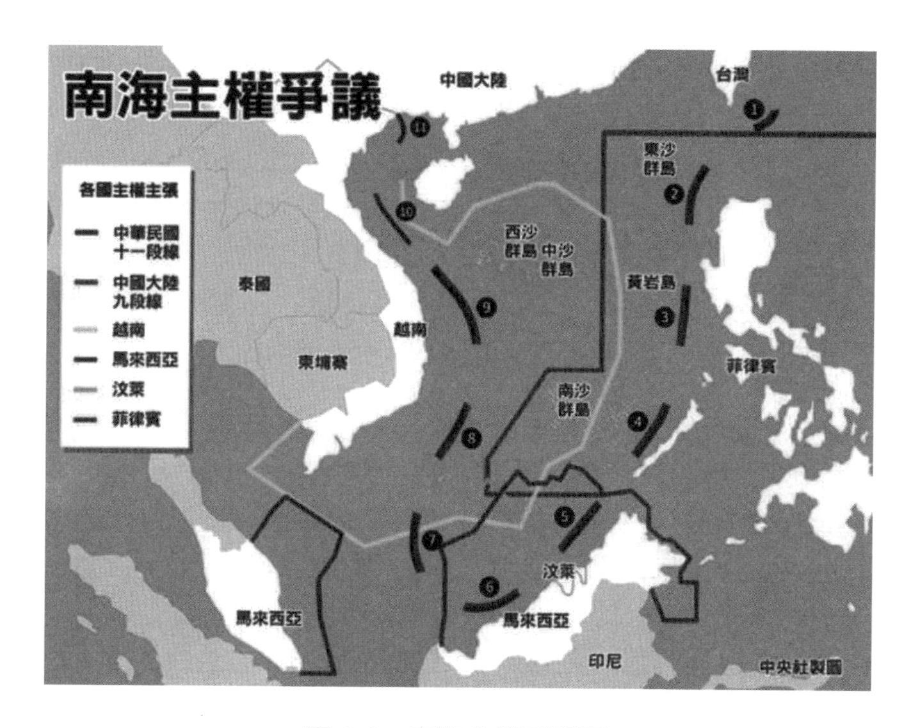


**圖 2-6　南海主權爭議圖**

資料來源：邱國強，〈南海爭議未止 美媒：中國提出與菲律賓聯合軍演〉，《中央社》，2023 年 7 月 27 日，〈https://www.cna.com.tw/news/aopl/202307270293.aspx〉。

## 二、非傳統安全威脅

印太區域面臨著氣候變化的嚴峻挑戰，是全球氣候變化影響最嚴重的區域之一，不僅受到自然災害的頻繁打擊，也有來自海洋生態系統的破壞，每年都要承受颱風、洪水、旱災和海平面上升等多種災害的侵害，威脅人民的生命財產安全，也給區域的基礎設施、農業生產和經濟發展帶來重大的挑戰。同時，氣候變化也對印太區域豐富而多樣的海洋生物資源造成嚴重的影響，海洋酸化和海水溫度上升導致珊瑚礁的白化、魚類的遷徙和減少等現象，影響漁業資源的可持續性，也威脅到許多依賴海洋資源的社區的生計。

另外，印太區域的海上安全和網路安全面臨多重挑戰，部分海域頻繁發生海盜活動和武裝劫持船隻的事件，不但危及航海人員的生命財產，也對國際貿易和海上運輸造成損失；[43] 另一方面，跨國犯罪，如毒品走私、人口販賣和非法野生動植物貿易，也利用海上通道進行非法活動，對區域的安全和社會穩定帶來嚴重影響。此外，隨著數字化進程的加快，印太區域國家愈來愈多地遭受網路攻擊和數據盜竊的威脅，不僅影響國家安全，也對企業的運營和普通民眾的隱私安全造成嚴重的危害。[44]

## 貳、國際爭端與合作

南海爭端是一個涉及海洋、島嶼、礁石主權的複雜問題，牽涉中國、菲律賓、越南、馬來西亞、汶萊和台灣等國家利益，因此該區域的緊張局勢近年來不斷升級，尤其是中國在南沙進行大規模的人工島嶼建設和軍事化行動，引發其他國家強烈反彈。中國堅持其對南海大部分區域擁有歷史性主權，並以此為依據進行島嶼開發和防禦建設，而其他國家則認為中國的主張違反聯合國海洋法公約和國際法的規定，並威脅該區域的和平與穩定。

釣魚島爭端是東海的一個重要焦點，該島及其周邊島嶼被中國和日本兩國爭奪。這些島嶼不僅具有國家主權的象徵意義，也是海洋資源開發和戰略控制的關鍵區域。雖然日本實際控制釣魚島，但中國並未放棄其主權主張，並透過派遣海軍和空軍在該區域進行巡航和巡邏來維護其利益。這一行為引發中日之間的對抗和緊張，增加雙方發生衝突的風險。

南海和東海的爭端不僅對區域安全構成嚴重威脅，增加意外衝突或軍事對抗的風險，特別是在缺乏有效溝通機制和危機管理措施的情況下，小規模衝突有可能升級為更大規模的對抗，同時對國際航行自由造成了不利

43 Jade Lindley, “Criminal Threats Undermining Indo-Pacific Maritime Security: Can International Law Build Resilience,” Journal of Asian Economic Integration, Vol. 2, No. 2, August 2020, pp. 206-220.

44 Nivedita Shinde and Priti Kulkarni, “Cyber incident response and planning: a flexible approach,” Computer Fraud & Security, No. 1, 2021, pp. 14-19.

影響，考慮到該等海域是全球重要的海上航道，任何衝突或緊張局勢的升級都可能對國際貿易和航運造成重大影響。[45] 此外，這些爭端也挑戰區域合作和一體化進程，加劇區域國家之間不信任和分歧，影響區域多邊機制的有效性和合作精神。

## 參、多邊安全架構

東協（ASEAN）在印太區域的安全架構中扮演著重要角色，除了促進區域內的對話和合作，更涵蓋建立信任措施和制定區域安全政策等多個層面。東協定期舉行各級別的會議，包括峰會、部長級會議和技術工作組會議，促進區域內國家溝通和協調，建立共同的願景和目標，增進相互理解和信任，並加強區域一體化進程。此外，透過參與 ARF、EAS 等多邊機制，將影響力和合作範圍擴展到更廣泛的區域和全球層面，並與其他重要的大國和夥伴，如中國、美國、日本和印度等建立密切的關係。

東協在促進區域安全方面也發揮重要作用，透過建立各種信任措施，提高軍事透明度、實施防務官員交流計畫、舉辦聯合軍事演習等，消除各國之間疑慮和錯誤判斷，並在區域內營造互信氛圍。此外，東協還積極推動區域安全協議的簽署和落實，例如「東南亞無核武器區條約」和「東盟友好合作條約」等，為維護區域內的和平與穩定提供了法律和政治保障。

東協是區域安全政策的領導者，透過建立共同的安全觀和區域安全架構應對區域內的各種安全挑戰，不僅重視傳統的軍事安全，也關注非傳統的人道主義、環境、經濟和社會安全，主要採用和平與合作的原則，以對話和諮商的方式解決區域內的爭端和衝突。此外，推動區域合作和集體行動的理念，並通過「東盟共同體藍圖」和「東盟政治安全共同體」等倡議，為區域安全提供一個整體性的框架。這些倡議強調東盟成員國之間的團結、信任和互利，以及與其他區域和國際組織的夥伴關係。

---

[45] Bonnie Glaser, "The Rising Military Competition in the South China Sea and the East China Sea: Implications for Regional Security" Strategic Studies Quarterly, Vol. 16, No. 2, February 2022, pp. 13-32.

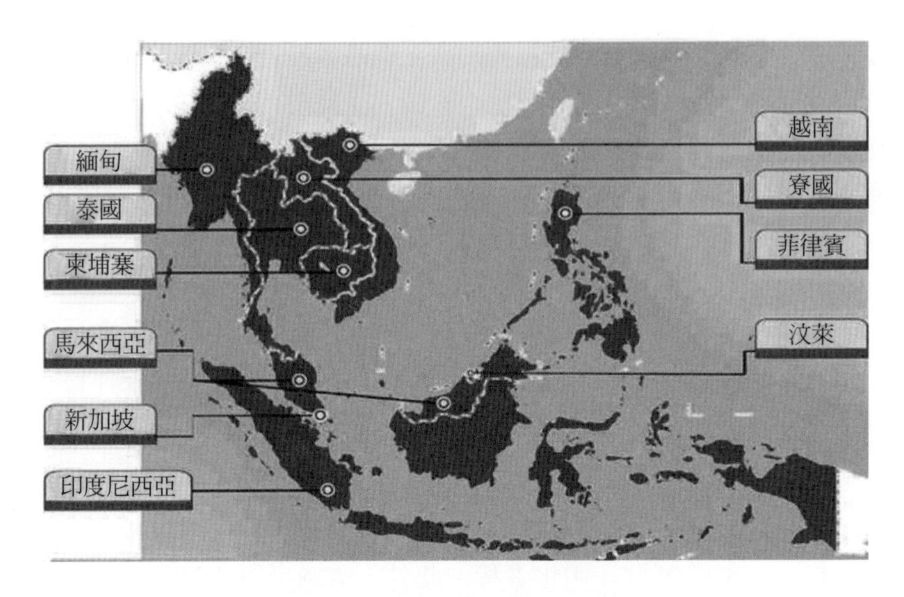


**圖 2-7　東協成員國示意圖**

資料來源：新華社，〈東南亞國家聯盟（東盟）及其主要合作機制〉，《中國政府網站》，2007 年 11 月 19 日，〈http://big5.www.gov.cn/gate/big5/www.gov.cn/test/2007-11/19/content_809125.htm〉。

# 第四節　小結

印太區域因其豐富的自然資源、戰略海路和快速增長的經濟體而成為全球經濟的動力中心。這一區域不僅是重要的國際貿易通道，其海域如南海和麻六甲海峽更是全球經濟航運的關鍵要道。南海擁有豐富的海洋資源，包括石油和天然氣，同時也是東亞至其他大洲的主要航道。麻六甲海峽作為連接印度洋和太平洋的最短航線，每日有大量貨輪通過，對於全球能源供應和貿易流通至關重要。這些戰略海域的重要性不僅體現在經濟發展和資源利用上，還涉及到區域和全球的安全與穩定。隨著地緣政治競爭的加劇，印太區域的戰略重要性日益凸顯，成為了全球政治經濟格局中不可忽視的一環。

在印太區域，美國、中國、日本和印度各自按照自身利益需求實施戰略部署，主要以軍事、經濟和外交手段提升其影響力。美國透過強化軍事同盟、執行自由航行操作和深化區域經濟夥伴關係來維持其影響力。中國則透過「一帶一路」戰略和軍事基地建設來擴大其經濟和軍事足跡。日本強調價值觀外交，積極推動區域經濟合作，並透過自衛隊的海外部署來增強其安全角色。印度則著重於「東向政策」，透過海軍現代化和區域合作強化其作為區域大國的地位。這些國家的策略不僅影響了區域的權力平衡，也塑造了印太區域的未來發展軌跡。

印太區域的區域安全挑戰包括領土爭端、海上安全問題、非法捕魚和走私活動，這些挑戰對印太海洋資源的持續性和全球貿易路線的完整性產生了影響。地緣政治格局由多極權力結構主導，主要利益相關國家包括美國、中國、印度和日本，透過各種戰略、經濟和軍事措施來施加影響。這些挑戰不僅加劇區域安全壓力，還對國際外交和商業活動帶來重大影響，凸顯建立協同安全和治理機制以確保印太區域和平與繁榮的迫切需求。

綜上所述，印太區域的重要性在於其戰略位置、經濟活力和豐富自然資源，該區域連接世界兩大洋，控制多個全球重要的海上航道，對於國際貿易和能源運輸具備關鍵重要性。此外，印太區域也是全球經濟增長的主要引擎，具有龐大的市場潛力和投資機會。因此取得航道的控制權、影響力以及在新興市場中的主導地位，除了維護各自國家利益和增強國際影響力之外，還可提升國際話語權，甚至主導國際政治格局，所以美中的戰略博弈的主戰場就是在印太區域。誰能在印太區域勝出，便能控制全世界。

# 第三章 美中在印太區域的戰略博弈

自冷戰結束以來，隨著中國經濟的迅速崛起和軍事實力的逐步增強，美國與中國之間的關係逐漸從合作與競爭並存轉向更加明顯的戰略競爭。這場博弈涵蓋了政治、經濟、科技和軍事等多個領域，兩國都試圖在全球範圍內擴大自己的影響力。在亞太區域，特別是南海和台灣問題上的戰略角逐，更是凸顯了區域安全環境的複雜性和敏感性。同時，美中兩國在應對全球性挑戰，如氣候變化和公共衛生危機時，仍顯示出一定的合作潛力，這種「競合」關係成為當前國際關係的一大特點。未來，美中關係的發展將在很大程度上影響全球政治經濟格局，兩國是否能夠找到更有效的合作方式，以及如何管理和控制競爭帶來的風險，將是國際社會共同關注的焦點。

## 第一節 美中戰略博弈背景

### 壹、美國的戰略目標

美國作為全球唯一的超級大國，其戰略目標首要是維持其全球霸權地位，主要透過在軍事力量上保持絕對優勢，並在經濟、科技、文化等領域保持全球領導地位。[1] 美國透過其強大的軍事實力，例如在全球設有數百個軍事基地，以及擁有先進的科技和強勁的經濟，確保其在全球事務中的主導地位。此外，美國利用其文化影響力，如好萊塢電影、音樂和科技產品，推廣其價值觀和生活方式，進一步鞏固全球文化霸權。[2] 美國戰略目

1 Robert Gilpin, "The Political Economy of the United States' Global Power," International Organization, Vol. 50, No. 3, Summer 1996, pp. 491-513.

2 Robert J. Gordon, "Americanization in the Twenty-First Century," Journal of American History, Vol. 94, No. 4, March 2008, pp. 1067-1093.

標旨在防止任何潛在的對手崛起，挑戰其全球領導地位，並透過一系列國際同盟和夥伴關係，維護其全球戰略利益。

美國認為，民主制度不僅能夠保障人民的基本權利和自由，也是實現國家穩定和持久和平的基石，將推廣民主、自由、人權等價值觀視為其對外政策的核心。[3] 因此，美國在其外交政策中積極支持民主運動，提倡人權保護，並透過各種國際援助和外交手段，促進這些價值觀在全球的傳播和實踐。此外，透過支持國際組織和多邊機構，如聯合國、世界銀行等，推動其價值觀和治理模式，並利用軟實力，如教育和文化交流計畫，強化與其他國家的關係，進一步推廣民主和自由的理念。[4]

美國主要希望維護一個以規則為基礎的國際秩序，這一秩序以國際法、多邊主義和自由貿易為核心，並由此國際秩序促進全球穩定、和平與繁榮，同時也符合其國家利益。[5] 美國透過參與和支持國際組織的活動，參與國際衝突的調解和和平建設，以及透過經濟援助和安全保障，努力維護和強化以規則為基礎的國際秩序。此外，美國還致力於防止核擴散和打擊國際恐怖主義，以保護國際社會的安全，並塑造一個更加符合其戰略利益的全球治理結構。[6]

美國的戰略目標凸顯作為全球超級大國的責任和使命，以其全球領導地位、民主價值觀和國際秩序促進一個更加自由、安全和繁榮的世界。但是在實現過程中也始終面臨著國內外的挑戰和反對，特別是在全球力量對比發生變化的當下，如何調整和實施這些戰略目標，是美國必須面對的重要課題。[7]

---

3 Larry Diamond, "Promoting Democracy: What the West Gets Right and Wrong," Foreign Affairs, Vol. 81, No. 2, March/April 2002, pp. 25-38.

4 Francis Fukuyama, "The End of History?" The National Interest, No. 16, Summer 1989, pp. 3-18.

5 Michael J. Glennon, "The New Interventionism: The United States and the Changing Nature of International Law," Foreign Affairs, Vol. 78, No. 2, March/April 1999, pp. 24-36.

6 Anne-Marie Slaughter, "The Responsibility to Protect," Foreign Affairs, Vol. 81, No. 5, September/October 2002, pp. 52-68.

7 Robert Keohane, "After Hegemony: Cooperation and Discord in the 21st Century," Foreign Affairs, Vol. 82, No. 3, May/June 2003, pp. 44-59.

**圖 3-1　美國的印太秩序圖**

資料來源：張淑伶，〈因應印太戰略放大國家安全 中國外交出現轉變〉，《中央社》，2023 年 6 月 2 日，〈https://www.cna.com.tw/news/aopl/202306020041.aspx〉。

## 貳、中國的戰略目標

中國的最終戰略目標是實現中華民族的偉大復興，被稱為「中國夢」，這一概念於 2012 年由中國國家主席習近平提出，旨在透過全面深化改革、推進經濟發展、實施軍事現代化和促進社會主義文化繁榮，建設富強、民主、文明、和諧、美麗的社會主義現代化強國。[8]為此，中國設定兩個一百年目標，第一個一百年目標是到 2021 年，建黨 100 週年時，建成小康社會；第二個一百年目標是到 2049 年，中華人民共和國成立 100 週年時，全面建成富強、民主、文明、和諧、美麗的社會主義現代化國家。[9]

中國於 2013 年提出構建人類命運共同體的戰略目標，旨在促進全球治理體系變革，推動建立更加公正合理的國際政治經濟新秩序，望透過加強與世界各國的合作，特別是「一帶一路」戰略，促進基礎設施建設、貿易和投資自由化便利化，以及金融的穩定與發展，實現共同發展和繁榮。中國強調，構建人類命運共同體需要堅持共商共建共享的全球治理觀，推動國際關係民主化，實現國際關係的平等、開放、合作、共贏。[10]

在實現這些戰略目標的過程中，中國不斷推動經濟發展和軍事現代化，並在國際事務中發揮愈來愈重要的作用。中國的經濟發展戰略著重於創新驅動發展、產業結構升級、環境保護和開放經濟。[11]軍事現代化方面，中國致力於提高國防和軍隊現代化水平，強化網路安全和空間能力，並積極參與聯合國維和行動和國際反恐合作，展現負責任大國的形象。[12]

中國認為透過這些戰略目標和具體行動，不僅提升自身的國際地位和影響力，也為全球治理和國際秩序的穩定與發展作出貢獻。但是中國的崛起也引發一些國家的擔憂和挑戰，特別是在與美國的戰略競爭中，如何平衡國內發展需求與國際責任，並有效應對外部挑戰，是中國面臨的重要課題。

8 金燦榮，〈中國夢與世界秩序〉，《瞭望東方週刊》，第 20 期，2013 年，頁 22-23。

9 朱炳元，〈實現「兩個一百年」奮鬥目標的內在邏輯〉，《人民網》，2018 年 3 月 9 日，〈http://theory.people.com.cn/n1/2018/0309/c40531-29858071.html〉。

10 習近平，〈在莫斯科國際關係學院的演講〉，《人民日報》，2013 年 3 月 28 日，〈http://politics.people.com.cn/n/2013/0324/c1024-20892661.html〉。

11 王緝思，〈中國的崛起與世界秩序的變遷〉，《國際關係研究》，第 2 期，2010 年，頁 3-12。

12 習近平，〈在黨的十九大上的報告〉，《人民日報》，2017 年 10 月 19 日，〈http://cpc.people.com.cn/n1/2017/1028/c64094-29613660.html〉。

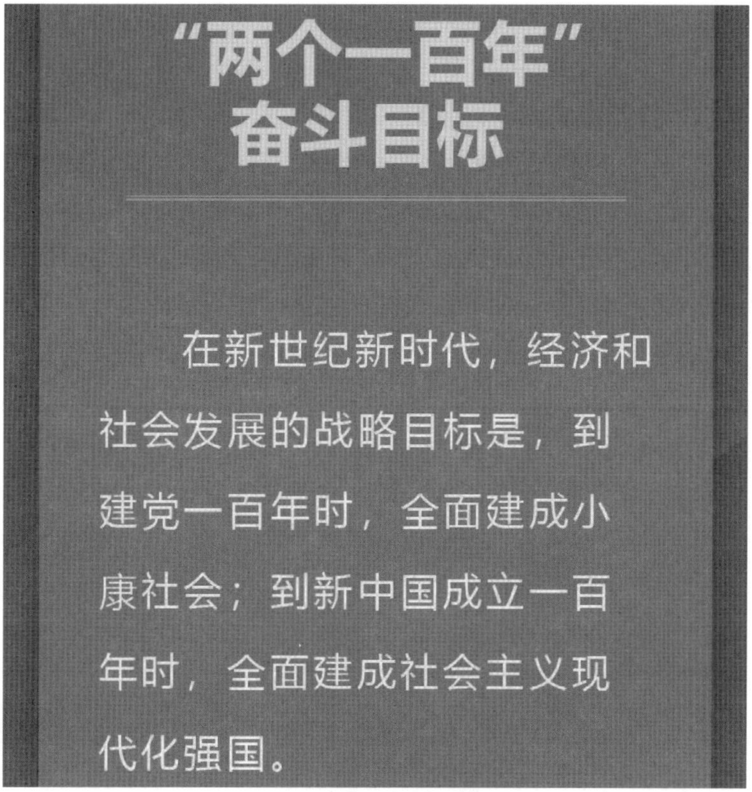

"两个一百年"
奋斗目标

在新世纪新时代，经济和社会发展的战略目标是，到建党一百年时，全面建成小康社会；到新中国成立一百年时，全面建成社会主义现代化强国。

**圖 3-2　中國兩個百年目標**

資料來源：共產黨員網，〈因應印太戰略放大國家安全 中國外交出現轉變〉，《中國共產黨員網》，2020 年 6 月 10 日，〈https://www.12371.cn/2020/06/10/ARTI1591764848877277.shtml〉。

## 參、美中戰略目標的差異

自二戰結束後，特別是冷戰結束以來，美國一直是推動和維護以規則為基礎的國際秩序的主要力量。美國利用其經濟、軍事和技術優勢，建立一系列國際機構和規則，如聯合國、世界銀行、國際貨幣基金組織等，以促進全球穩定和繁榮。美國希望透過這些機構維持其全球霸權地位和推廣其價值觀。[13] 但是 21 世紀初以來，中國開始尋求在國際事務中發揮更大

---

[13] Stephen Walt, "The End of American World Order?" Foreign Affairs, Vol. 97, No. 2, March/April 2018, pp. 88-97.

的作用，提出構建人類命運共同體的概念，強調國際關係應該基於相互尊重、公平正義、合作共贏的原則，[14] 並透過「一帶一路」戰略等多邊和雙邊合作平台，推動建立更加包容和平衡的全球治理體系。

美國將民主、自由、人權視為對外政策的核心，並試圖透過外交政策和國際援助推廣這些價值觀，認為這些原則是全球和平與穩定的基礎，[15] 然而中國強調的是發展、和諧與共同繁榮，認為每個國家都應該根據國情選擇發展道路，反對將一國模式強加於他國。中國在國際事務中提倡相互尊重、平等互利的原則，並透過提供無附加條件的援助和投資，與其他發展中國家建立合作關係。

美國希望維護其全球霸權地位，包括軍事和經濟上的優勢，以及在科技、文化和政治制度上的領導地位，主要透過其全球軍事存在和國際同盟系統，保護其海外利益和國際貿易路線。中國則隨著經濟實力的增長，不斷擴大自身的利益和影響力，特別是在印太區域，透過參與全球治理、提供國際公共產品，如「一帶一路」戰略，以及在國際組織中發揮更大作用，來增強其國際地位和影響力。

美國和中國在全球治理、價值觀和利益方面的差異，顯示兩國不同的發展階段、國家利益和世界觀。這些差異在一定程度上導致美中之間的戰略競爭，但也提供合作的空間，特別是在面對全球性挑戰如氣候變化、公共衛生危機等問題時。如何管理這種競爭與合作的關係，是當前國際社會面臨的重要課題。

## 肆、美中戰略博弈的根源

1991 年蘇聯解體後，美國成為世界上唯一超級大國，其戰略目標主要集中在推廣自由民主的價值觀、維護基於規則的國際秩序，以及透過其

14 Susan L. Shirk, “China’s ‘New Era’ of Diplomacy,” Foreign Affairs, Vol. 97, No. 2, March/April 2018, pp. 114-123.

15 Samuel P. Huntington, The Third Wave: Democratization in the Late Twentieth Century (University of Oklahoma Press, 1991), pp. 20-21.

軍事、經濟和技術優勢保持全球領導地位。相對而言，中國自改革開放以來，特別是進入 21 世紀後，迅速崛起為世界第二大經濟體。中國的戰略目標轉向更加積極地參與全球治理，並逐步提升其在國際舞台上的影響力。2013 年提出的「一帶一路」戰略和提倡構建人類命運共同體的理念，顯示中國希望透過合作共贏促進全球發展和繁榮的願景。

美國和中國在價值觀方面的差異，主要體現在對民主、自由、人權等概念的理解和實踐上。美國將這些價值觀視為其外交政策的核心，並試圖透過各種國際機制推廣這些理念。相比之下，中國更加強調發展權、主權和領土完整的重要性，並主張各國應根據自身國情選擇發展道路。在利益方面，美國希望維護其全球戰略利益和經濟利益，保護海外資產和國際貿易自由。中國則尋求保護和擴大其經濟發展成果，並透過「一帶一路」戰略擴大對外經濟合作和影響力。

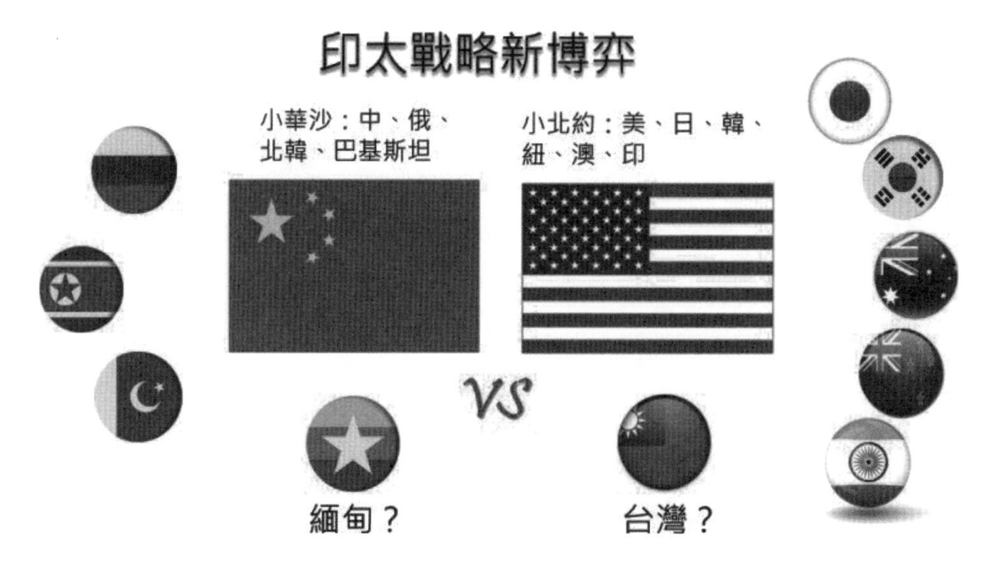


**圖 3-3　美中在印太區域戰略博弈示意圖**

資料來源：謝步智，〈印太戰略新博弈 小北約 VS. 小華沙 台灣要謹慎落子〉，《新頭殼》，2021 年 3 月 25 日，〈https://newtalk.tw/news/view/2021-03-25/554006〉。

## 伍、戰略博弈的加劇

隨著中國、印度、歐盟等新興力量的崛起，世界正逐步從單一超級大國主導的格局轉向多極化，美中戰略博弈使得大國之間的競爭更加激烈，這種競爭不僅體現在傳統的軍事和經濟領域，也擴展到科技創新、網路空間、甚至是意識形態和文化影響力等新的領域。[16]

美中貿易戰凸顯全球經濟治理體系的脆弱性，對世界貿易組織（WTO）等多邊貿易體系構成挑戰，兩大經濟體之間的關稅壁壘提高，全球供應鏈受到衝擊，自由貿易原則遭到侵蝕。[17] 此外，科技和金融領域的競爭也導致對全球經濟規則的重新審視，各國在保護本國產業和技術安全方面採取更加嚴格的措施。

美中在南海、台灣問題上的軍事對峙，以及在科技和網路安全領域的競爭，更加劇全球安全局勢的不確定性，除在傳統的軍事安全領域，[18] 也包括網路空間的安全、技術霸權的爭奪等新興領域。大國間的戰略競爭增加意外衝突發生風險，對全球和平與穩定構成威脅。[19]

未來，美中兩國在戰略博弈中的互動將對全球政治經濟格局產生關鍵影響。如果雙方能夠透過對話和合作，有效管控分歧，避免衝突，則有可能共同推動建立一個更加穩定、公正的國際秩序，為全球問題提供解決方案。若然競爭失控，導致衝突升級，則可能對全球經濟發展、和平與安全造成嚴重破壞，影響各國人民的福祉。美中兩國的戰略選擇不僅關乎雙方國家利益，更是影響全球的未來走向。

---

16 Stephen G. Brooks and William C. Wohlforth, "The Rise and Fall of the Great Powers in the Twenty-first Century: China's Rise and the Fate of America's Global Position," International Security, Vol. 40, No. 3, Winter 2016, pp. 7-53.

17 Ilaria Fusacchia, "Evaluating the Impact of the U.S.-China Trade War on Euro Area Economies: A Tale of Global Value Chains," Italian Economic Journal, Vol. 6, No. 3, November 2019, pp. 441-468.

18 Michael J. Green and Michael D. Swaine, "The Taiwan Conundrum," Foreign Affairs, Vol. 97, No. 5, September/October 2018, pp. 108-117.

19 Bonnie Glaser and Lyle Goldstein, "China's Military Challenge in the Asia-Pacific," Foreign Affairs, Vol. 95, No. 4, July/August 2016, pp. 28-38.

# 第二節　美中戰略博弈領域

## 壹、政治領域

美國和中國在意識形態領域的競爭日益激烈，美國推崇以民主、自由、人權為核心的價值觀，主張開放社會和政治體制的透明度。相對而言，中國堅持走有中國特色的社會主義道路，強調共產黨的領導和社會穩定，以及經濟發展與國家安全的優先。這種根本的價值觀和政治體制差異，導致雙方在全球範圍內展開意識形態競爭，這不僅體現在雙邊關係上，也影響到國際秩序和全球治理結構的競逐。[20]

**圖 3-4　「香港人權與民主祈禱會」遊行活動**

資料來源：余美霞，〈美國一旦通過《香港人權及民主法案》，將會是反修例運動的轉捩點嗎？〉，《新頭殼》，2019 年 9 月 9 日，〈https://theinitium.com/roundtable/20190909-roundtable-hk-human-rights-and-democracy-act〉。

20 Aaron L. Friedberg, "The Future of U.S.-China Competition," International Security, Vol. 45, No. 3, Winter 2021, pp. 7-43.

美國和中國在民主與政治體制的認識上存在根本分歧，美國堅持民主是普世價值，認為應在全球範圍內推廣民主制度，強調自由、人權和法治的普遍性，而中國主張各國有權根據自身歷史、文化和發展水平選擇適合自己的政治制度，強調不同國家政治體制的多樣性和每個國家的發展道路自主權。這種在民主與專制之爭上的分歧，體現兩國在國際舞台上推動各自政治理念和價值觀的競爭，雙方在這一議題上的分歧難以彌合。

在香港、新疆、人權等議題上，美國和中國之間的分歧持續加劇。美國批評中國在這些區域的政策和行動，特別是關於人權的保護和民主自由的實踐，認為中國的做法與國際人權標準相悖離。中國則指責美國干涉內政，強調每個國家都有權根據自身情況來決定其政策和法律，反對任何外部勢力對其國家主權和內部事務的干預。這些分歧使得美中關係在國際舞台上出現緊張，並在多個論壇和對話中成為焦點議題。[21]

## 貳、經濟領域

2018 年，美國與中國之間爆發貿易衝突，這場衝突因其前所未有的規模而成為全球焦點。這場貿易爭端的根源是多方面的，涵蓋了貿易失衡、知識產權的保護，以及技術轉讓的問題。美國政府指出，持續的貿易逆差對其經濟和就業市場造成了重大影響，並認為中國在知識產權保護和技術轉讓方面的做法不公，這不僅侵犯了外國企業的利益，也對全球的創新能力構成了威脅。

貿易衝突的一個觸發點是中國經濟實力的增強，特別是其「一帶一路」戰略和「中國製造 2025」計畫，這些被視為對美國全球領導地位的挑戰。美國透過啟動「232 國家安全條款」和「301 條款」等貿易制裁措施來回應，目的是減少貿易逆差並推動公平貿易。這些報告指出，中國在鋼鐵產量等方面的行為可能會對美國經濟造成影響，並在技術轉讓、知識產權保護和創新領域對美國構成威脅。在 2018 年 5 月和 6 月，美國與中國

21 同前註。

進行了三輪談判，美國提出了旨在限制「中國製造 2025」計畫和抑制中國產業發展的八項主要要求。談判最終破裂，導致美國開始對中國產品加徵關稅，中國也以相應的措施回應，從而正式開啟了美中貿易戰。[22]

2018 年 1 月至 4 月間，美國貿易代表辦公室根據「301 條款」對中國進行調查，評估中國是否從事不公平貿易實踐，尤其是在知識產權方面。調查結果表明美國認為中國存在不正當貿易行為，因此宣布對中國約 500 億美元商品徵收 25% 的額外關稅，作為對中國知識產權侵權行為的懲罰。中國政府迅速反擊，對美國約 500 億美元商品徵收同等比例報復性關稅。雙方雖展開多輪貿易談判和協商，試圖解決分歧，達成貿易協議，減緩貿易戰對雙邊和全球經濟的衝擊，但談判進展艱難，經常受到不確定性和爭議干擾。在此期間，美中貿易戰對多個行業和市場造成影響，對全球供應鏈帶來挑戰和壓力；5 月至 12 月期間，美中兩國就貿易問題展開多輪高層對話和協商。雙方在某些方面達成共識，但過程中經歷反覆和緊張。美國以中國侵犯知識產權和造成貿易逆差為由，持續加大對中國商品的關稅壓力，影響範圍涵蓋機械設備、電子產品和消費品等多領域。中國政府堅決反對美國的單邊主義和保護主義做法，對美國進口商品實施相應關稅措施。貿易摩擦的持續升級對全球經濟和市場造成嚴重負面衝擊，影響企業投資和決策，以及全球供應鏈正常運轉。國際社會普遍關切這一爭端，呼籲雙方透過友好協商解決分歧，維護全球經濟穩定與發展。這一時期事件反映解決貿易戰面臨複雜挑戰。[23]

2019 年，美中貿易關係緊張對抗中逐漸展現了尋求和解的意願。談判過程中，雙方暫停互相加新關稅的行動，這一決策有助於緩解市場的不確定性，減少企業和消費者的負擔。最重要的進展是，美國和中國達成「第一階段協議」，其中中國承諾增加對美國商品和服務的採購，加強知識產權保護，改善市場准入條件。雙方同時表示，將繼續就更廣泛的問題

22 Ka Zeng, Rob Wells, Jingping Gu and Austin Wilkins, “Bilateral Tensions, the Trade War, and U.S.-China Trade Relations,” Business and Politics, Vol. 24, No. 4, December 2022, pp. 399-401.

23 陳怡涵、黃怡俟，〈貿易戰關稅與管制事件對美國高科技業之影響〉，《財稅研究》，第 50 卷第 2 期，2021 年 3 月 19 日，頁 104。

進行談判。這一協議是美中貿易關係走向正常化的重要一步。[24]

2020 年 1 月，美中雙方在華盛頓簽署第一階段貿易協議，在貿易平衡、知識產權保護、技術合作等方面取得改善和承諾，然貿易戰並未完全結束，仍存諸多不確定性和不穩定性。新冠疫情對供應鏈和市場造成了巨大衝擊，降低商品和服務的需求，制約貿易協議的執行，加劇全球經濟的不確定性。地緣政治緊張局勢，尤其是在香港、台灣、新疆等問題上的嚴重分歧，也影響美中關係。美國政府採取強硬的對華政策使地緣政治緊張局勢升級，可能對未來的貿易談判和協議造成重大影響。第一階段貿易協議旨在改善貿易平衡，但在執行過程中，雙方需應對貿易數據和商品購買目標的變化，以確保協議的有效性。知識產權保護和技術合作是關鍵問題，協議中的相關承諾需要雙方密切合作，確保技術轉移和知識產權保護順利實施。[25]

2021 年拜登政府上台，戰略競爭和對抗的基調並未根本改變，美國繼續推動供應鏈的多元化和本土化，尤其是在半導體和關鍵技術領域，以減少對中國的依賴。科技戰在這一年達到了新的高度，美國對中國科技企業的限制措施持續，並尋求加強國內科技產業。台灣問題和南海的地緣政治緊張局勢也持續為兩國關係帶來挑戰。2022 年和 2023 年期間，美中之間的戰略競爭在貿易、科技、地緣政治等領域持續。雙方在一些國際問題上的立場分歧明顯，如氣候變化、網路安全和區域安全問題。儘管存在緊張關係，美中高層官員仍進行互動和對話，尋求在特定領域的合作機會。然而，合作的範圍和深度受到雙方戰略利益和互信水平的限制。

從 2020 年至 2023 年，美中貿易戰和相關對抗態勢揭示國際關係中一個極其複雜的篇章，其中合作與競爭的界限模糊且不斷變化。這一時期，雙方在應對全球性挑戰如氣候變化、公共衛生危機等方面展現了合作的意願和潛力。但是這種合作常常被戰略競爭的陰影所掩蓋，特別是在科技霸

24 王緝思，《國際關係理論》（北京：世界知識出版社，2012 年），頁 105。

25 斯洋，〈年終報導：拜登的對華政策，比特朗普更特朗普〉，《美國之音》，2021 年 12 月 27 日，〈https://www.voacantonese.com/a/ygf-ye-biden-china-policy-20211227-ry/6371122.html〉。

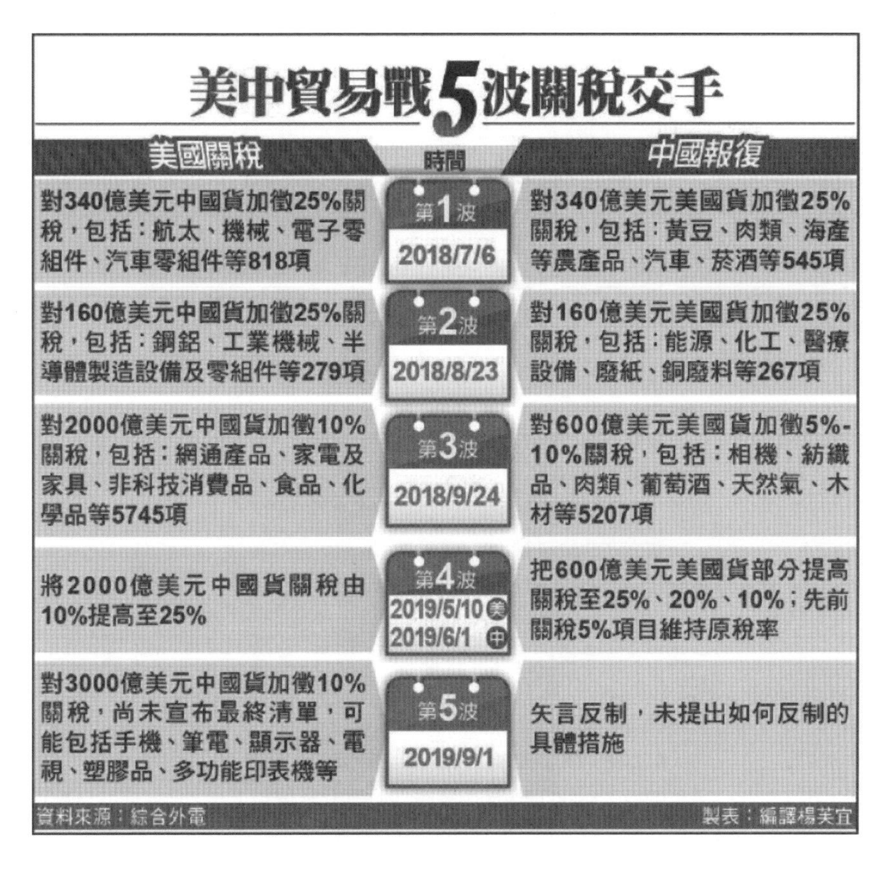

美中貿易戰5波關稅交手

| 美國關稅 | 時間 | 中國報復 |
| --- | --- | --- |
| 對340億美元中國貨加徵25%關稅，包括：航太、機械、電子零組件、汽車零組件等818項 | 第1波<br>2018/7/6 | 對340億美元美國貨加徵25%關稅，包括：黃豆、肉類、海產等農產品、汽車、菸酒等545項 |
| 對160億美元中國貨加徵25%關稅，包括：鋼鋁、工業機械、半導體製造設備及零組件等279項 | 第2波<br>2018/8/23 | 對160億美元美國貨加徵25%關稅，包括：能源、化工、醫療設備、廢紙、銅廢料等267項 |
| 對2000億美元中國貨加徵10%關稅，包括：網通產品、家電及家具、非科技消費品、食品、化學品等5745項 | 第3波<br>2018/9/24 | 對600億美元美國貨加徵5%-10%關稅，包括：相機、紡織品、肉類、葡萄酒、天然氣、木材等5207項 |
| 將2000億美元中國貨關稅由10%提高至25% | 第4波<br>2019/5/10 美<br>2019/6/1 中 | 把600億美元美國貨部分提高關稅至25%、20%、10%；先前關稅5%項目維持原稅率 |
| 對3000億美元中國貨加徵10%關稅，尚未宣布最終清單，可能包括手機、筆電、顯示器、電視、塑膠品、多功能印表機等 | 第5波<br>2019/9/1 | 矢言反制，未提出如何反制的具體措施 |

資料來源：綜合外電　製表：編譯楊芙宜

**圖 3-5　美中貿易戰時序圖**

資料來源：楊芙宜，〈川普先發制人 北京措手不及〉，《自由財經網》，2019 年 8 月 3 日，〈https://ec.ltn.com.tw/article/paper/1307950〉。

權、經濟安全，以及對國際規則的解釋等方面。未來的發展將在很大程度上取決於兩國內部政策的調整。美國是否能夠有效地整合其國內政策與外交戰略，以及中國是否能夠在維護自身發展利益的同時，適應國際社會對其角色和責任的期待，都是未來關係走向的關鍵。

## 表 3-1 美國對中國貿易戰重要期程

| 2017/8/18 | 川普下令美國貿易代表署（USTR）對中國展開 301 調查 |
|---|---|
| 2018/3/22 | USTR 公布 301 調查結果，公布中國經濟侵略且「中國偷竊美國智慧財產權和商業秘密」 |
| 2018/4/3 | 美國關稅：500 億美元商品 加徵 25%<br>中國反擊：500 億美元商品 加徵 25% |
| 2018/4/6 | 美國禁止中國電信設備中興通訊採購美國市場相關期限為期七年 |
| 2018/5/3 | 美中貿易第一次談判 美提出八大訴求 |
| 2018/7/6 | 美國關稅：340 億美金商品 加徵關稅 25%<br>中國反擊：340 億美金商品 加徵關稅 25% |
| 2018/8/23 | 美國關稅：160 億美金商品 加徵關稅 25%<br>中國反擊：160 億美金商品 加徵關稅 25% |
| 2018/9/24 | 美國關稅：2,000 億美金商品 加徵關稅 10%<br>中國反擊：600 億美金商品 加徵關稅 5%～10% |
| 2019/1/7-8 | 中美雙方在北京舉行中美經貿問題副部級磋商會議 |
| 2019/5/10（美）<br>2019/6/1（中） | 美國關稅：2,000 億美金商品 原加徵關稅 10% → 25%<br>中國反擊：600 億美金商品 部分提高，分為 25%、20%、10% |
| 2019/5/16 | 美國禁止企業使用「外國對手」電信設備，對華為等 70 家公司列入出口管制 |
| 2019/5/21 | 美國延長對華為禁令 90 天 |
| 2019/6/29 | 在大阪重啟 G20 高峰會，美中重新貿易談判 |
| 2019/9/1 | 美國關稅：3,000 億美元中國商品加徵 15% 關稅<br>中國反擊：對美國 750 億進口商品加徵關稅 |
| 2019/11/19 | 美國延長對華為禁令 90 天 |
| 2020/1/15 | 美中簽署第一階段貿易協議，進入貿易休戰狀態 |
| 2020/5/15 | 美國再度延長對華為禁令 90 天，並加強對華為禁令限制 |
| 2020/9/14 | 美國國務院關稅稅則委員會對第一批對美加徵關稅商品第一次排除清單延期至 2021 年 9 月 16 日 |
| 2020/12 | 美國總統當選人拜登宣布會繼續保持對華關稅，將與盟友共同制衡中國 |
| 2021/2/16 | 中國國務院關稅稅則委員會公布第三次美國商品關稅排除延期清單 |
| 2021/5/27 | 中國國務院副總理劉鶴和戴琪通話，這是拜登就任後，中美雙方貿易代表首度通話 |
| 2022/1/26 | WTO 裁決中方在貨物貿易領域每年可對美方實施 6.45 億美元貿易報復 |
| 2022/5/3 | USTR 啟動此前對加徵中國關稅的相關行動的法定覆審程式 |
| 2022/9 | 拜登政府決定延長對華加徵關稅 |
| 2023/9/6 | 美國對 352 種中國進口商品及 77 種 COVID-19 相關類別產品「301」關稅豁免期限進一步延長到年底 |
| 2023/9/13 | 中國國務院關稅稅則委員會公布對美加徵關稅商品第十二次排除延期清單 |

資料來源：作者自製。

# 參、軍事領域

## 一、南海問題

中國在南海的大規模填海造島及其軍事設施部署，已經成為美中戰略博弈中的一個關鍵焦點，並有可能成為雙方衝突的潛在引爆點。這些行動不僅引發了美國的強烈反對，也激化了與南海周邊國家的爭端。過去十年間，中國在南海的幾個島礁上進行大規模的土地填海造島活動，並在這些人工島嶼上建設了軍事設施，包括飛機跑道、雷達系統和導彈發射台等。中國政府聲稱這些行動是為了維護國家主權和海洋權益，並強調其在南海的活動完全合法、合理、合規。

美國對中國在南海的行動表示強烈關切，認為這些行為加劇區域緊張局勢，威脅國際航行自由。為此，美國加強在該區域的軍事存在，定期派遣軍艦和飛機執行「航行自由行動」，以挑戰中國的海洋主張，並支持南海周邊國家的主權要求。[26] 同時，南海周邊國家對中國的填海造島和軍事部署活動表示了強烈反對，認為這些行為侵犯了他們的主權和海洋權益，一些國家已經向國際法庭提起訴訟，尋求解決領土和海洋權益的爭議。[27]

南海爭端不僅是區域安全的一個重要問題，也是全球戰略穩定的一個潛在風險點。南海是全球重要的航運通道之一，每年有超過三分之一的全球貿易通過這一海域。因此，任何在此區域的軍事衝突都可能對全球貿易和經濟產生重大影響。中國在南海的行動及其與美國及南海周邊國家之間的緊張關係，凸顯美中戰略博弈的複雜性和風險。雙方如何處理這一問題，不僅關乎區域的和平與穩定，也對維護全球航行自由和國際法治原則具有重要意義。[28] 未來，透過外交途徑尋求和平解決爭端，避免衝突升級，將是各方面共同的挑戰和責任。

---

26 P. Kennedy, "The Influence and the Limitations of Sea Power," International History Review, Vol. 10, February 1988, pp. 2-17.

27 Andrew S. Erickson and Ryan D. Martinson, "China's Maritime Gray Zone Strategy in the South China Sea," Naval War College Review, Vol. 74, No. 1, Winter 2021, pp. 4-34.

28 Michael J. Green and Zachary Keck, "The U.S.-China Strategic Competition in the South China Sea: A Framework for Analysis," The Washington Quarterly, Vol. 44, No. 1, Winter 2021, pp. 7-22.

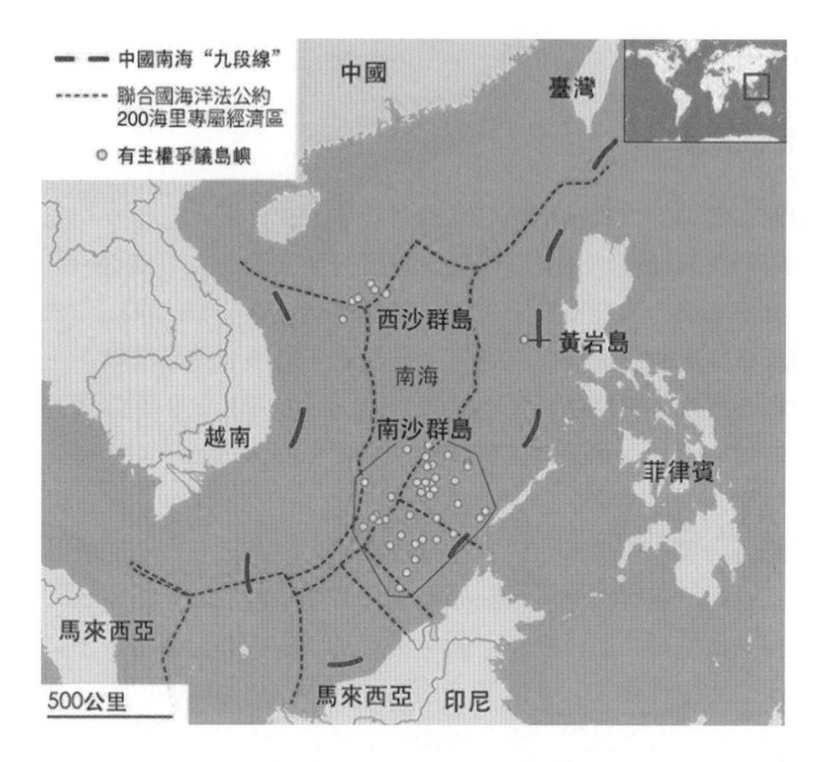


**圖 3-6　南海諸島示意圖**

資料來源：楊孟立，〈外交部重申南海諸島屬我領土〉，《中時新聞網》，2020 年 7 月 15 日，〈https://www.chinatimes.com/newspapers/20200715000473-260108?chdtv〉。

## 二、台海局勢

美國向台灣出售武器以及派遣軍艦在台海附近巡航，是美中戰略博弈中主要焦點之一，直接影響台海局勢的穩定與發展。這些措施被美國視為對台灣的支持，旨在幫助台灣提升自我防衛能力，同時也是美國在印太區域維護其影響力和執行「自由開放的印太戰略」之一部，[29] 然卻引起了中國強烈反對，認為違反「一個中國」原則和中三個聯合公報精神，指控美國的行為是對中國內政的干涉，加劇台海區域的緊張局勢。

29 Bonnie S. Glaser, "The U.S.-China Security Competition in the Taiwan Strait," International Security, Vol. 46, No. 2, Fall 2021, pp. 4-43.

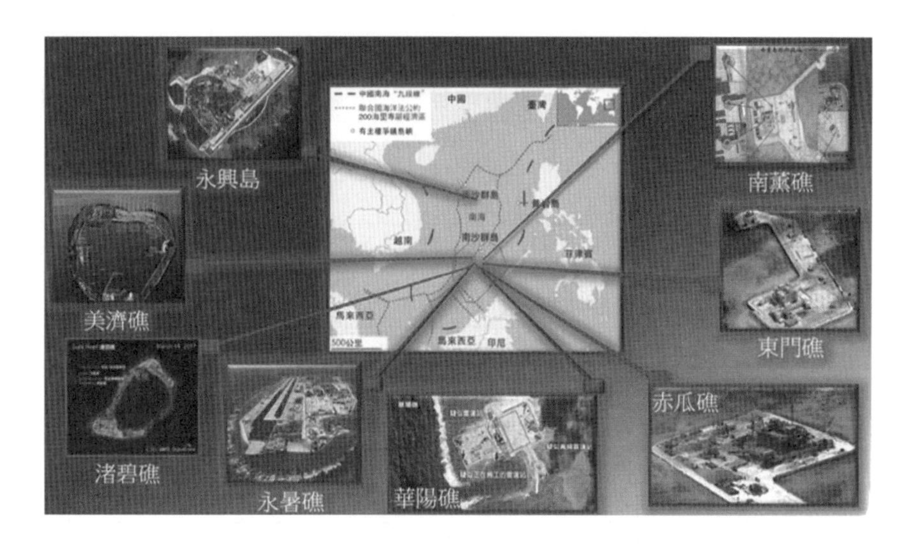


**圖 3-7　中國在南海島礁建設概況圖**

資料來源：作者自行製作。

美國對台軍售不僅包括傳統的武器系統，如戰機、飛彈和艦艇等，近年來還擴展到了更多高技術防禦裝備，包括反艦飛彈、先進雷達系統和無人偵察機等。這些武器系統的轉移旨在增強台灣的防衛能力，使其能夠在潛在衝突中擁有更多的自我保護手段。此外，美國軍艦和軍機的頻繁通過台海，被美國官方解釋為「航行自由行動」，意在挑戰中國對台海的主權聲索，並強調國際水域的自由航行權利。[30]

台海局勢作為美中戰略博弈的焦點之一，其穩定性對於亞太區域乃至全球的和平與安全都具有重要意義。美國的行動雖然旨在支持台灣，提升其防衛能力，但也加劇與中國的緊張關係，使得台海成為兩大國戰略競爭的前線。面對這一局勢，國際社會普遍呼籲各方保持克制，透過對話和外交手段解決分歧，避免任何可能導致衝突升級的行為，確保台海和平穩定。未來，台海局勢如何發展，將在很大程度上取決於美中兩國之間如何管理和調整他們的戰略博弈，以及台灣在這一過程中的角色和選擇。

30 同註 26。

表 3-2　2017 年後美國對台軍售主要項目概況

| 項次 | 日期 | 主要項目 | 金額（美元） | 備考 |
|---|---|---|---|---|
| 1 | 2017/6/29 | MK48 重型魚雷」、「AGM-88B 高速反輻射飛彈」等 8 項（價值 14.2 億美元），以及有關飛彈、雷達及射控系統等 | 14.2 億 | |
| 2 | 2018/9/24 | F-16 戰鬥機、C-130 運輸機、F-5 戰鬥機、經國號戰鬥機等四型機的五年份標準航材零附件及相關後勤支援系統 | 3.3 億 | |
| 3 | 2019/4/15 | F-16 在美訓練案 | 5 億 | |
| 4 | 2019/7/8 | M1A2 戰車、刺針防空飛彈等 | 22.24 億 | |
| 5 | 2019/8/20 | 「F-16V」Block 7 型 2/3 等 | 80 億 | |
| 6 | 2020/5/20 | MK48 重型魚雷等 | 1.8 億 | |
| 7 | 2020/7/10 | 愛國者三型飛彈零組件等 | 6.2 億 | |
| 8 | 2020/10/21 | 海馬斯多管火箭系統、AGM-84H/ 增程型距外陸攻飛彈（SLAM-ER）、F-16 新式偵照莢艙（MS110） | 18 億 | |
| 9 | 2020/10/26 | 魚叉飛彈系統及相關設備 | 23.7 億 | |
| 10 | 2020/11/3 | MQ-9B 無人機等 | 6 億 | |
| 11 | 2020/12/7 | 戰地訊息通訊系統 | 2.8 億 | |
| 12 | 2021/8/4 | M109A6 自走砲等 | 7.5 億 | |
| 13 | 2022/2/7 | 愛國者系統工程勤務 | 1 億 | |
| 14 | 2022/4/5 | 愛國者專案人員技術協助 | 9,500 萬 | |
| 15 | 2022/6/8 | 艦艇零附件與技術支援 | 1.2 億 | |
| 16 | 2022/7/15 | 零附件採購與技術協助 | 1.08 億 | |
| 17 | 2022/9/2 | AIM-9、魚叉反艦導彈等 | 11.06 億 | |
| 18 | 2022/12/6 | F-16、經國號戰機及 C-130 運輸機零附件 | 4.28 億 | |
| 19 | 2022/12/28 | 火山車載布雷系統 | 1.28 億 | |
| 20 | 2023/3/1 | AGM-88 HARM 反輻射飛彈、AIM-120 C8 空對空飛彈 | 6.19 億 | |
| 21 | 2023/6/29 | 30 公厘機砲彈藥」及「車兵材零附件二號訂單」 | 4.4 億 | |
| 22 | 2023/8/23 | F-16 戰機「紅外線搜索追蹤莢艙（IRST）」 | 5 億 | |
| 23 | 2023/8/31 | F-16 戰機「延壽服務」 | 1,817 萬 | |
| 24 | 2023/12/15 | F-16 戰機「延壽服務」 | 3 億 | |

資料來源：作者自製。

## 三、軍備競賽

### （一）美國作為

美國在「2022 年的國家安全戰略」報告指出，中國是當今世界上唯一想要重塑世界秩序的國家，在經濟、外交、軍事和技術等領域成為美國競爭對手，中國努力擺脫對世界的依賴，同時也讓世界更為依賴中國。最令人憂心的是軍事現代化投資，對印太區域內戰略平衡已經產生重大衝擊。[31] 從中國海軍近十年造艦速度來看，其規模、數量遠超過世界許多先進國家，甚至部分國家海軍艦艇數量之總和。此外，中國航母成軍之後，積極進入西太平洋進行遠海長航訓練，加速戰力生成。中國航母入列服役基本改變區域戰略平衡，也讓美軍在將來與中國爆發軍事衝突所付出成本提高。

前美國總統川普將印度洋與太平洋結合而形成「印太戰略」，同時和日本、澳大利亞、印度建立四方安全對話機制，以此對中國形成戰略上合圍。美軍在印太區域主要按照「海上控制」戰略進行部署，「海上控制」戰略強調在攸關美國利益區域確保自由航行、保護盟軍艦隊、打擊敵人及維護國際海洋秩序。2015 年，美國海軍發布「全球艦隊戰略：二十一世紀海上力量」，進一步明確海上控制戰略在美國海軍未來發展地位。按照美軍「海上控制」戰略來看，印太區域長期為美國關鍵利益所在，面對中國軍事擴張，美國必然相對以應。從 2017 年以後軍事部署來看，第一島鏈為部署重點，而美國「國防戰略指南」也要求部屬在太平洋區域海軍比例提升到 60%，以利因應區域內不斷升高的安全威脅。[32]

第一島鏈係美國對中國的戰略前沿，美軍部署重點以快速反應為目的，以日、韓美軍基地主要依托，將更多海軍力量投放到該區域，包含增派宙斯級驅逐艦常駐日本，在沖繩嘉手納空軍基地部署 F-22 隱形戰機，

31 Joseph Robinette Biden Jr., National Security Strategy (Washington: The White House, 2022), pp. 23-38.

32 E. Ratner, “Rebalancing to Asia with an Insecure China,” The Washington Quarterly, Vol. 36, No. 2, May 2013, pp. 21-38.

以及在南韓常態性部署核潛艇；在菲律賓，除了 2014 年簽訂使用的 5 個軍事基地之外，另外於 2023 年再取得 4 個軍事基地使用權；在澳大利亞，美國在達爾文的羅伯特森兵營進行陸戰隊輪換部署，雖然澳大利亞不在第一島鏈範圍內，但其戰略位置使美軍能夠在印太區域實現更廣泛的部署。最重要的是 2021 年 9 月美、英、澳建立 AUKUS 機制，由美國及英國協助澳大利亞，建造 8 艘核動力潛艦，強化其在區域海上力量；此外，美軍在控制麻六甲海峽的新加坡的海軍基地部署瀕海戰鬥艦和反潛機等。

因應中國航母作戰範圍將到達在第二島鏈，除了加大第一島鏈軍事投入之外，美國也針對第二島鏈關鍵節點加強部署，並強化戰略後勤基地建設。2018 年後對關島軍事設施進行擴建，並且升級導彈防禦系統，以及擴改建基地與港口。經過擴改建之後的關島基地最多可容納 150 架 F-22 戰機和 75 架戰略轟炸機，且已經有 4 架 B-52H 戰略轟炸機進駐關島，強化空中打擊能量。另外，位在馬紹爾群島的威克島軍事基地從 2020 年開始

**圖 3-8 美軍駐菲地點**

資料來源：管淑平，〈對中國可能武力侵略加強部署 靠近台灣 美軍將駐呂宋島北部〉，《自由時報》，2023 年 3 月 23 日，〈https://news.ltn.com.tw/news/world/paper/1573496〉。

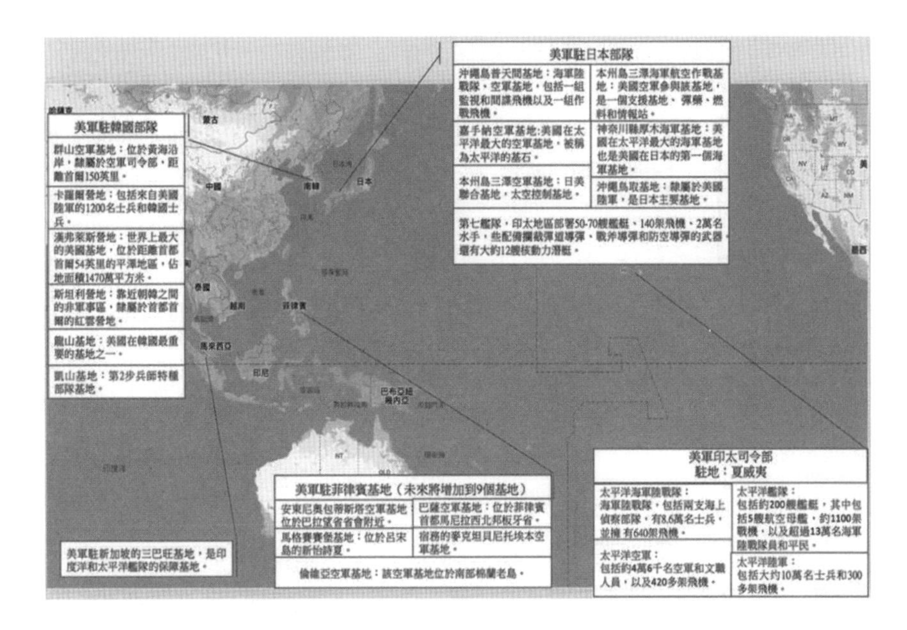


**圖 3-9　美軍在印太區域駐軍概況**

資料來源：作者自製。

擴改建，將成為美國海空軍遠征部隊中繼站。根據美軍規劃，該基地將部署 KC-135 空中加油機，提供空軍執行遠程作戰戰機空中加油保障。

印度洋是未來之海，全球一半以上的海運與貨櫃，7 成以上石油由此進出，可以說是全球化十字路口。對於能源需求旺盛及海運航線必經之處的中國，印度洋也成為整體戰略布局重點。印度洋係美國印太戰略重點區域，2017 年以後美國派遣美印太空特遣隊進駐該區域，並且在馬爾地夫南邊查戈斯群島（Chargos Islands）之主島狄戈加西亞（Diego Garcia）部署 B1、B2、B52 等轟炸機，必要時可對中國進行空中遠程打擊，更可以控制麻六甲海峽、南海海域、北印度洋，以及支援中東、波斯灣。美國認為中國的不當擴張已經威脅到印度洋的區域安全，因此也加強在該區域軍事存在和力量投入，以提高區域聯防能力，從而維護區域穩定和平。

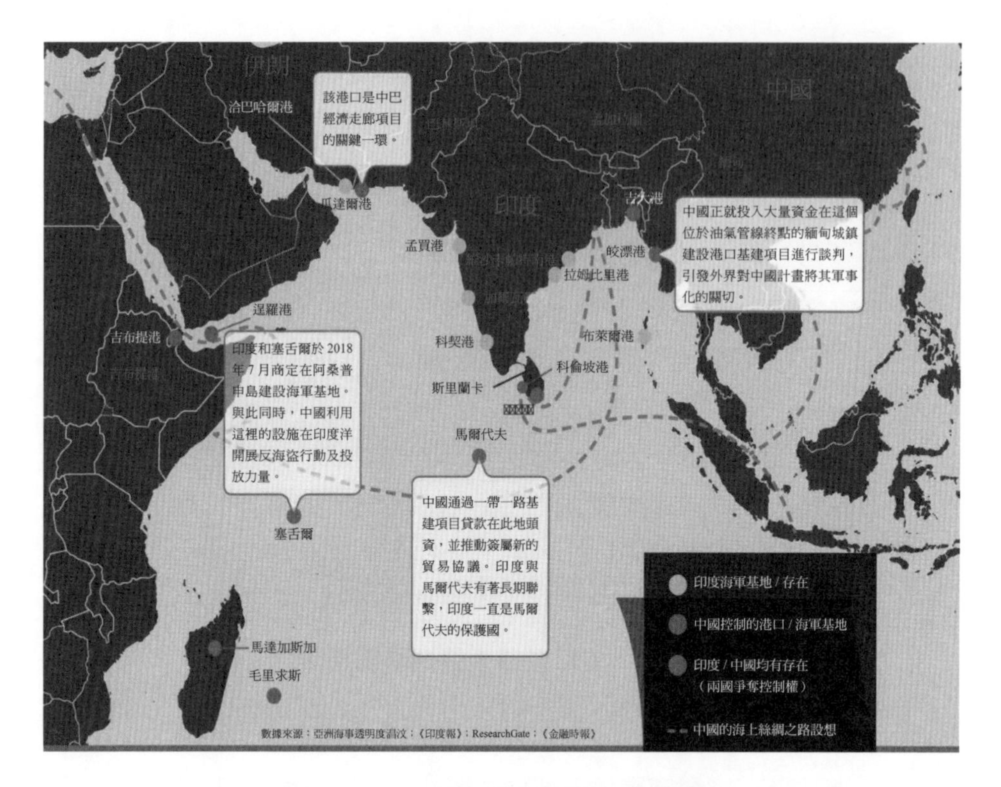


**圖 3-10　中印在印度洋競爭態勢圖**

資料來源：布魯斯特，〈印度與中國 直接交鋒〉，《INDO-PACIFIC DEFENSEFORUM》，2023 年 3 月 14 日，〈https://ipdefenseforum.com/zh-hans/2019/04/ 印度与中国-直接交锋 /〉。

## （二）中國作為

21 世紀之後，中國與海上鄰國的爭端、矛盾也呈現激化。為提升解決海洋問題能力，海軍現代化建設被中國列為重中之重，2010 年以後，中國海軍新造艦艇數量大幅增加，現代化進程加速前進，顯示對海洋控制之急迫性。此舉也引起國際大國和周邊國家的關注，並採取若干方式作為因應，卻也造成印太區域安全困境。

21 世紀前二十年，中國海軍主要艦艇建造數量計航空母艦 2 艘、潛艇 13 艘、驅逐艦 24 艘、護衛艦 / 瀕海戰鬥艦 30 艘；遠海水面作戰艦艇有 2 艘航母、31 艘驅逐艦、護衛艦 / 瀕海戰鬥艦 30 艘，總數量為 63 艘，其中 44 艘（70%）為 2010 年以後服役。另外，過去十年中國造艦速度之快超過去數十年幅度，2018 年以前五年內中國新造船艦超越英國、德國、印度和西班牙等國艦艇數量總和，其中二年內服役船艦數量 32 艘。[33] 未來十五年內，中國海軍艦艇可能達到 430 艘，另外還有 100 艘潛艇。[34] 中國海軍擁有 6 艘戰略核潛艇（SSBN）、6 艘核動力攻擊型潛艇（SSN）和 44 艘柴油擊潛艇。2020 年中期後擁有至少 65 至 70 艘潛艇，其中能夠發射反艦巡航導彈（ASCM）常規潛艇（039A/B 型）到 2025 年至少將配備 25 艘；在水面艦的部分，中國海軍刻正加大新型水面艦艇建造，尤其 052D 型驅逐艦和 055 型萬噸大驅。目前服役中的 052D 有 25 艘（全數 2014 年後服役）、054A 型護衛艦 30 艘（全數 2010 年後服役）、055 型驅逐艦則有 8 艘（全數 2020 年後服役）。兩棲攻擊艦 3 艘服役中，全數在 2019 年後列裝。[35]

中國海軍現有的 300 餘艘艦艇中，在 21 世紀前二十年建造 69 艘，其中 63 艘遠洋水面戰鬥艦艇中有 43 艘是在 2010 年以後服役，[36] 在某些時期內下水建造艦艇數量就遠超過部分國家海軍艦艇總和。區域內軍備競賽的特點就是競爭國家擴大軍隊規模、研發新型武器。中國海軍在 21 世紀之後造艦數量就像下餃子一樣，平均一年有 3 至 4 艘新造船艦入列服役，這些新造戰艦很大一部分將成為航母護衛艦艇。

## 肆、科技領域

### 一、半導體

在全球化的科技競爭環境中，美中兩國在半導體領域的競爭尤其引人注目，不僅是因為半導體技術本身對於現代經濟和軍事的重要性，也因為

33 Robert Haddick 著，童光復譯，《海上交鋒》（FIRE ON THE WATER），頁 21。

34 CSIS，〈中國海軍現代化的進展如何？〉，《China Power》，2019 年 3 月 8 日，〈https://chinapower.csis.org/china-naval-modernization/?lang=zh-hant〉。

35 U.S. Department of Defense, “The United States Strategic Approach to the People’s Republic of China, March 2021.

36 U.S. Department of Defense, “The Department of Defense Annual Report on China, 2022.

其在兩國戰略博弈中所扮演的關鍵角色。半導體產業是全球科技發展的基石，應用範圍從消費電子到高端計算機系統，再到關鍵的國防設備等廣泛領域。美國長期以來在設計和製造高端半導體方面占據領先地位，而中國則是全球最大的半導體消費市場，並且正迅速發展其半導體製造能力，以實現從技術引進到自主創新的轉變。

美中關係轉向戰略競爭之後，美國政府和企業界意識到，保持在半導體技術上的領先關乎經濟利益，更是國家安全的重要組成部分。因此，採取一系列策略來保護其技術優勢，包括限制對中國的技術出口、加強對外國直接投資的審查，以及推動國內半導體產業的創新和發展。這些措施在短期內對中國半導體產業造成壓力，但同時也促使中國加快了自主技術的研發和產業升級。[37]

美國擴大對中國半導體業管制內容表

| 管制項目 | 設備 | 產品 | 公司 | 人才 |
| --- | --- | --- | --- | --- |
| 規定 | ◆ 邏輯IC的16/14奈米或更先進製程設備<br>◆ DRAM的18奈米或更先進製程設備<br>◆ NAND Flash 晶片的128層或更高層數產品設備<br>◆ 中資與外資位於中國境內的生產基地，需要透過「逐案申請許可」方式才能取得製造相關設備。 | ◆ 任何可能使用於軍事用途的超級電腦、AI晶片等高效能運算領域的高階晶片，未經審核許可不准出口到中國。 | ◆ 將長江存儲和其他30家中國科技公司、國家重點實驗室列入未經核實清單內。 | ◆ 美國籍人士皆不得非經許可進到中資公司服務 |
| 對中國影響 | 阻斷中國發展先進製程技術與擴產 | 高階晶片難取得 | 面臨更嚴格管制，申請許可繁瑣。 | 出現離職潮，半導體人才流失，不利後續產業發展 |

資料來源：法人及產業界　製表：記者洪友芳　製圖：美編靳昌玲

**圖 3-11　美國對中國半導體管制內容**

資料來源：洪友芳，〈美對中全面施壓 半導體業重整新勢力〉，《自由財經》，2022 年 10 月 31 日，〈https://ec.ltn.com.tw/article/paper/1548749〉。

37 Bonnie S. Glaser and Matthew P. Funaiole, "The U.S.-China Technology Competition in the Semiconductor Industry," International Security, Vol. 47, No. 1, Summer 2022, pp. 4-43.

面對美國的制裁，中國政府和企業加大在半導體領域的自主研發投入，努力克服外部壓力帶來的挑戰。中國推出政策和措施，加快半導體產業鏈的本土化進程，包括增加對半導體研發的資金支持、提升半導體製造能力和培養專業人才。[38] 儘管中國在某些半導體技術領域取得了進展，但在高端半導體製造和設計方面，仍面臨著技術瓶頸和國際合作限制的挑戰。

美中在半導體領域的競爭對全球科技和經濟格局產生深遠的影響。一方面，這場競爭加速全球半導體技術的創新和發展，推動相關產業的升級轉型。另一方面，也導致全球半導體供應鏈的重組，增加國際貿易的不確定性，並可能加劇全球科技領域的分裂。此外，美中半導體競爭還凸顯科技領域國際合作的重要性，以及在全球治理中尋找平衡點的挑戰。

美國對中國半導體產業的制裁及中國的反應，不僅影響了兩國在科技領域的競爭格局，也對全球半導體供應鏈和國際科技合作產生影響。這場博弈加劇了全球科技領域的不確定性，促使其他國家和區域重新評估其在全球半導體產業中的定位和策略。同時，這也凸顯科技自主化和供應鏈安全在當今國際關係中的重要性。

## 二、人工智能

全球科技競爭的版圖中，人工智能（AI）無疑是最受矚目的領域之一。美國和中國作為兩個科技大國，在這一領域的角逐尤為激烈，雙方都希望通過加大研發投入來確保在人工智能技術和應用方面的領先地位。美國擁有深厚的科技創新基礎和強大的產業生態，在人工智能領域的發展具備先天優勢。除了經費上的投入之外，美國推出人工智能戰略和政策，如「美國人工智能倡議」，強調加強 AI 研究、開放數據資源、設立 AI 研究所和促進國際合作等方面。此外，在人工智能人才的培養和招募方面也不遺餘力，透過高等教育體系和豐富的行業應用場景吸引全球人才。

38 Hill, Michael J. and Morris, Andrew C., China’s Grand Strategy: From Mao to Xi Jinping (New York: Oxford University Press, 2023), pp. 123-135.

同樣地，中國政府高度重視人工智能的發展，並視為國家戰略技術之一。近年在人工智能領域的研發投入顯著增加，並制定戰略計畫，如「新一代人工智能發展規劃」，規劃 2030 年成為世界領先的 AI 創新中心。中國的 AI 發展策略涵蓋技術研發、產業應用、人才培養和國際合作等多個方面，並在語音識別、視覺識別、智能製造和智慧城市等領域取得顯著成就。[39] 同時，中國也在積極構建人工智能人才培養體系，透過高等教育和產業實踐培養 AI 專業人才。

美中在人工智能領域的競爭不僅加速技術的創新和應用，也引發全球人工智能人才的爭奪戰。這種競爭促進全球 AI 技術水平的提升，但同時也加劇技術發展的不平衡，對於一些發展中國家而言，存在被進一步邊緣

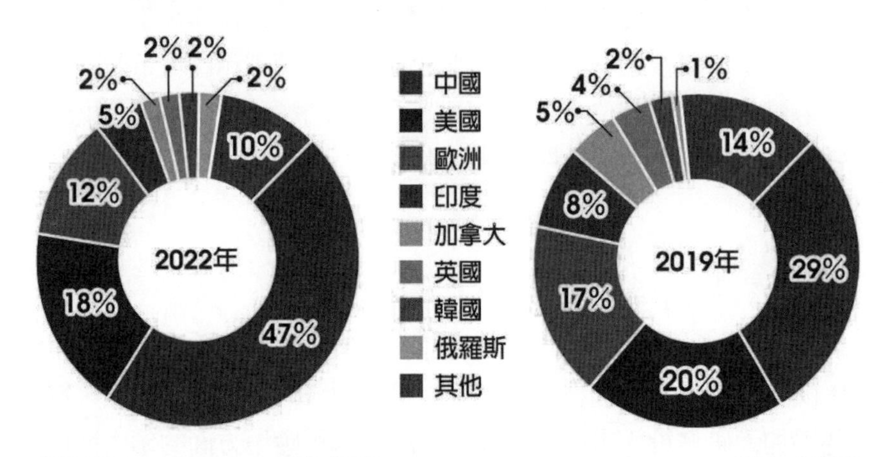


**圖 3-12　各國培養 AI 人員比重**

資料來源：張漢驊，〈項尖 AI 人才 近半中國培育〉，《中時新聞網》，2024 年 3 月 25 日，〈https://ec.ltn.com.tw/article/paper/1548749〉。

39 中國電子信息產業發展研究院，〈人工智能白皮書 2023〉，《中國電子信息產業發展研究院》，2023 年 5 月，〈https://v4.cecdn.yun300.cn/100001_2012025014/2023 人工智能发展白皮书 .pdf〉。

化的風險。此外，隨著 AI 技術的快速發展，如何解決伴隨而來的倫理、隱私和安全問題，成為全球面臨的共同挑戰。美國和中國在人工智能領域的競爭反映兩國在全球科技領域爭奪戰略優勢的決心，這場競爭有利推動全球科技進步，但也需要國際社會共同努力，確保科技發展的包容性和可持續性，以及應對由此帶來的社會挑戰。

## 三、5G 方面

5G 技術被視為推動未來數字經濟發展的關鍵基礎設施，具有高速度、低延遲和大連接等特點，對於物聯網、自動駕駛、遠程醫療和智慧城市等應用領域具有革命性的影響。美國和中國在 5G 技術領域的競爭，是當前全球科技競爭中最為激烈的一環。

中國政府對 5G 技術的發展給予高度重視和支持，並制定一系列政策和計畫來推動 5G 技術的研發和商用部署。中國的電信運營商，如中國移動、中國聯通和中國電信，在全國範圍內快速建設 5G 基站，推動 5G 網路的覆蓋和應用。此外，中國的華為和中興通訊等企業在 5G 技術研發和設備製造方面處於國際領先地位，為全球多個國家和區域提供 5G 設備和解決方案。[40]

面對中國在 5G 領域的快速發展，美國採取反制措施來維護其在全球 5G 競爭中的地位。美國政府對中國 5G 設備製造商如華為實施了出口管制和市場准入限制，理由是國家安全考慮，並鼓勵盟友和合作夥伴國家選擇非中國的 5G 設備供應商。[41] 同時，美國加大對 5G 技術研發的投入，推動私營部門和政府機構之間的合作，以加快 5G 技術的創新和應用。美國的科技巨頭和電信運營商也在積極參與 5G 網路的建設和服務創新。

美中在 5G 領域的競爭不僅影響著兩國的科技發展和經濟利益，也對全球 5G 技術的發展趨勢和國際市場格局產生深遠影響。這場競爭加劇

40 E. Baark, “China’s New Digital Infrastructure,” East Asian Policy, 2022.
41 Uday Khanapurkar, “India’s Huawei Conundrum,” India Quarterly, 2019.

全球 5G 技術標準和設備供應鏈的分化，對國際合作和技術交流帶來了挑戰。同時，也推動全球 5G 技術的創新和應用，加速 5G 技術在各行各業的滲透和轉型。美國和中國在 5G 技術領域的競爭凸顯科技創新在當代國際關係中的重要性。隨著 5G 技術的進一步發展和應用，美中兩國在這一領域的競爭將繼續影響著全球科技創新的方向和國際經濟的未來格局。

## 第三節　美中戰略博弈的影響

### 壹、對全球局勢的影響

美中兩國在政治領域的競爭，不僅反映在雙邊關係上，也影響到多邊場合。美國作為西方世界的領袖，長期以來致力於維護和改革以聯合國為核心的多邊機制，並透過其盟友和夥伴網絡，在人權、民主、貿易、安全等領域推動其價值觀和利益。[42] 中國為發展中國家的代表之一，積極參與和倡導南南合作，並透過「一帶一路」戰略等項目，在亞洲、非洲、拉丁美洲等區域提供基礎設施建設、貿易投資、技術轉移等支持，以增加其在全球治理中的話語權和影響力。[43] 這種競爭使得一些國際組織面臨兩種不同的發展模式和規範的選擇，也使得美國在一些重要議題上難以形成有效的共識和行動。因此，美中兩國如何處理好彼此之間的競爭與合作，將對未來的全球秩序和多邊合作產生重大影響。

美中作為世界上最大的兩個經濟體，其間的經濟競爭直接影響全球經濟增長的動力和方向。美國對中國實施的貿易限制和技術封鎖，以及中國對此的反制措施，不僅影響了雙邊貿易，也對全球經濟增長產生了壓力。此外，美中經濟博弈加深全球市場的不確定性，影響國際投資和消費信心。其次，美國對中國商品加徵關稅，以及中國相應的反制措施，挑

42 John Ikenberry, “After Victory: Institutions, Strategic Restraint, and the Rebuilding of Order,” International Security, Vol. 29, No. 1, Summer 2004, pp. 8-41.

43 Bates Gill and Michael O’Hanlon, “China’s Grand Strategy: A New Silk Road,” Foreign Affairs, Vol. 94, No. 2, March/April 2015, pp. 78-88.

戰 WTO 多年來倡導的自由貿易原則和規則，加劇全球貿易保護主義的趨勢，對多邊貿易體系構成挑戰。對全球供應鏈方面，企業為規避貿易戰帶來的風險和成本，開始調整生產基地和供應鏈配置，從中國轉移到其他國家如越南、印度、墨西哥等，影響全球製造業的地理分布，也對相關國家的經濟發展和就業市場產生影響，並促使全球供應鏈的韌性和多元化。

美國長期以來一直是印太區域安全的主要維護者，主要與日本、韓國、澳大利亞等國的軍事同盟，以及在該區域的戰略部署確保利益和影響力。近年面對中國軍事實力的快速增長，美國進一步加強軍事存在，包括部署先進武器系統、增加軍事演習和巡航頻率，旨在制衡中國的軍事崛起並保持區域戰略平衡。[44] 與此同時，中國透過軍事現代化計畫，提升其軍事實力，特別是在海軍、遠程打擊能力和信息戰等領域的快速發展，顯示出其成為區域乃至全球強權的決心。在南海等關鍵區域，中國透過填海造島、部署軍事設施和加強軍事活動，除鞏固主張之外，也在試圖改變區域安全格局，提升戰略影響力。兩國軍事競爭不僅加劇印太區域乃至全球的緊張局勢，也對國際安全穩定構成了挑戰。美中兩國在軍事領域的博弈影響著其他國家的安全策略，促使區域國家在安全事務上作出選擇，加深區域安全的不確定性。此外，這種競爭還可能導致軍備競賽，增加意外衝突發生的風險，對全球的和平與穩定構成威脅。[45]

隨著科技競爭的加劇，全球科技創新的發展速度被進一步推動，從人工智能的應用拓展到 5G 網路的快速部署，再到量子計算突破性進展，不僅將改變人類社會的生活方式，也將重新定義未來戰爭的形態和國際競爭的規則。但是技術創新的快速發展同時也帶來新的挑戰和問題，特別是在技術標準制定、數據安全管理和知識產權保護等方面。技術標準的制定往往涉及到國際政治和經濟利益的博弈，不同國家和區域在技術標準上的分歧，可能導致市場分裂和貿易壁壘的建立。數據安全問題更是直接關聯到

[44] Bonnie Glaser and David M. Lampton, "The U.S.-China Military Balance in Asia," The Washington Quarterly, Vol. 43, No. 3, Autumn 2020, pp. 11-29.

[45] Michael Beckley, "The U.S.-China Security Competition: Implications for Allies and Partners," The Washington Quarterly, Vol. 44, No. 1, Winter 2021, pp. 21-35.

國家安全和個人隱私的保護，隨著大數據和人工智能技術的應用，如何有效保護數據安全和個人隱私成為了全球共同面臨的挑戰。此外，知識產權的保護也是科技競爭中的一個重要議題，尤其是在全球化背景下，加強跨國知識產權的保護和合作對於促進科技創新和維護公平競爭的市場環境至關重要。美中在科技領域的競爭不僅推動全球科技創新的發展，也凸顯在科技快速進步過程中需要解決的國際爭議和挑戰。

## 貳、對台灣的影響

美中戰略博弈源自於地緣政治的競爭，印太區域作為主戰場，而台灣作為競爭的主要焦點之一，其影響體現在政治、經濟、軍事安全等方面。在政治層面，美中之間的競爭加劇台灣在國際上的外交壓力，同時也帶來加強與美國等國際民主夥伴關係機會，提升國際社會中的能見度和重要性。[46] 經濟方面，台灣作為全球半導體產業的領導者，直接受到美中科技戰和貿易戰的影響，迫使台灣企業面臨選擇市場和技術路線的挑戰，同時也促使台灣積極推動經濟結構轉型升級，減少對單一市場的依賴。[47]

軍事安全方面，中國的軍事威脅和在台灣周邊區域的軍事活動日益頻繁，迫使台灣加強自身的軍事準備和自主防衛能力，同時也使得台灣海峽成為全球關注的熱點之一。[48] 美國對台灣的軍事援助和安全承諾，在一定程度上支持台灣的自我防衛，加強美台之間的安全合作。從正面及抗中保台的角度來看，美中戰略博弈帶來挑戰和機遇，這場博弈促使台灣社會對於抗中保台的共識逐漸增強，凝聚內部的團結和決心。[49] 同時，台灣也積極尋求與美國、日本、歐洲等民主國家更緊密的合作，除經濟領域，也包

46 Michael Green and Matthew P. Funaiole, “The U.S.-China Security Competition and Its Implications for Taiwan,” The Washington Quarterly, Vol. 44, No. 2, Summer 2021, pp. 11-25.

47 John Delury, China’s “New Silk Roads” Initiative: The Long and Winding Road (Washington, D.C.: Brookings Institution Press, 2018), pp. 1-10.

48 Ian Easton, The Chinese Invasion Threat: Taiwan’s Defense Dilemma (Annapolis, MD: Naval Institute Press, 2021), pp. 1-10.

49 Richard C. Bush, Taiwan’s Economy in the Shadow of the U.S.-China Trade War (Washington, D.C.: Brookings Institution Press, 2020), pp. 1-10.

括安全、科技、教育等多方面，從而提升台灣的國際地位並為台灣帶來更多的發展機遇。

美中戰略博弈對台灣帶來挑戰與機遇，提升台灣的國際關注度和戰略地位。在這一過程中，美國對台灣的支持持續增強，包括軍售、政治和經濟合作等方面，加強台灣的自我防衛能力，也為台灣開啟更多國際合作的大門。同時，美中之間的競爭促使台灣更加重視自身的軍事和安全需求，加速軍事現代化和自主防衛的進程。從抗中保台的角度來看，這場博弈增強台灣社會對於維護主權和民主自由的共識，推動經濟結構的轉型升級，並促進與美國、日本、歐洲等民主國家在經濟、安全、科技、教育等多方面的緊密合作，提升台灣的國際地位，也為台灣帶來發展的新機遇，顯示出在面對挑戰時，積極參與國際合作並提升自身競爭力是確保台灣安全和發展利益的關鍵策略。

## 第四節　小結

美國和中國作為兩個全球性大國，在維護全球霸權地位、推廣各自的價值觀，以及利用經濟、軍事和技術手段來擴大全球影響力方面各有所著。美國傳統上致力於推廣民主和自由市場經濟體制，透過其軍事聯盟和國際合作組織來維護國際秩序。相對地，中國則透過「一帶一路」戰略等經濟計畫，以及在科技、空間、海洋等領域的投資，來增強其作為一個崛起大國的全球地位。這兩國的戰略目標和外交政策影響著國際政治經濟格局，也對全球治理和區域安全構成深遠的影響。

美國和中國的關係複雜，涵蓋意識形態的差異、貿易戰爭，以及在南海和台灣問題上的軍事對峙。這些博弈反映在全球治理、經濟發展和區域安全上的深層競爭。意識形態差異凸顯兩國政治制度和價值觀的根本對立；貿易戰爭則直接影響到全球經濟結構和雙邊經濟關係；在南海和台灣問題上的軍事對峙則凸顯區域安全的不穩定性。這些因素共同塑造美中關係的現狀，並對國際秩序產生了深遠的影響。

美中關係是當代國際政治中最關鍵的雙邊關係之一，雙方在多個領域展開激烈的競爭，包括貿易、科技、區域影響力等，影響全球政治經濟格局。但是在面對全球性挑戰，如氣候變化和公共衛生危機時，兩國也展現出合作的潛力。這種競合關係表明，在全球治理中，美中兩國的互動將繼續塑造國際秩序的未來發展方向。

在印太區域的戰略博弈中，除了美中兩國的競爭外，日本也扮演著關鍵角色。面對中國的崛起和安全威脅，日本積極參與印太戰略，以加強其在區域安全和經濟發展中的影響力。日本的安全戰略不僅是回應中國的軍事和經濟擴張，也是與美國合作，確保印太區域的自由和開放。這表明日本在印太區域的戰略博弈中是一個不可或缺的要角，其安全環境隨著印太戰略的興起而發生了重要變化。日本的策略包括加強自身防衛能力、深化與美國及其他印太區域國家的安全合作，並透過參與區域經濟架構來平衡中國的影響力。日本的這些行動不僅反映了其對區域安全的重視，也顯示了在多邊主義和自由開放的國際秩序中尋求積極角色的決心。

川普總統任期內，貿易戰和科技戰是其對中博弈的主要手段，透過對數千億美元的中國進口商品加徵重稅，試圖迫使中國修改經濟政策並縮小美中貿易逆差，並對中國的補貼政策進行反制以削弱中國企業的全球競爭力。此外，川普政府對華為等中國科技巨頭實施制裁，禁止其使用美國技術和產品，並推動盟友禁用華為 5G 設備，這不僅影響中國企業，也擾亂全球供應鏈。川普還限制中國高科技領域學生和科研人員的簽證，防止技術和知識外流。在國際承諾方面，川普退出「巴黎氣候協定」和跨太平洋夥伴全面進展協定（TPP），反映其「美國優先」政策，並削減對聯合國等國際組織的資金支持，顯示對多邊合作的不信任。這些直接且對抗性的策略加劇了美中緊張，對國際關係格局和全球經濟秩序帶來了新的挑戰和不確定性。

拜登總統重視多邊主義，重返「巴黎氣候協定」和世界衛生組織，重申美國對全球合作的承諾，並在氣候變遷和全球衛生議題上重新取得話語權。他加強與歐盟、日本、韓國等盟友的合作，修復過去幾年中可能受損的關係。在安全政策方面，拜登政府重啟和強化 Quad，與英國和澳大利亞達成 AUKUS 協議，顯示在印太地區平衡中國影響力的決心，提升區域安全合作的層級。在經濟與科技戰略上，拜登政府推動供應鏈多元化和關鍵技術本地化生產，減少對中國的依賴，並強調保護知識產權，以維護美國技術和創新成果不受外部競爭影響。拜登的對中政策是一個多層次、跨領域的策略，透過強化多邊合作、聯盟體系和經濟科技戰略來平衡和應對中國崛起，這一策略需美國內部調整和資源投入，並與國際夥伴密切合作和協調。

川普與拜登在貿易和科技手段上的策略呈現出鮮明對比。川普總統採取直接對抗的政策，透過貿易戰和科技戰壓制中國，包括高額關稅、嚴厲制裁及限制人才流動，以防技術外流。這種策略在短期內對中國造成經濟壓力，但長期可能影響全球經濟和科技合作。相對而言，拜登總統採取更為溫和且合作的手段，重視重建多邊聯盟，推動供應鏈多元化和本地化生產，強調知識產權保護。這不僅有助於緩和國際緊張局勢，還能透過與盟友合作形成對中國的多邊壓力，提升美國的國際領導地位。在國際合作與多邊主義方面，川普的單邊主義和「美國優先」政策可能短期內增強美國經濟優勢，但削弱了美國在國際社會中的領導地位和信譽。拜登政府則恢復多邊主義，重返多邊協議並修復與盟友的關係，增強國際領導力及集體行動的效率。在經濟與科技策略上，川普的直接打擊和經濟脫鉤政策試圖遏制中國，但可能引發全球供應鏈混亂。拜登推動經濟和科技的多元化戰略，透過供應鏈多元化、知識產權保護和國內創新應對挑戰，促進經濟穩定和科技進步。這兩種策略反映不同的國際觀和對未來世界秩序的願景。

# 第四章　日本的安全環境

日本是一個島國，位於東亞的東部，與中國、韓國、俄羅斯等鄰國隔海相望，其地理位置和地緣政治角色使其在區域安全中扮演重要的角色。日本的安全環境受到多方面的影響，包括美國的同盟關係、中國的崛起與挑戰、俄羅斯的動盪與合作、東南亞的連結與影響、與韓國的糾葛，以及面對北韓的威脅等。為了應對這些安全挑戰，日本的軍事防衛政策也從戰後的嚴格和平主義到目前的積極和平主義的轉變，並透過國際軍事合作與和平支援活動，展現其作為負責任國家的承諾。

## 第一節　地緣政治特點

### 壹、日本的地緣政治環境

#### 一、日本的地理環境

日本位於亞歐大陸東部、太平洋西北部，由四個大島（北海道、本州、四國、九州）和數千個小島組成，總面積約 37.8 萬平方公里，與俄羅斯、中國、韓國、朝鮮等國家隔海相望，形成一個重要的區域安全關係網。日本擁有豐富的海洋生物和礦物資源，以及長達 2 萬 9,751 公里的海岸線，是世界上最大的漁業國之一，也是主要的航運國和海軍強國。日本依賴海上貿易和能源輸入，因此需要保護其海上通道和專屬經濟區（EEZ）。由於火山島國的特性，且位於四個板塊的交界處，日本自古以來地殼活動頻繁，自然災害多發，火山、地震、海嘯等災害時有發生，對人口密集的城市和基礎設施造成嚴重損害。

日本是一個多元文化的島國，與周邊國家有複雜的歷史和現實關係，其文化受到中國、韓國等東亞文化的影響，也受到西方文化的滲透，因此與周邊國家有著深厚的經貿往來和人文交流，也有著敏感的領土爭端和歷史問題。但是日本的地理位置使其在區域安全中扮演重要的角色，既有利於其發揮自身優勢，也面臨著挑戰和風險。日本安全戰略通常根據其地理特點制定，並與相關方建立穩定和平的關係，盡量平衡其與美國等盟友的同盟關係和與中國等鄰國的合作關係。

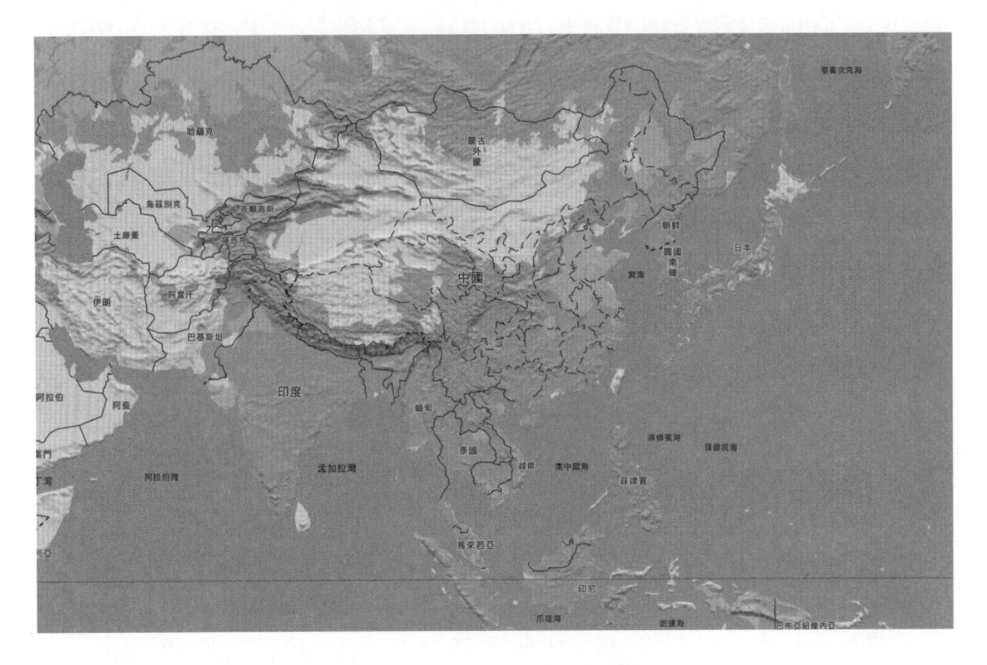


**圖 4-1　日本地理位置圖**

資料來源：Google 地圖。

## 二、日本的地緣政治角色

地緣政治學說（Geopolitics）是國際關係理論中的一個重要分支。它研究的是國家間的政治和戰略互動如何受到地理因素的影響，包括地理位置、自然資源、交通路線、國境等因素。地緣政治學說認為，這些地理因素對國家的外交政策、安全戰略、國際關係等具有重大的影響。它幫助分析和解釋國家行為、國際衝突，以及世界秩序的形成與變化。[1]

1 Ian Bremmer, “The End of the Free World Order?” Foreign Affairs, Vol. 97, No. 2, March/April 2018, pp. 32-42.

日本是一個島國，位於東亞的東部，與中國、韓國、俄羅斯等鄰國隔海相望，使得日本在防禦上具備一定優勢，除了可以利用海洋作為屏障，減少外來的威脅，也可以透過海上貿易和運輸，與世界各地保持聯繫，擴大自己的影響力。日本的島嶼地形也造就其多樣化的自然環境和豐富的文化特色，從北方的冰雪風光到南方的熱帶風情，從古老的神社寺廟到現代的高科技產業，日本展現一種獨特的魅力和活力。日本也是一個重視教育和創新的國家，培養許多傑出的科學家、藝術家和領導者，對世界的發展和進步做出了重要的貢獻。

政治上，日本是一個民主國家，擁有成熟的法治和制度，以及多元化的社會和文化。日本政府和民眾在對外政策上基本保持一致，並且尊重國際法和規範，政治穩定使得日本可以在區域和全球層面上建立信任和合作，並且避免內部的動盪和分裂。這些特質讓日本成為一個值得信賴的夥伴，也為日本帶來經濟和社會的發展。[2]

日本是世界第三大經濟體，擁有高度發達的工業和科技，以及強大的金融和服務業。[3] 日本的產品和品牌在全球市場上享有良好的聲譽，並且具有競爭力，其經濟實力可以在國際事務中發揮重要的作用，並且提供資金和技術支持給其他國家和區域。[4] 此外，日本也是一個文化大國，其動漫、音樂、美食、文學等在世界各地廣受歡迎。日本的傳統和現代相互融合，形成獨特的風格和魅力。

日本與美國之間的安全關係源於第二次世界大戰後的和平條約和相互安全援助協定。這些協定規定美國對日本提供安全保障，而日本則允許美國在其領土上建立軍事基地。美國在日本的軍事存在不僅是對日本的防衛，也是對亞太區域和全球安全的貢獻。美國和日本共同應對一系列的安全挑戰，包括朝鮮半島的核武器和導彈問題、中國的軍事崛起和領土爭

2　The Economist, “Japan: A Reliable Partner,” The Economist, Vol. 432, No. 9164, December 10, 2022, pp. 32-33.

3　陳志武，〈日本金融業的發展與趨勢〉，《金融研究》，第 4 期，2023 年，頁 56-62。

4　今井扶美，〈日本のブランド力は世界トップレベル！ 世界 100 カ国・地域で調査した結果〉，《JETRO センサー》，2023 年 1 月 18 日，〈https://webtan.impress.co.jp/n/2023/11/27/46049〉。

端、恐怖主義和網路攻擊等。美國和日本還透過參與多邊的安全組織和機制，加強與其他國家和區域的合作，促進對話和信任，維護國際法和規則。[5]

## 貳、日美同盟的角色

### 一、日美安全保障條約的歷史與現狀

日美安全保障條約是日本與美國之間的一項核心軍事同盟協議，自冷戰時期以來，隨著國際政治格局的變化，這一條約及其實施細則不斷適應新的安全挑戰，成為維護亞太區域穩定的關鍵力量。最初的條約於 1951 年簽訂，主要允許美國在日本境內保留軍事基地，以對抗當時的蘇聯威脅，並承諾在日本遭受外部攻擊時提供保護。[6] 1960 年，隨著國際形勢的變化，雙方簽署新的「日美安全保障條約」，進一步確認了美國對日本的防衛承諾，並明確日本對美國軍隊在日本的 扎條件，使同盟關係更加平等。[7]

在冷戰結束後，日美安全保障條約的重要性不減反增。面對區域安全環境的變化，如中國的崛起和朝鮮的核武器計畫，日美兩國在防衛合作、情報共享和軍事演習等方面的合作日益深入。[8] 2015 年，日本和美國公布了新的防衛合作指導原則，擴大合作範圍，涵蓋網路安全和太空防衛等新領域，顯示雙方應對新安全挑戰的決心。

隨著國際形勢的不斷變化，日美安全保障條約及其實施細則將持續適應新的安全挑戰。兩國的合作預計將在現有基礎上進一步加強，特別是在應對中國軍事現代化、朝鮮半島的不穩定性以及網路和太空安全等新興領

5 Michael J. Green and Michael H. Armacost, “The U.S.-Japan Alliance: A Framework for the Future,” Foreign Affairs, Vol. 99, No. 2, March/April 2020, pp. 112-123.

6 日本国際問題研究所，〈日米安保条約：歴史、現状、課題〉，《日本国際問題研究所》，2023 年 3 月 22 日，〈https://www.jiia.or.jp/〉。

7 Tsuneo Akaha, “Japan’s security agenda in the post-cold war era,” Pacific Review, Vol. 8, No. 1, April 1995, pp. 45-75.

8 防衛省，〈冷戦後の日米安全保障体制をめぐる動き〉，《防衛白書》，2006 年，〈http://www.clearing.mod.go.jp/hakusho_data/2006/2006/html/i4211000.html〉。

**圖 4-2　美日領導人會晤**

資料來源：秋山裕之，〈日美同盟關係要提升到新階段〉，《日經中文網》，2023 年 1 月 16 日，〈https://zh.cn.nikkei.com/politicsaeconomy/politicsasociety/51117-2023-01-16-10-08-05.html〉。

域。同時，日本自身的防衛政策和能力的變化，如集體自衛權的重新解釋和防衛預算的增加，也將對同盟的未來發展產生重要影響。[9] 日美同盟不僅關注雙方的安全，也越來越多地參與到區域乃至全球的安全事務中，成為維護國際秩序的重要力量。

## 二、美國對日本安全保障的影響

美國對日本安全保障的影響深遠，主要體現在軍事基地的設置和雙方的防衛合作上，這些因素共同構成日本防衛策略的核心，並影響印太區域的安全格局，如美國在日本境內擁有約 5 萬餘名駐軍，分布在沖繩、九州、本州等地，除提供日本的空中和海上防禦能力，也是美國在該區域軍

9　防衛省，〈第一部　我が国周辺の安全保障環境〉，《防衛白書》，2020 年，〈https://www.mod.go.jp/j/publication/wp/wp2021/html/nd100000.html〉。

事存在和威懾力量的展現。此外，美日之間還建立一系列的防衛合作機制，包括安全保障會議、聯合演習、情報共享、武器銷售等。這些合作旨在加強雙方的防衛能力，並應對共同面臨的安全挑戰，如朝鮮半島的核問題、中國的軍事崛起等。

日本和美國是印太區域最重要的安全夥伴之一，雙方在防衛合作方面有著深厚的歷史和堅實的基礎。為應對該區域日益增長的安全挑戰，日美兩國透過多種方式加強彼此之間的防衛關係，包括定期舉行各種規模和主題的聯合軍事演習，以提高雙方的作戰準備度和相互信任；在情報共享和安全政策上保持密切溝通和協調，以確保雙方在重大安全問題上有共同的認識和立場；透過軍事裝備和技術的交流和合作，支持日本提升自身的防衛能力，使其能夠更好地履行自衛隊的使命和責任。[10]

美國對日本安全保障的影響除了軍事層面之外，還包含日本的外交政策和安全戰略。美國的軍事基地和防衛合作使日本能夠在相對低的國防預算下維持高水平的安全保障，同時也使日本成為美國在印太區域維護區域穩定和推進自由開放印太戰略的關鍵盟友。[11] 但是美軍基地的存在也在日本國內引起一定的爭議，特別是在沖繩等區域，基地帶來的噪音污染、安全風險和社會問題成為當地居民關注的焦點。因此，如何平衡同盟帶來的安全利益與基地存在的社會成本，是日本政府面臨的一個持續挑戰。

## 參、與鄰國的關係

### 一、美國的同盟關係

日本與美國自第二次世界大戰後建立密切的安全和經濟合作，美國在日本部署了約 5.4 萬名軍事人員，並承諾根據「日美安全保障條約」保衛

10 佐藤正久，〈日米同盟の新たな展望―日米安保条約 60 周年を迎えて〉，《日本外交協会》，2020 年 1 月 17 日，〈https://www.mofa.go.jp/mofaj/na/st/page6_000482.html〉。

11 佐藤優，〈日米同盟の変容と日本の安全保障政策〉，《外交フォーラム》，2019 年 12 月，〈https://www.mofa.go.jp/mofaj/area/usa/hosho/henkaku_saihen_k.html〉。

日本。[12] 日本也參與美國主導的區域組織，如 Quad 和 AUKUS，以抗衡中國和俄羅斯的影響力。這些組織旨在加強區域的民主和自由，並提供更多的合作機會，例如在氣候變化、網路安全和人道援助等領域。日本和美國還共同支持台灣的和平穩定，並呼籲中國停止對台灣施加壓力和威脅。日本和美國的關係是基於共同的價值觀和利益，並為亞太區域的安全與繁榮做出了重要貢獻。

## 二、中國的崛起與挑戰

中國不僅是日本最大的貿易夥伴，也是最大的戰略競爭對手。過去十年間，中國國防預算增長近三倍，經濟規模超過日本，成為世界第二大經濟體。[13] 中國利用其強大的軍事和經濟實力，在南海、東海和台海等敏感海域進行領土主張和武力展示，對日本的安全和利益構成威脅。例如，不斷派遣軍艦和飛機進入日本的領海和領空，挑釁日本的防空識別區（ADIZ），還在南海人工島上部署先進的武器系統，嚴重破壞區域穩定與和平。此外，中國也試圖透過「一帶一路」戰略和區域全面經濟夥伴協定（RCEP）等計畫，在印太區域建立自身經貿秩序和規則，與日本的自由開放印太願景（FOIP）形成對抗。「一帶一路」戰略旨在透過基礎設施建設和投資，將中國與歐亞非等區域連接起來，強化對全球的影響力。RCEP 則是由中國主導的一個涵蓋 15 個亞太國家的自由貿易協定，是目前世界上最大的自由貿易區。這些計畫都與日本推動的 FOIP 相抵觸。FOIP 旨在透過加強與美國、印度、澳大利亞等民主國家的合作，促進該區域的安全、穩定和繁榮，並維護以規則為基礎的國際秩序。

---

12 George R. Packard, “Some Thoughts on the 50th Anniversary of the US-Japan Security Treaty,” Asia-Pacific Review, Vol. 17, No. 2, November 2010, pp. 1-9.

13 Eric Heginbotham and Richard J. Samuels, “Active Denial: Redesigning Japan’s Response to China’s Military Challenge,” International Security, Vol. 42, No. 4, Spring 2018, pp. 128-169.

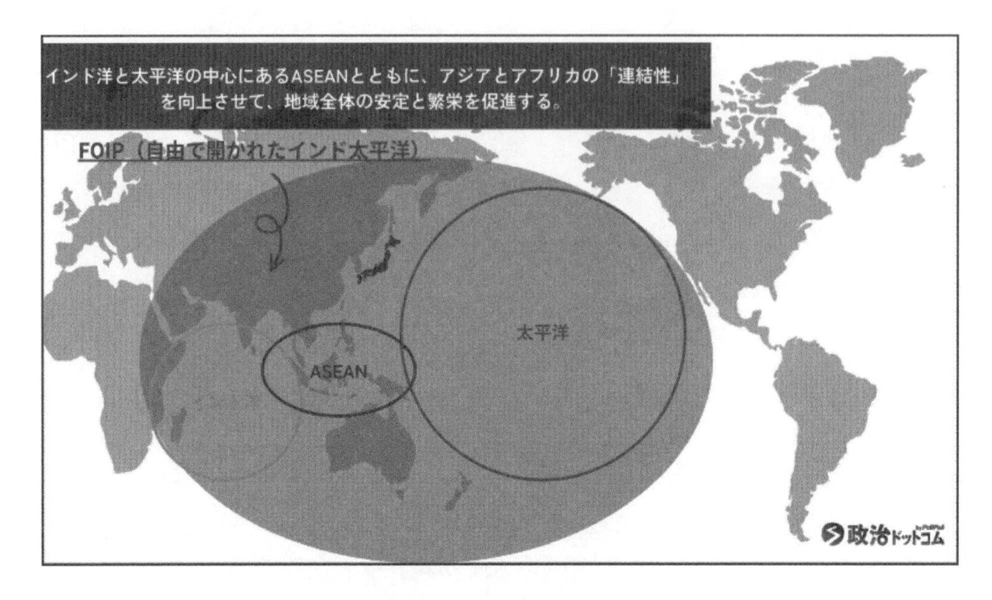


**圖 4-3　日本印太願景**

資料來源：小田原，〈日本が推進する「自由で開かれたインド太平洋」の重要性とは？小田原議員が実現したい日本外交のあり方〉，《政治家インタビュー》，2023 年 5 月 24 日，〈https://say-g.com/interview-foip-5913〉。

## 三、俄羅斯的動盪與合作

俄羅斯和日本的關係一直處於緊張的狀態，因為兩國在北方四島（南千島群島）的領土問題上沒有達成共識。這些島嶼在第二次世界大戰後被蘇聯占領，但日本仍然主張擁有主權。由於這個原因，兩國至今沒有正式結束戰爭狀態，也沒有發展密切的合作關係。[14] 俄羅斯入侵烏克蘭的行動引發國際社會的強烈反對，日本也加入對俄羅斯的制裁措施，表明對烏克蘭領土完整的支持。這一舉動被視為日本外交政策的轉變，因為日本過去一直試圖與俄羅斯保持友好的溝通，希望能夠解決北方四島的爭端。[15] 然

14 外務省，〈北方領土問題の経緯（領土問題の発生まで）〉，《外務省》，2021 年 1 月 19 日，〈https://www.mofa.go.jp/mofaj/area/hoppo/hoppo_keii.html〉。

15 Jin-a Kim, “Ukraine’s Implications for Indo-Pacific Alignment,” The Washington Quarterly, Vol. 45, No. 3, October 2022, pp. 47-64.

而，俄羅斯對烏克蘭的侵略行為讓日本感到不安，也讓日本重新思考其國防戰略，以應對可能的安全威脅。

## 四、東南亞的連結與影響

東南亞區域的海域是日本從中東進口石油和天然氣的主要航道，對日本的能源安全相當重要。因此，日本積極與東南亞國家建立友好關係，提供援助和合作，以增加區域內的影響力和吸引力，並抵消中國的勢力擴張。日本透過推動自由開放的「印太戰略」，支持東南亞國家的基礎設施建設、人力資源開發、災害防治、安全合作等領域，並與東盟建立戰略夥伴關係，深化政治、經濟、社會、文化等各層面的交流。[16] 同時，東南亞也面臨南海爭端、緬甸政變、跨國犯罪、恐怖主義等挑戰，不僅影響到東南亞國家的主權和利益，也牽動著日本和整個區域的安全與穩定。因此，日本也支持東南亞國家在這些問題上維護自身的主權和利益，並促進區域的和平與穩定。

## 五、與韓國的糾葛

日韓兩國在 1951 年 10 月開始邦交正常化的預備性會談，但由於雙方對日佔時期歷史問題分歧過大，日韓雙方在經歷十三年八個月的談判後，最終於 1965 年 6 月 22 日簽署「韓日基本關係條約」，建立外交關係。另外，雙方於 2016 年 11 月 23 日簽署「日韓軍事情報保護協定」（General Security of Military Information Agreement, GSOMIA），旨在加強雙方在軍事情報方面的共享，以應對朝鮮核武威脅。然而，該協定也引發韓國國內的反對和抗議，認為這是對日本殖民統治的屈服和背叛。2019 年 8 月 22 日，韓國宣布終止該協定，但在美國的斡旋下，於 2019 年 11 月 23 日暫

16 Shihong Bi, “Japan’s Diplomacy Towards ASEAN from the Perspective of its ‘Indo-Pacific Strategy’,” East Asian Affairs, Vol. 96, N0. 1, January 2020, pp. 131-148.

停終止決定。2020 年 11 月 20 日，韓國再次暫停終止決定，並表示願意與日本恢復對話。目前，該協定仍然有效，但未來是否能夠延續仍有不確定性。[17]

### 六、面對北韓的威脅

日本與北韓並沒有正式建立外交關係，雙方的互動受到多重限制和挑戰。日本對北韓的態度主要受到北韓的核武和導彈計畫的威脅，以及對美國在東亞區域的安全保障的依賴；其次則是日本對北韓綁架日本公民的事件的不滿和要求解決，以及對北韓人權狀況的關切。另外，日本對北韓改革開放和經濟發展的期待和機會，以及對中國和南韓在朝鮮半島事務中的角色和影響力的考量，使得日本與北韓的地緣政治關係在未來可能會隨著國際形勢和雙方政策的變化而出現波動，但要達成長期穩定和友好的關係，仍需要雙方展現誠意和建立互信，並解決歷史遺留和現實存在的問題。

## 第二節　軍事防衛政策

## 壹、日本防衛政策的演變

### 一、積極和平主義

日本的防衛政策的轉變自二戰結束後主要受到國際情勢、美日同盟、國內政治和法律等多重因素的影響。從戰後初期的和平憲法，到冷戰時期的自衛隊建立，再到冷戰後對安全環境變化的適應，以及近年來對日益嚴峻的安全挑戰的回應，日本的防衛政策展現從被動到主動的轉變。戰後初期，日本在「日本國憲法」的指導下，採取和平立國原則，明確放棄戰爭

17 Eungjin Jeong, “Military Diplomacy of Korea-Japan GSOMIA for Crisis Management on the Korean Peninsula,” Crisis and Emergency Management: Theory and Praxis, Vol. 18, No. 5, May 2022, pp. 137-152.

和維持軍隊的權利，完全依賴美國提供的安全保障。[18] 隨著冷戰的展開和亞洲區域安全環境的變化，1954 年自衛隊的成立和「日美安全保障條約」的簽訂，標誌著日本開始建立起自己的防衛體系，儘管仍然在美國的核保護傘下。[19]

冷戰結束後，日本面臨新的安全挑戰，如朝鮮半島的核問題和中國的崛起等，通過「國際貢獻法」和「PKO 法案」，開始參與聯合國的維和行動，並與美國修訂了「美日防衛合作指針」，加強雙方的軍事合作，[20] 顯示日本在保持和平憲法原則之下，尋求更積極之國際安全貢獻和提升自身防衛能力。

21 世紀後，特別是在安倍晉三領導下，日本的防衛政策進一步轉變，以應對日益嚴峻的安全環境。通過「反恐特別措施法」、「有事三法」[21] 和「和平安全法制」，日本放寬對自衛隊行動的限制，允許在特定條件下行使集體自衛權，並大幅增加防衛預算，購置先進武器。此外，日本加強了與美國、澳大利亞、印度等國的安全合作，積極參與自由開放的「印太戰略」。岸田文雄時期，日本在延續安倍時期的政策基礎上，進行了進一步的調整和更新，並強調了台灣海峽和平與穩定的重要性，計畫大幅提高防衛支出，發展對敵基地攻擊能力和多次元作戰能力，深化與盟友的防衛合作。

日本的防衛政策從戰後的嚴格和平主義到目前的積極和平主義，對於國際安全事務的參與採取主動的態度，再到近年來對安全環境變化的主動適應，展現其在維護國家安全和國際責任之間尋求平衡的努力。隨著國際情勢的持續變化，日本的防衛政策將繼續演進，以應對新的安全挑戰。

18 防衛省・自衛隊，〈憲法と防衛政策の基本〉，《防衛白書》，2021 年，〈https://www.mod.go.jp/j/publication/wp/wp2021/pdf/R03020102.pdf〉。

19 Dower, John W. "The Origins of the Japanese Self-Defense Forces." The Journal of Japanese Studies, Vol. 12, No. 1, 1986, pp. 1-32.

20 外務省，〈日本の安全保障政策と日米同盟—冷戰後の展開と今後の課題〉，《JIIA》，2011 年 3 月，〈https://www2.jiia.or.jp/pdf/resarch/h22_nichibei_kankei/13_Chapter1-11.pdf〉。

21 日本的有事三法是指《應對武力攻擊事態法案》、《自衛隊法修正案》和《安全保障會議設置法修正案》三項法律的總稱。這些法案於 2003 年 6 月在日本國會通過，旨在建立國家應對緊急事態的危機管理體制，擴大自衛隊的權限，加強日美同盟的協作，為日本參與國際軍事行動提供法律依據。

## 二、關鍵政策文件的變化

日本的防衛政策文件，包括「國家安全保障戰略」、「國家防衛戰略」和「防衛力整備計畫」，構成日本外交和安全政策的核心框架。這些文件不僅指導日本的國防建設和軍事部署，也反映日本對國際安全環境變化的認識和應對策略。[22] 2022 年 12 月 16 日，日本內閣會議通過的新版防衛政策文件，標誌著日本在安全保障領域的一次重大戰略調整。最新的防衛政策文件中，日本將中國定義為「前所未有的最大戰略挑戰」，凸顯日本對於區域安全環境變化的深刻擔憂，特別是對於中國軍事力量擴張和區域影響力增強的反應。[23] 為此，日本強調與美國等同盟國加強合作，共同維護區域乃至全球的安全穩定，凸顯日本在安全保障上依然重視同盟關係的戰略思維。

日本決定擁有「打擊敵方飛彈基地」的能力，這一決策被視為日本自二戰後首次明確擁有攻擊性的軍事能力。這一轉變在一定程度上是對日益增長的飛彈威脅的回應，旨在增強日本的威懾能力和自衛能力。[24] 此外，建立「宇宙作戰隊」和「網路作戰隊」的決定，顯示日本對未來戰爭形態變化的預見，特別是對太空和網路領域安全威脅的重視。另外，增加防衛預算並加速武器裝備的更新改良，如引進 F-35 戰機、開發下一代戰機、建造新型潛艇和驅逐艦等，這些措施旨在提升日本自衛隊的整體作戰能力，以適應快速變化的安全環境。[25] 這些戰略調整和軍事現代化舉措，雖然在日本國內引起對和平憲法原則是否被侵蝕的擔憂，但日本政府堅稱這些措施是出於自衛和和平的需要，並符合國際法和國際規範。

22 防衛省・自衛隊，〈わが国の安全保障・防衛政策〉，《防衛白書》，2022 年，〈https://www.mod.go.jp/j/publication/wp/wp2022/pdf/R04000032.pdf〉。

23 Michael J. Green and Sheila A. Smith, “Japan’s New Defense Policy: A Strategic Shift in Response to China’s Rise.” In The Routledge Handbook of Japanese Security (London: Routledge, 2023), pp. 325-340.

24 日本弁護士連合会，〈「敵基地攻撃能力」ないし「反撃能力」の保有に反対する意見書〉，《日本弁護士連合会》，2022 年 12 月 16 日，〈https://www.nichibenren.or.jp/document/opinion/year/2022/221216.html〉。

25 Aurelia George Mulgan and Shinichi Kitaoka, “Japan’s Security Policy in the Age of China’s Rise.” In The Oxford Handbook of Japanese Politics (Oxford: Oxford University Press, 2023), pp. 461-478.

日本防衛政策文件的更新引發的國際關注和憂慮，尤其是來自中國和韓國等鄰國的反應，凸顯日本在推進自身安全保障戰略轉變時面臨的外交挑戰。日本如何在強化自身防衛能力與維持區域和平穩定之間找到平衡，以及如何透過外交努力緩解鄰國的擔憂，將是未來日本安全政策實施過程中的關鍵。[26]

## 貳、日本軍事防衛政策轉變特點

日本的軍事防衛政策深植於「日本國憲法」第 9 條所體現的和平原則之中，這一原則明確放棄以戰爭解決國際爭端的手段，並禁止擁有、製造或引進旨在進行戰爭的軍事力量。儘管面對這樣的憲法限制，日本為了維護國家的安全與獨立，透過自衛隊法設立自衛隊，包括陸上自衛隊、海上自衛隊和航空自衛隊，這些部隊在非傳統軍隊的定義下運作，主要職責是國土防衛和參與國際和平維持活動。[27]

日本防衛政策的核心是專守防衛原則，即只有在受到攻擊時才會反擊，不會主動挑起戰爭，也不會介入他國的軍事衝突。日本還堅持三個非核原則，即不擁有、不製造、不引進核武器，表明其對非核化的堅定立場。[28] 此外，日本與美國之間的安全保障合作是其防衛政策的重要支柱。根據「日美安全保障條約」，美國將在日本受到攻擊時提供援助，並在日本設有軍事基地。這些基地不僅是美國的戰略據點，也是日本安全的保障。[29] 同時，日本也積極參與國際和平合作，透過聯合國維和行動和國際救援任務，展現其對世界和平與安全的責任。為了適應區域安全環境的變

26 Michael J. Green and Sheila A. Smith, “Japan’s Response to China’s Rise: A Balancing Act.” In The Asia-Pacific in the Age of China’s Rise (New York: Columbia University Press, 2023), pp. 153-172.

27 外務省，〈日本の平和国家としての歩み〉，《外務省》，2021 年 1 月 19 日，〈https://www.mofa.go.jp/mofaj/fp/nsp/page1w_000091.html〉。

28 Shamshad A Khan, “Japan’s New Defence Guidelines: An Analysis,” Strategic Analysis, Vol. 35, No. 3, May 2011, pp. 391-395.

29 Masakatsu Ota, “Conceptual Twist of Japanese Nuclear Policy: Its Ambivalence and Coherence Under the US Umbrella,” Journal for Peace and Nuclear Disarmament, Vol. 1, No. 1, April 2018, pp. 193-208.

化。此外，2015 年，日本還通過一系列安全相關法律，包括允許自衛隊在特定條件下行使集體自衛權，這一改革使日本能夠更有效地參與國際安全保障活動，並在必要時支援盟友。[30]

日本的軍事防衛政策正面對著國內外的種種挑戰和爭議，需要在多方面尋求平衡與調適。在國內，和平憲法是日本戰後重建的基石，也是民眾的共同價值，但隨著國際局勢的變化，日本的國防能力也必須跟上時代的步伐，因此政府和民眾應該就如何在維護和平憲法的精神與強化國防能力之間取得適當的平衡進行深入而寬容的對話。在國際上，日本為應對周邊安全環境的變化，對集體自衛權行使的政策進行了調整，這一舉措引發鄰國的關切和不安，因此日本在確保自身安全的同時，也應該透過外交手段積極與鄰國溝通和協商，以維護與鄰國的友好關係。

日本的軍事防衛政策是建立在專守防衛和國際合作的基礎上，旨在保障國家的安全利益和和平穩定的發展方向。隨著國際安全形勢的變化，日本面臨著各種新興的安全威脅，需要不斷地更新和改善其防衛政策，以適應時代的要求，同時也要在提高防衛實力與堅持和平主義之間尋求一個合理的平衡點。[31]

## 參、國際軍事合作與和平支援活動

### 一、國際安全合作

日本在國際安全合作中發揮著重要作用，特別是透過參與聯合國維和行動（PKO）和其他多邊安全機制，展示其作為負責任國家的承諾。自從 1990 年代初日本政府通過「國際和平協力法」以來，積極參與國際維和行動，標誌著日本在遵守和平憲法原則的同時，也在國際舞台上承擔更多

30 Jeffrey W. Hornung, M. Mochizuki, "Japan: Still an Exceptional U.S. Ally," The Washington Quarterly, Vol. 39, No. 1, April 2016, pp. 95-116.

31 外務省，〈日本の安全保障と国際社会の平和と安定〉，《外務省》，2021 年 1 月 19 日，〈https://www.mofa.go.jp/mofaj/gaiko/kokusai.html〉。

的安全責任。[32] 日本還與美國、澳大利亞、印度等國家建立了戰略夥伴關係，共同應對區域和全球性的安全挑戰，如恐怖主義、海盜、核擴散等。日本的國際安全合作不僅有利於維護其自身的國家利益，也有助於促進亞太區域和世界的和平與穩定。

日本自 1992 年開始參與聯合國維和行動，派遣自衛隊到全球多個衝突區域，如柬埔寨、東帝汶、海地和南蘇丹等，參與停火監督、難民援助、基礎設施重建等任務。日本的參與不僅限於人員派遣，還包括對維和行動的財政支持，是聯合國維和預算的主要出資國之一，其目的是為了實現國際和平與安全，以及促進自身的國家利益。[33] 日本認為，作為一個和平主義的國家，有責任和義務貢獻於國際社會的穩定與發展，也希望透過參與維和行動，提升在國際舞台上的影響力和地位，以及增進與其他國家的友好關係。[34]

除了聯合國維和行動，日本還透過其他多邊安全合作機制參與國際安全事務，包括與東協國家以及其他區域大國參與印太區域最重要的多邊安全對話和合作論壇，討論區域安全問題，促進信任建設。[35] 日本積極支持 ARF 機制建設和活動開展，提出多項倡議和建議，如防止海上衝突、打擊跨國犯罪、網路安全等，還與 ARF 成員國開展多層次、多領域的雙邊安全對話和合作，增強相互理解和信任。[36]

其次，日本積極參與擴大的東協防長會議（ADMM-Plus），與東協國家及其他對話夥伴國家加強防務合作和軍事交流，特別在人道主義援助和災難救援、海上安全等領域，透過 ADMM-Plus 的各項活動，如聯合軍

32 O. Dobrinskaya, "Peacekeeping in Foreign Policy of Japan," International Relations, Vol. 8, No. 1, June 2020, pp. 21-39.

33 外務省，〈国連 PKO を通じた日本の貢献の歩み〉，《外務省》，2013 年 11 月 18 日，〈https://www.mofa.go.jp/mofaj/press/pr/wakaru/topics/vol104/index.html〉。

34 Daisuke Akimoto, "A sequence analysis of international peace operations: Japan's contributions to human security of East Timor," Peace and Conflict Studies, Vol. 20, No. 2, November 2013, pp. 152-172.

35 防衛省・自衛隊，〈2 多国間安全保障枠組み・対話における取組〉，《防衛白書》，2018 年，〈https://www.mod.go.jp/j/publication/wp/wp2018/html/n32102000.html〉。

36 See Seng Tan," Consigned to hedge: south-east Asia and America's 'free and open Indo-Pacific' strategy," International Affairs, Vol. 96, No.1, January 2020, pp. 131-148.

演、專家會議、工作組會議等，提升區域防務能力和應對共同威脅，還與ADMM-Plus成員國開展雙邊防務合作，如防務裝備和技術轉讓、軍事教育和培訓、軍事人員交流等。[37]

再者，日本與美國和韓國保持緊密的三邊安全合作，共同應對朝鮮的核武與導彈威脅以及其他區域安全挑戰，透過定期舉行三邊外長會議、三邊防長會議、三邊安全磋商等高層次對話，就朝鮮半島局勢、區域形勢、三邊合作等重要議題交換意見，並發表聯合聲明或公報。此外，還與美國和韓國進行多次三邊聯合軍演，展示三邊軍事協調和威懾能力。[38]

日本還透過自主國際貢獻和合作項目，如提供海上安全能力建設援助給東南亞國家，參與打擊海盜行動，以及在非洲和中東區域提供人道主義援助和支持衝突後重建，展現其在國際安全合作中的積極角色。[39] 日本的國際合作項目涵蓋反恐、維和、災難救援、氣候變化等，並與聯合國、北約、歐盟等多邊組織密切合作。日本的國際安全合作也有助於促進其與美國等盟友的戰略協調和合作，以應對當前的安全挑戰和威脅。

## 二、雙邊軍事演習和防衛技術合作

日本與其他國家的雙邊軍事演習和防禦技術合作是其安全戰略的重要組成部分，旨在提高自衛隊的操作能力、加強與盟友及夥伴國家的安全合作，並應對區域安全挑戰。這些活動不僅增強日本與合作國家之間的互信和理解，也提升共同應對潛在威脅的能力。[40] 例如，日本與美國、澳大利亞、印度等國家定期進行聯合軍事演習，以增進彼此之間的協調和溝通。

37 王志民，〈日本在東盟防長會議（ADMM）中的角色與作用〉，《亞太安全與戰略研究》，第1期，2014年，頁10-18。

38 張洋，〈美國、日本、韓國三邊安全合作的深化：原因、目標與影響〉，《國際展望》，第3期，2020年，頁78-84。

39 王浩，〈日本在國際安全合作中的新挑戰與新機遇〉，《亞太安全與戰略研究》，第3期，2022年，頁52-60。

40 防衛省・自衛隊，〈3 多国間における安全保障協力の推進〉，《防衛白書》，2023年，〈https://www.mofa.go.jp/mofaj/gaiko/anpo/tasouteki.html〉。

日本也與東南亞國家開展防禦技術合作，如提供海上安全設備和培訓，以支持該區域的穩定和發展。

在雙邊的軍事演習方面，日本與美國定期舉行各種規模和類型的聯合軍事演習，包括陸上、海上和空中演習，旨在加強兩國在防禦、緊急響應和災難救援等方面的協同作戰能力。[41] 例如，「鐵拳」演習是日本陸上自衛隊和美國海軍陸戰隊之間的聯合演習，而「安全鑽石」則是針對反潛戰和海上安全的演習；近年日本與澳大利亞的防務合作也顯著加強，兩國定期舉行聯合軍事演習，加強在海上安全、反恐和人道主義援助／災難救援（HA/DR）等領域的合作；與印度的安全合作不斷深化，兩國海軍定期舉行聯合演習，如「馬拉巴爾」演習，加強海上安全合作和提高海上作戰能力。

在技術合作方面，技術轉讓和共同研發是日本與其合作夥伴在防禦技術領域進行合作的重要方式。日本與英國在戰鬥機技術上的合作，是一個典型的例子。雙方共同研發下一代戰鬥機技術，並在相關領域進行技術轉讓，提升彼此的防禦能力和互信。[42] 除此之外，日本還與其他國家的防禦技術合作，包括裝備採購和升級。日本從盟友和夥伴國家採購先進的防禦裝備，如 F-35 戰鬥機、愛國者導彈系統等，並與合作國家共同進行裝備的升級和維護。此外，在網路安全領域，日本與美國、澳大利亞等國家加強了資訊共享和合作，共同提高對網路威脅的防禦能力。[43]

41 防衛省・自衛隊，〈第 2 節 日米同盟の抑止力及び対処力の強化〉，《防衛白書》，2021 年，〈https://www.mod.go.jp/j/publication/wp/wp2021/pdf/R03030202.pdf〉。

42 蘇建豪，〈日本、英國、義大利將聯合開發新戰鬥機 盼最晚 2035 年服役〉，《台視新聞網》，2022 年 12 月 9 日，〈https://news.ttv.com.tw/news/11112090003500W〉。

43 BBC 中文網，〈北約「東進」設立東京聯絡處 烏克蘭戰爭催生亞洲「小北約」？〉，《BBC 中文網》，2023 年 6 月 1 日，〈https://www.bbc.com/zhongwen/trad/world-65774317〉。

# 第三節　日本與周邊國家的領土爭議

## 壹、釣魚島／尖閣諸島爭議

釣魚台爭議是東亞區域一個長期存在的領土爭端，涉及中國、日本和台灣。這些島嶼位於東海，由五個無人居住的島嶼和三個礁岩組成，雖然地理面積不大，但由於其地理位置的戰略重要性、周邊海域豐富的漁業資源以及潛在的海底油氣資源，使得這一區域成為三方爭端的焦點。

在古代，釣魚台被視為中國的一部分，但直到 19 世紀末並未明確地被任何國家所占領或管轄。日本在甲午戰爭（中日戰爭）後，根據「馬關條約」從清朝手中取得台灣和澎湖列島。同年，日本宣布將釣魚島／尖閣諸島納入沖繩縣的管轄範圍，開始對該島進行有限度的開發。二次世界大戰後，根據開羅宣言和波茨坦公告，日本放棄對釣魚台的主權，但具體的歸屬問題並未解決。[44]

根據「沖繩返還協定」，美國將沖繩及包括釣魚島／尖閣諸島在內的相關區域返還給日本。這一協定於 1971 年 11 月 17 日在華盛頓簽署，並於 1972 年 5 月 15 日生效。[45] 中國對此表示強烈反對，主張這些島嶼自古以來就是中國的領土。中國認為美日之間的協定是違反國際法的，並且無視中國的主權和歷史權利。目前，日本實際控制著釣魚台，卻引起中國的不滿，認為釣魚台是中國固有的領土，並有歷史和法理上的主權依據。日本則堅持其對該島的有效控制和主權，並指出中國在 1970 年代之前從未對日本的行動提出異議。

1970 年代，美國地質調查報告顯示釣魚台周邊可能存在豐富的油氣資源後，這一區域的戰略重要性變得更加明顯，引發中日之間關於島嶼主

44 Zhongqi Pan, “Sino-Japanese Dispute over the Diaoyu/Senkaku Islands: The Pending Controversy from the Chinese Perspective,” Journal of Chinese Political Science, Vol. 12, No. 1, June 2007, pp. 71-92.

45 Melissa H. Loja, “Status Quo Post Bellum and the Legal Resolution of the Territorial Dispute between China and Japan over the Senkaku/Diaoyu Islands,” European Journal of International Law, Vol. 27, No. 4, November 2016, pp. 979-1004.

**圖 4-4　日中東海爭議圖**

資料來源：小田原，〈保釣風雲！爭端再啟？〉，《公視網》，2019 年 9 月 17 日，〈https://talk.news.pts.org.tw/show/12996〉。

權的爭議。中國指出日本在 1895 年的甲午戰爭中非法侵占這些島嶼。日本政府則主張 1895 年之前是無主地，並在 1972 年的中日邦交正常化時與美國一併將其歸還給日本。雙方在此後數十年間都沒有正式提出對島嶼的主權主張，而是採取「擱置爭議」的態度。

近年，中日雙方在釣魚台周邊的活動日益增多，包括漁業、海洋調查和軍事活動，導致數次緊張對峙。雙方均未放棄對島嶼的主權要求，並在國際場合上積極爭取支持。2010 年 9 月，中國漁船與日本海上保安廳的巡邏艇在附近海域發生碰撞事件，引發雙方的外交風波。2012 年 9 月，日本政府宣布將釣魚台從私人所有者手中「國有化」，激起中國民眾的強烈抗議和抵制行動。2013 年 11 月，中國宣布設立東海防空識別區，覆蓋釣魚台空域，引發日本和美國等國家的反對和應對措施。2014 年 6 月，日本首相安倍晉三宣布修改安全法案，允許日本自衛隊在必要時參與集體自衛權行動，增加東亞區域的安全不確定性。2016 年 7 月，南海仲裁庭就中菲南海領土爭端作出裁決，雖然不涉及釣魚島／尖閣諸島問題，但也影響中日之間的互信和合作。2020 年 10 月，美國國務卿蓬佩奧訪問日本時重申了美國對日本在釣魚台問題上的支持，引起中國外交部的強烈譴責。

## 貳、竹島 / 獨島爭議

竹島（日本稱之為竹島，韓國稱之為獨島）爭議是指日本和韓國之間關於該島嶼及其附屬岩礁主權的長期爭端。這些島嶼位於日本海（韓國稱之為東海），靠近韓國的東岸和日本的西岸。竹島 / 獨島爭議不僅涉及到國家主權的問題，也與海洋資源、地緣政治以及民族主義情緒密切相關。文獻顯示，20 世紀前，竹島 / 獨島在歷史上曾被朝鮮半島的王朝和日本的漁民使用，但長期以來並未成為主權爭議的焦點，包括朝鮮王朝的官方紀錄、日本的地理書籍、歐洲的航海圖等文獻，對島嶼的位置、形狀、名稱等有不同的描述和稱呼，但都沒有明確表明島嶼屬於哪一方。[46] 在這一時期，竹島 / 獨島主要是作為漁業資源和航海標誌而被利用，並沒有固定的居民或政府機構。

1905 年，日本政府正式宣布將竹島 / 獨島納入島根縣的管轄範圍，並於 1910 年被日本正式吞併。日本政府聲稱這一決定是基於對竹島 / 獨島的有效控制和國際法原則，並指出竹島 / 獨島在此之前是無主地。[47] 然而，韓國方面則認為這一決定是日本帝國主義的侵略行為，並指出竹島 / 獨島自古以來就是朝鮮領土的一部分，並有相關的歷史證據和法律依據。1945 年，第二次世界大戰結束後，根據盟軍的決定，日本被要求放棄對朝鮮半島的所有權利，但竹島 / 獨島的主權問題在相關文件中並未明確處理。1951 年，美國、英國、法國等 21 個國家與日本簽署「舊金山和約」，該條約規定日本放棄對太平洋區域多個島嶼的主權，但沒有提及竹島 / 獨島。1952 年，韓國總統李承晚宣布設立「李承晚線」，聲稱竹島 / 獨島及其周邊海域為韓國領土和專屬經濟區。此後，韓國開始在島上設立警察單

46 F. Dickins, "The Pictorial Arts of Japan," Nature, Vol. 33, 1886, pp. 386-388.

47 Laurent Mayali, J. Yoo, "Resolution of Territorial Disputes in East Asia: The Case of Dokdo," Berkeley Journal of International Law, Vol. 36, No. 3, December 2018, p. 505.

位，並進行其他行政活動。日本方面則不承認「李承晚線」的合法性，並堅持竹島／獨島是日本固有領土，並要求韓國撤離島上的人員和設施。自此，竹島／獨島的主權爭議正式爆發，並持續至今。

自 1950 年代以來，韓國實際控制著竹島／獨島，並在島上部署警察部隊，還在島上建立燈塔、興建設施並進行科學調查。這些行動表明了韓國對島嶼的有效管理和利用，並將竹島／獨島納入其領土範圍，並在教科書和地圖中標示出來。由於日韓雙方都未放棄對島嶼的主權要求，並在國際場合上積極爭取支持。日本政府多次對韓國的實際控制表示抗議，並聲稱竹島／獨島是其固有領土，為日本領海和專屬經濟區的一部分。日本還派遣海上保安廳巡邏船在附近海域巡航，並不時派遣飛機進行低空飛越，引發韓國的強烈反應。雖然日本多次提議透過國際司法機構解決爭議，但韓國堅持其對島嶼擁有無可爭辯的主權，因此拒絕將問題提交給國際法院。韓國認為，竹島／獨島是根據歷史、地理和法律事實屬於其領土，不需要任何第三方的裁決。雙方也未能就設立聯合委員會或其他對話平台達成共識。

## 參、北方四島問題

北方四島問題是指日本與俄羅斯（前蘇聯）之間關於南千島群島（日本稱之為北方四島）的領土爭議。這四個島嶼分別是色丹島（俄語：Шикотан）、國後島（Кунашир）、擇捉島（Итуруп）和齒舞群島（Хабомаи）。這一爭議是日俄兩國關係中的一個核心問題，也是雙方至今未能簽署和平條約的主要原因。

在第二次世界大戰結束前，北方四島被視為日本領土的一部分，屬於北海道的一部分。然而，戰爭末期，蘇聯撕毀了與日本的中立條約，並在 1945 年 8 月參戰，隨後占領了這些島嶼。日本政府和民眾對於這些島嶼的喪失感到不甘和憤怒，認為是對日本主權的侵犯。

1945 年 7 月，波茨坦會議發表的波茨坦公告中提到，日本將接受盟軍的決定，放棄除本州、北海道、九州、四國及其次要島嶼外的所有領土，但公告中並未明確提及北方四島的歸屬。[48] 日本政府最初拒絕接受波茨坦公告，但在美國投下原子彈後，於 8 月 15 日宣布無條件投降。日本人民對於戰敗和領土割讓感到震驚和失望，但也希望能盡快結束戰爭的苦難。

1951 年簽署的舊金山和約中，日本正式放棄對南千島群島的所有權利，但並未明確指明這些島嶼應歸屬於蘇聯。蘇聯沒有簽署這一和約，導致北方四島的主權問題懸而未決。日本政府一直堅持要求與蘇聯（後來的俄羅斯）進行和平條約談判，並要求歸還北方四島。然而，俄羅斯方面則認為這些島嶼是戰爭中合法獲得的領土，不願意讓步。俄羅斯在島上部署了軍事設施，並有民眾居住。俄羅斯認為這些島嶼是其合法領土，並以歷史和國際法為依據。俄羅斯還指出，日本在第二次世界大戰中是侵略者，沒有資格要求領土歸還。

日本政府堅持這些島嶼是日本固有領土，要求俄羅斯無條件歸還。日本認為這是實現兩國關係正常化的先決條件，並且是簽署和平條約的關鍵。日本還強調，這些島嶼在第二次世界大戰之前就屬於日本，而蘇聯在戰爭結束後才占領了它們。日俄兩國政府多次就這一問題進行談判，但至今未能達成一致。雖然雙方在經濟合作等其他領域取得了一定進展，但領土爭議仍是雙邊關係的主要障礙。雙方曾經同意根據 1956 年的聯合聲明，在解決四個島嶼的歸屬問題後，先將最南面的兩個島嶼交給日本。但是，這一方案遭到日本國內的反對，而俄羅斯也不願意放棄其對其他兩個島嶼的主權。

## 第四節　小結

日本是一個由四個大島和數千個小島組成的島國，位於亞歐大陸東部、太平洋西北部，與俄羅斯、中國、韓國、朝鮮等國家隔海相望。日本

48 H. Kimura, “Putin’s Policy toward Japan: Return of the Two Islands, or More?” Demokratizatsiya, Vol. 9, January 2001, p. 276.

的地理位置使其在區域安全中扮演重要的角色，既有利於其發揮自身優勢，也面臨著挑戰和風險。日本擁有豐富的海洋資源和長達 2 萬 9,751 公里的海岸線，是世界上最大的漁業國之一，也是主要的航運國和海軍強國。日本依賴海上貿易和能源輸入，因此需要保護其海上通道和 EEZ。日本與美國自第二次世界大戰後建立密切的安全和經濟合作，美國在日本部署約 5.4 萬名軍事人員，並承諾根據「日美安全保障條約」保衛日本。日本也參與美國主導的區域組織，如 Quad 和 AUKUS，以抗衡中國和俄羅斯的影響力。

中國不僅是日本最大的貿易夥伴，也是最大的戰略競爭對手。過去十年間，中國國防預算增長近三倍，經濟規模超過日本，成為世界第二大經濟體。中國利用其強大的軍事和經濟實力，在南海、東海和台海等敏感海域進行領土主張和武力展示，對日本的安全和利益構成威脅。日本透過推動自由開放的印太戰略，支持東南亞國家的基礎設施建設、人力資源開發、災害防治、安全合作等領域，並與美國、印度、澳大利亞等國家建立戰略夥伴關係，共同應對中國的挑戰。

日本與周邊國家在一些島嶼和海域的主權上存在爭議，如釣魚台、竹島／獨島、北方四島／南千島群島等。這些爭議不僅涉及到國家主權的問題，也與海洋資源、地緣政治以及民族主義情緒密切相關。日本在處理這些爭議時，既要堅持自身的立場和利益，也要避免與鄰國的衝突和對抗，並尋求和平與對話的途徑。日本也需要與美國等盟友保持協調和合作，以維護區域的安全與穩定。

當前對日本的安全主要威脅來自於中國的崛起，從地緣政治的角度來看，台日可謂脣齒相依，一旦台灣為中國所控制，日本將受制於中國，嚴重影響國家安全與生存發展。台灣是日本的重要安全夥伴，因為它位於日本南方的第一島鏈，可以阻止中國的軍事擴張。台灣也是日本的重要經貿夥伴，兩國在高科技、農業、觀光等領域有密切的合作。因此，日本應該加強與台灣的安全合作，共同抵抗中國的擴張。

# 第五章　台灣對日本的重要性與角色

台灣在「印太戰略」下的重要性和角色，可以從地緣政治、經濟和安全三個維度來理解。地理位置上，台灣位於第一島鏈的關鍵點，控制著從東亞至東南亞、直至太平洋的重要海上通道，對於維護海上航線的自由和安全具有戰略意義。這一地理優勢使台灣成為印太區域安全架構中不可忽視的一環，對於平衡區域力量、防止任何單一勢力的海洋霸權具有重要作用。從經濟角度看，台灣是全球重要的貿易國和科技創新中心，尤其在半導體產業方面擁有全球領先地位。在安全層面，台灣面臨的軍事威脅和區域緊張局勢，對於印太區域的和平與穩定構成挑戰。美國及其盟友在「印太戰略」中支持台灣的安全，不僅體現了對台灣安全的承諾，也是維護印太區域自由開放秩序的重要組成部分。

## 第一節　台灣對日本的重要性

### 壹、台灣重要性

台灣位於第一島鏈的核心位置，是連結東亞與東南亞的重要樞紐，也是日本的海洋防衛線的一部分，對於印太區域的和平與穩定具有關鍵影響。因此，台灣的安全與發展不僅關係到自身的利益，也牽動著區域和全球的戰略利益。台灣在維護區域和平與穩定方面扮演著重要的角色，包括參與國際合作、提供人道援助、支持民主與人權、抵抗中國的壓力與威脅等。台灣也在推動經濟轉型與創新，加強與區域和全球夥伴的經貿往來，提升自身的競爭力與影響力，期待能夠繼續與國際社會分享其經驗與價值，並尋求更多的合作機會，以共同應對當前面臨的各種挑戰。

從地緣政治的角度來看，台灣的地理位置具有重要性和戰略價值。台灣位於亞洲東部，是西太平洋的一個島嶼，面臨東海、南海和菲律賓海。

台灣的北部、東部和南部分別與日本、菲律賓和印尼相鄰，而台灣海峽則是連接中國大陸和東南亞的重要通道。台灣的地理位置使其成為區域安全和經濟合作的關鍵節點，也是美國在亞太區域的重要盟友和夥伴。台灣的戰略價值不僅體現在其地理位置，還體現在其民主制度、經濟實力和科技創新。台灣是亞洲第一個實現民主轉型的國家，也是全球第十大貿易國和第七大科技創新國。台灣在防疫、能源轉型、數位發展等領域都有卓越的表現，為國際社會提供了寶貴的經驗和貢獻。因此，台灣的地理位置重要性和戰略價值不容忽視，也值得國際社會的尊重和支持。

環顧整個印太區域，其地理範圍從美國西海岸延伸到印度西海岸，囊括了世界上人口最多的國家、人口最多的民主國家和最大的穆斯林教徒聚集地，其人口占地球總人口的一半以上，[1] 除了恐怖主義、武器走私、毒品貿易等挑戰之外，印太區域還受到了中國、俄羅斯及北韓的安全威脅，而中國是最決定性的因素，其崛起過程所帶來的安全威脅最令人憂心。台灣是印太區域中唯一有直接敵情威脅的國家，中國認為台灣是其固有領土、擁有主權，自始至終不肯放棄武力犯台。再者，中國的崛起帶動軍事實力的提升，其海軍由過去的黃水海軍逐漸走向藍水海軍，且擁有全世界最大規模的海軍。但若不能併吞台灣，其海權將永遠無法向西太平洋及印度洋擴張，所以台灣對中國的崛起又是一個決定性的因素，顯見台灣在印太區域的重要性遠勝他國。

根據中國海軍建軍規劃，在可預見的未來，中國可能在 2027 年內建成三個航母戰鬥群（17、18、19）及遼寧號（16）訓練航母，2035 年要建立六個航母戰鬥群，[2] 最終目標將是艦程遠超越美國 11 艘航母的優勢戰力。從「權力轉移理論」來看，當新興強權之「權力」逼近支配性強權、且對國際秩序不滿意時，衝突與戰爭的機率將會上升。[3] 中國是亞太區域

1 經濟學人，〈印太區域：全球人口和經濟的中心〉，《經濟學人》，2023 年 1 月 1 日，〈https://cdo.wikipedia.org/wiki/%E7%B6%93%E6%BF%9F%E5%AD%B8%E4%B〉。

2 陳筠，〈雙航母高調露臉中國意圖建立亞太海洋新秩序？〉，《美國之音》，2021 年 4 月 18 日，〈https://www.voacantonese.com/a/does-china-intend-to-establish-a-new-order-in-the-asia-pacific-ocean-20210418/5857547.html〉。

3 Organski, A. F. K. and Kugler, The War Ledger (Chicago: University of Chicago Press, 1980), pp. 64-101.

**圖 5-1　第一島鏈至第三島鏈示意圖**

資料來源：呂佳蓉，〈陸 3 艘航母助破第三島鏈 戰略轉型〉，《中時新聞網》，2019 年 12 月 11 日，〈https://www.chinatimes.com/newspapers/20191211000114-260301?chdtv〉。

新興強權，而美國在該區域是支配性強權，在中國崛起過程中，兩國有很大的機率發生戰爭。但是若能將中國海軍持續圍堵在第一島鏈之內，就阻絕中國在西太平洋，甚至在全球海洋挑戰美國海權地位，其中最重要關鍵的要角當然就屬台灣。

從科技層面來看，台灣的高科技產業目前是全球經濟發展重要推力，先進半導體晶片供應量占全球 92%，[4] 其中台積電（TSMC）是全球最大的半導體製造公司，製造許多頂級科技公司如蘋果、AMD、高通等所需的先進晶片。台灣晶片生產基地均在海岸線附近，一旦中國解放軍登島很難保證在火力打擊下能夠安然無恙。台灣生產之先進半導體晶片使用範圍深入各高科技領域，尤其是軍事裝備方面。中國如果成功拿下台灣，將突破國際科技管制與封鎖，並在 21 世紀對美國形成軍事優勢，可能稱霸全球。台灣半導體產業發展超過四十年，不只人才最齊全，更有 1,000 家以上廠商，上中下游供應鏈最完整，半導體製造良率、成本控制全球最佳。[5] 因

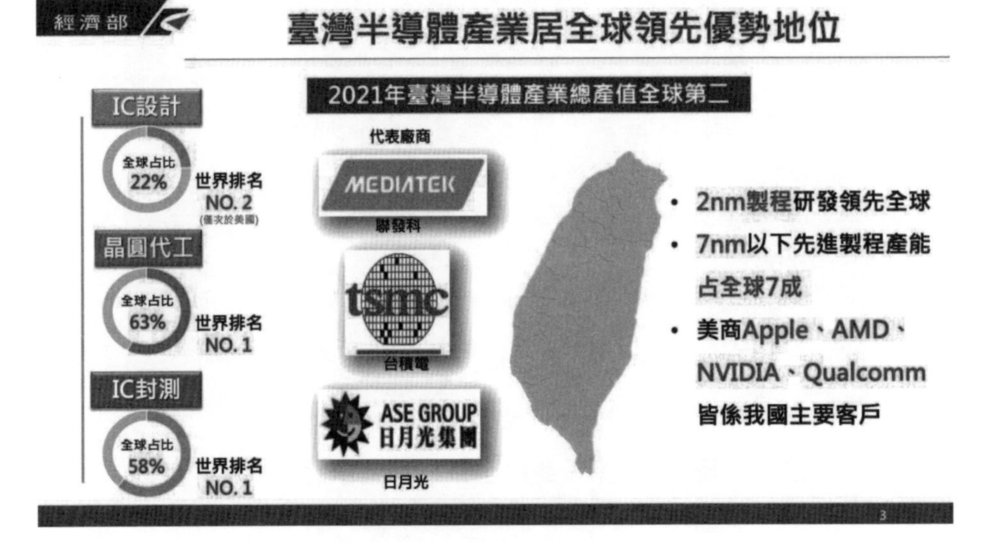


**圖 5-2　台灣半導體 2021 年在全球份額**

資料來源：杜冠霖，〈經濟部：我國半導體產值全球第二　7 nm 以下製程產能占全球 7 成〉，《ETtoday 財經雲》，2022 年 8 月 18 日，〈https://finance.ettoday.net/news/2319488〉。

4　尹啟銘，〈《晶片對決》懷璧其罪—台灣半導體面對的政治風險〉，《聯合新聞網》，2023 年 3 月 13 日，〈https://reading.udn.com/read/story/122749/7028386〉。

5　陳子華，〈共艦常態部署台灣周邊 學者：營造控制台海既定事實〉，《中央社》，2024 年 1 月 29 日，〈https://www.rti.org.tw/news/view/id/2152871〉。

此，生產基地全部外移到美國可能性不高，最先進製造技術仍是掌握在台灣，全盤複製台灣經驗建立生產基地想法基本也不可行，因為台灣在這方面投入數十年心力，想要完全複製難度頗高。

## 貳、台灣的安全挑戰

台灣位於印太區域的戰略要地，不僅因其地理位置關鍵，控制著西太平洋的重要航道，也因其在國際政治、經濟交流中扮演著重要角色。台灣海峽是全球主要的海上通道之一，對於國際貿易尤其是能源運輸至關重要。因此，台灣的安全與穩定不僅關乎本島及周邊區域，也對全球經濟和安全格局有著深遠的影響。面對來自中國大陸的地緣政治壓力，台灣的挑戰尤為複雜。中國堅持一個中國原則，視台灣為其領土不可分割的一部分，並在其官方政策和公開聲明中多次強調不排除使用武力解決台灣問題的選項。這種立場對台灣造成了顯著的安全威脅，迫使台灣必須在維持自身安全和推動國際空間的努力中尋找平衡。

隨著中國軍事現代化的快速發展，其對台灣的軍事威脅日益增加，這一趨勢在近年來變得尤為明顯。中國不僅在數量上增加對台灣周邊的軍事部署，而且在質量上也進行了顯著的提升，包括先進戰機、導彈系統、電子戰設備和海軍力量的更新換代。這些動作不僅展示中國軍力的增長，也對台灣安全構成了直接的挑戰。其次，中國軍機和軍艦頻繁地接近台灣識別區及其周邊海域，已成為常態化的軍事壓力手段。[6]中國戰機經常沿台灣海峽中線以及台灣周邊空域進行飛行，有時甚至穿越海峽中線，進入台灣的防空識別區，迫使台灣派遣戰機應對；中國海軍在台灣周邊海域舉行的軍事演習頻率增加，這些演習往往涉及大規模海上兵力部署，包括航空母艦戰鬥群、潛艇以及多型號的水面戰艦；中國也對台灣展示遠程打擊能力，透過在台灣周邊試射導彈，展現其對台灣及其周邊區域的軍事覆蓋能力。

6　游凱翔，〈半導體最先進主要製程根留台灣 經部4點駁「去台化」〉，《中央社》，2022年12月7日，〈https://www.cna.com.tw/news/aipl/202401290313.aspx〉。

中國的對台軍事活動增加台灣與周邊區域的緊張局勢和不確定性，對台灣安全構成了多重挑戰。首先是頻繁的軍事活動旨在對台灣施加心理壓力，試圖削弱台灣人民的抵抗意志和對外求援的決心，同時展示中國對台灣實施軍事行動的能力。其次是消耗台灣防衛資源，對台灣而言，必須持續投入大量資源以應對和監視中國的軍事活動，不僅消耗台灣的軍事資源，也對其防衛體系造成壓力。[7] 此外，中國的軍事行動增加與周邊國家的緊張關係，尤其是在南海和東海區域，不僅影響台灣，也對整個亞太區域的安全穩定構成威脅。

台灣是一個島國，其經濟高度依賴對外貿易，占國內生產總值的近七成。其中，對中國大陸的出口更是台灣最大的貿易項目，占出口總額的四分之一。這種經濟依賴使台灣在面對政治壓力時處於較為不利的地位，中國大陸可能利用經濟手段對台灣施加壓力，例如限制或禁止台灣產品進入中國市場，或者提高對台灣產品的關稅和非關稅障礙。[8] 因此，台灣必須積極尋求多元化的貿易夥伴，降低對中國大陸的經濟依賴，以保障其經濟安全和政治自主。

台灣與中國大陸的關係是一個複雜而敏感的議題，不同的政治派別和社會團體對於如何處理這一關係有不同的看法和主張。有些人認為台灣應該追求正式的獨立，以確保自己的主權和民主制度，並與國際社會建立更穩固的關係。有些人則認為台灣應該維持現狀，即在一個中國原則下享有高度的自治權，避免觸發中國大陸的武力威脅或制裁。還有些人則認為台灣應該尋求與中國大陸更緊密的經濟和政治聯繫，以促進兩岸的和平與發展，並分享中國大陸的崛起紅利。這種分歧不僅在台灣內部造成了政治對立和社會撕裂，也可能影響台灣對外政策的一致性和效力。如果台灣在

7 Helen Davidson, “Taiwan reports increased Chinese military drills nearby,” The Guardian, November 19, 2023, https://www.theguardian.com/world/2023/nov/19/taiwan-reports-increased-chinese-military-drills-nearby.

8 BBC 中文網，〈中國與台灣經貿發展的三大關鍵詞：「以商促統」、「經濟介選」和「降風險」〉，《BBC News 中文》，2024 年 1 月 12 日，〈https://www.bbc.com/zhongwen/trad/chinese-news-67955957〉。

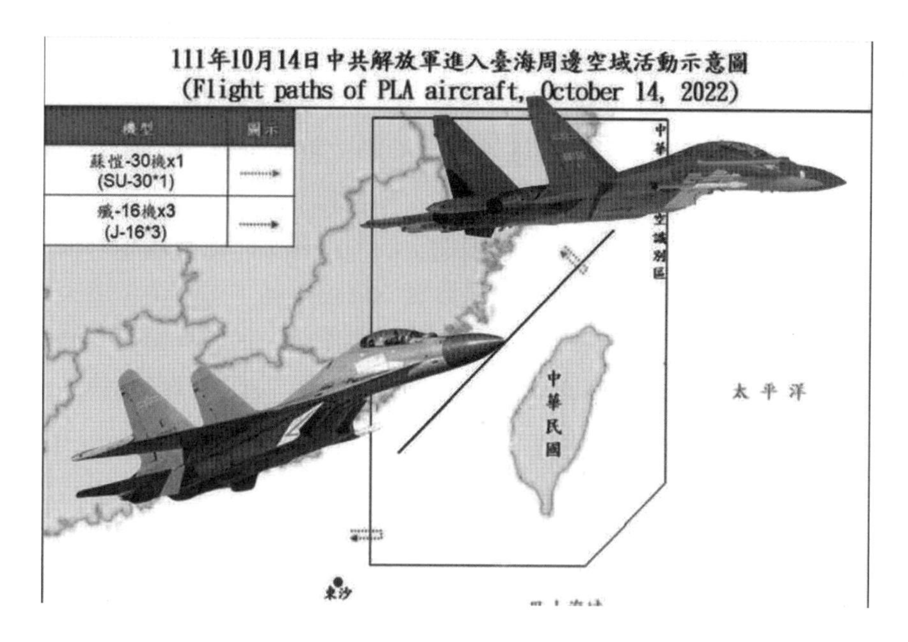


**圖 5-3　中國軍機擾台示意圖**

資料來源：杜冠霖，〈中國 28 軍機艦擾台 蘇愷 30 戰機越過台海中線〉，《自由時報》，2022 年 10 月 14 日，〈https://news.ltn.com.tw/news/politics/breakingnews/4089665〉。

對中政策上缺乏共識和方向，可能會讓台灣在國際上處於被動和孤立的局面，也可能會削弱台灣與其重要盟友和夥伴的合作和信任。

## 參、台灣對日的戰略意義

日本前首相安倍 2021 年 12 月 1 日在台灣「國策研究院」線上演說指出的：「中國若對台灣武力侵犯，無論在地理或空間上，對日本國土都是重大危險，日本無法容許，台灣有事等同於日本有事，也等同於美日同盟有事，這項認知中國絕對不能誤判。」[9] 正可點出美日同盟之所以如此

9　安倍晉三，〈安倍晉三對台視訊演講全文：台灣有事 等同日本有事 等同日美同盟有事〉，《Rti 中央廣播電臺》，2021 年 12 月 1 日，〈https://www.rti.org.tw/news/view/id/2118277〉。

重視台海和平與安全，當然是因為中國對台灣日益升高的霸權威脅，以及台灣最具有當前「美日同盟，遏制中國」博弈中的四大戰略優勢：一是地緣安全優勢，台灣位居第一島鏈的核心節點位置與美日同盟抗中的最前沿；二是民主理念優勢，台灣的民主、人權及法治向來是西方民主國家的楷模，也是習近平「一人一黨獨裁專制」的照妖鏡；三是科技產業優勢而言，台灣科技業的高產能與美日有著緊密的供應鏈結，尤其是今後美日經濟安保工作中最為忠實的盟友；四是軍事防衛優勢，台灣具備有共同維護印太區域安全的國防能力與戰鬥決心。所以台灣若能審時度勢地運用上揭四大戰略優勢，就能永保「制於人，而不受制於人」的戰略靈活與自主。

日本是個島國，其經濟是完全外向型國家，高度依賴「印度洋—麻六甲—南海」的海上生命線，這就是日本對南海沒有聲索權利，卻仍然派遣軍艦到南海實施航行自由行動，[10] 而台灣就在日本的海上生命線之關鍵點上，無法控制台海局勢就控制不住東北亞穩定，而且一旦台灣落入中國手中，日本將面臨「腹背受敵，進退失據」的危機；因此對日本來說，中國入侵台灣影響的是日本的生存，更是國家的核心利益，所以日本參與的對外軍演行動中，充分體現未來若台海爆發戰事，日本只有也只能選擇與美國直接介入一途。

近年中國因為對台灣可能走上獨立的憂慮，加上美中博弈的推波助瀾，中國對台灣的政策呈現緊縮走向，在國際上積極封鎖台灣外交生存與活動空間，欲在國際上孤立台灣，在軍事上採取威懾恫嚇的手段，並以灰色地帶戰術壓迫我活動空間，更在輿論戰方面以認知作戰塑造對其有利之國際輿論，在在顯示中國謀台日亟，未曾稍減。而台灣處於第一島鏈核心位置，肩負著美日同盟對中國的圍堵重責大任，所以台灣的地緣戰略位置也就格外的重要，因為對美日而言台灣是攸關印太安全與利益最前哨，也是擔綱執行美日同盟戰略的重要夥伴，所以也才有安倍在去年 12 月 1 日

10 Rfi, "Japan reported to have conducted free navigation ops in South China Sea," Radio Free Asia, January 12, 2022, https://www.rfa.org/english/news/china/japan-southchinasea-01122022144855.html.

在國策研究院視訊講演提出經典之言「台灣有事等同於日本有事，也等同於美日同盟有事」。

日本從二戰前的「南進政策」，到當前的「台灣有事，等於日本有事，等於美日同盟有事」，日本各時期的防衛構想中就是將台灣列為日本的「戰略前沿」，[11] 而日本會如此重視台灣安全問題，是因為當前中國對台灣日益升高的武力威脅，以及台灣處於第一島鏈的核心位置與日本地緣脣齒相依，並具備與日本共同維護區域安全的防衛能力，因此當前台灣就成為美日同盟圍堵與遏制中國最為重要的戰略據點。所以自去年日本前首相菅義偉與美國總統拜登聯合聲明中，除了提及「維護東亞、印太和平

**圖 5-4　日本對台政策之轉變**

資料來源：陳建志，〈從「台灣有事就是日本有事」到「台灣有事就是全球有事」〉，《Yahoo 新聞》，2023 年 4 月 29 日，〈https://tw.news.yahoo.com/【言以足志】從「台灣有事就是日本有事」到「台灣有事就是全球有事」-230100536.html〉。

11 陳文甲，〈陳文甲觀點》利益與安全！日中關係「競合」新局—評日本新版安保三文件〉，《Newtalk 新聞》，2022 年 12 月 21 日，〈https://newtalk.tw/news/view/2022-12-22/849662〉。

與穩定的重要性」外，日本也「決心加強自身防衛能力」，增進同盟與區域安全，透過深入討論、制定打擊能力的作戰概念，進而增進有效嚇阻能量，並在嚇阻失敗時，建立足以反擊中國武裝侵略。美日同盟的「東方之盾」及「利劍」軍演充分展現美日同盟的嚇阻與反擊能力，如何因應「台灣有事」，同樣是美日的共同課題。[12]

# 第二節　台日經濟互動與合作

## 壹、台日經貿關係

### 一、貿易概況

台日經貿關係是東亞區域最重要的雙邊關係之一，兩國在貿易、投資、產業合作等方面有著密切的互動和互補性。根據行政院經貿談判辦公室的資料，2022 年台日之雙邊貿易總額達到 882.1 億美元，我國是日本第三大貿易夥伴、第四大進口來源及第三大出口市場；日本則是我國第三大貿易夥伴、第二大進口來源國及第四大出口市場。[13] 我國對日本主要出口品項包括積體電路、硬碟等儲存裝置、塑膠及其製品、半導體製造設備、電腦、冷凍魚、手機、光學等精密儀器、鋼鐵製品、汽機車零組件等。

根據經濟部國際貿易署的統計，2022 年台日之間的貿易額較 2021 年增加了 6.9%。日本是台灣第三大貿易夥伴，占台灣貿易總額的 10.8%，僅次於中國大陸和美國。台灣是日本第四大貿易夥伴，占日本貿易總額的 5.3%，僅次於中國大陸、美國和韓國。台灣向日本出口的主要產品包括電子產品、機械設備、塑膠製品、化學品等，2022 年出口額為 336.10 億美元，較 2021 年增加了 15.7%。其中，電子產品是最大的出口項目，占出

12 陳文甲，〈台灣在印太戰略中的轉變〉，《自由時報》，2023 年 12 月 10 日，〈https://talk.ltn.com.tw/article/breakingnews/4526381〉。

13 行政院經貿談判辦公室，〈台日雙邊經貿關係〉，《行政院經貿談判辦公室》，2023 年 12 月 6 日，〈https://www.ey.gov.tw/otn/5C88B86FE3C87EB5/72bfdded-7a2d-4448-a998-c7568c829979〉。

口總額的 28.8%，主要是積體電路、儲存媒體等。機械設備是第二大的出口項目，占出口總額的 14.3%，主要是自動資料處理機及其附屬單元等。塑膠製品是第三大的出口項目，占出口總額的 8.4%，主要是初級狀態的聚酯等。化學品是第四大的出口項目，占出口總額的 7.5%，主要是有機化學品等。[14]

台灣從日本進口的主要產品包括汽車、機械設備、鋼鐵產品、電子零件等，2022 年進口額為 546.30 億美元，較 2021 年減少了 0.9%。其中，汽車是最大的進口項目，占進口總額的 16.6%，主要是小客車及其他供載客車輛等。機械設備是第二大的進口項目，占進口總額的 16.4%，主要是生產半導體等機械等。鋼鐵產品是第三大的進口項目，占進口總額的 11.9%，主要是精煉銅及銅合金等。電子零件是第四大的進口項目，占進口總額的 11.7%，主要是積體電路等。[15]

這種貿易結構反映台日產業的互補性，台灣的製造業能夠為日本市場提供高品質的中間產品和終端產品，而日本則為台灣提供先進的機械設備和技術。根據台灣日本關係協會的資料，2022 年台灣對日本投資件數為 29 件，金額為 7,328.10 萬美元，同期日本對台灣投資件數為 218 件，金額為 17.00 億美元，雙邊投資總額 17.73 億美元。這些投資涵蓋了電子、機械、化學、金融、服務等多個領域，促進了雙方的經濟合作和產業升級。[16]

為了進一步深化台日經貿合作，雙方定期舉辦台日經濟貿易會議，討論投資、產業合作、中小企業、電子商務、關務、智慧財產權等議題，並簽署多項協議和備忘錄。此外，雙方也積極推動各種產業交流活動，如台日科技高峰論壇、台日智慧製造論壇、台日企業經貿媒合・技術交流商談會等，促進雙方在半導體、智慧醫療、生技新創等領域的合作與創新。未來，台日兩國仍有許多合作的空間和潛力，例如加強供應鏈安全與彈性、共同推動數位轉型與減碳目標等。

14 同註 6。
15 同註 6。
16 同註 6。

## 二、投資概況

台日在經貿、科技、觀光等領域有密切的合作關係，雙方互為重要的投資夥伴。根據經濟部統計，截至 2022 年 11 月底，日本在台投資案件共有 3,307 件，實際投資金額達 2,314 億元，主要涉及電子、化工、金融、服務等產業。而台灣在日投資案件則有 3,919 件，實際投資金額達 3,938 億元，主要涉及電子、食品、金融、服務等產業。[17] 近年來，台日投資情形呈現多元化與深化的趨勢。一方面，台灣企業積極赴日投資設廠或進行併購，以強化市場布局及開發業務。例如，台積電於 2022 年確認將赴日本熊本市進行 12 吋晶圓廠設廠投資，此投資案將獲得日本政府的一半補助。另一方面，日本企業也持續增加在台投資或與台灣企業合作，以抓住新興科技、淨零排放等商機。例如，東京威力於 2022 年宣布與台灣中油合作，在彰化沿海建立風力發電廠。

2023 年，日本對台灣的直接投資金額達到 16.99 億美元，僅次於丹麥和加勒比海英國屬地，占台灣核准外商投資總額的 12.77%。多年來，日本企業在台灣投資許多領域，包括電子、金融、保險、零售、服務業等。這些投資不僅促進了台灣的經濟發展，也加深了兩地的經濟聯繫。例如，日本電子巨頭松下在台灣設立了多個子公司和合資企業，涉及半導體、汽車電子、太陽能等產業。日本金融集團三菱 UFJ 也在台灣擁有銀行、證券、信託等業務。[18]

同時，台灣企業也在日本投資，尤其是在食品、旅遊、資訊科技等領域，展現了台灣對日本市場的重視。根據日本貿易振興機構的數據，2023 年台灣對日本的直接投資金額達到 2.46 億美元，較 2022 年增加了 0.04 億美元。[19] 其中，台灣知名飲料品牌茶裏王在日本開設超過 100 家分店，受到當地消費者的歡迎。台灣旅遊平台 KKday 也在日本推出了多種特色體

17 經濟部統計處，〈產業經濟統計簡訊〉，《經濟部統計處》，2024 年 1 月 5 日，〈file:///Users/pablo/Downloads/%E3%80%8C2022%E7%B6%93%E6%BF%9F%E6%83%85%E5%8B%A2%E3%80%8D%E6%87%B6%E4%BA%BA%E5%8C%85.pdf〉。

18 同註 10。

19 同註 10。

驗行程，吸引了不少日本旅客。此外，台灣的緯創和鴻海等科技企業也在日本投資了人工智慧、雲端運算等領域。

為了促進台日投資交流，雙方政府也提供相關的法規、稅負、租稅優惠等諮詢服務。例如，台灣經濟部設有「投資台灣事務所」，提供一站式的投資諮詢服務；日本政府則設有「日本貿易振興機構」（JETRO），提供外國企業在日本設立公司的相關指導。此外，雙方也定期舉辦「台日經濟產業合作會議」、「台日產業合作推動委員會」等平台，交換意見並解決問題。

## 貳、台日科技合作

### 一、半導體產業

過去亞洲國家經濟發展大多遵行雁行理論模式，該理論是日本經濟學家赤松要（Kaname Akamatsu）於 1930 年代提出，用來解釋亞洲國家如何透過技術轉移和產業升級，逐步實現經濟發展。根據這個理論，亞洲國家的經濟發展就像雁群飛行一樣，有一個領頭的國家（通常是日本），其他國家則依次跟隨，形成梯次分工，且呈現由北往南的發展格局。

在過去幾十年中，台灣的經濟發展確實符合雁行理論的描述，經歷了從勞動密集型產業到高科技產業的轉型。但是台灣如今依靠高科技產業實現經濟增長，而半導體產業是台灣經濟的重要支柱，同時也是日本電子產業的關鍵領域。台灣在晶圓代工、IC 設計等領域具有全球領先的地位，而日本在材料、製造設備和某些關鍵技術上擁有強大的實力。雙方在這一領域的合作包括技術交流、共同研發項目，以及供應鏈合作等。

近年來，台日半導體合作更加密切，特別是在面對全球半導體供應鏈的變化和挑戰時，雙方都展現了高度的互補性和協調性。例如，2022 年台積電赴日本熊本設廠，將生產 28 奈米及以下製程的晶片，並獲得日本政府 4,760 億日元的補貼。[20] 這不僅是台積電首次在日本設廠，也是日本半

20 簡永祥，〈台積電海外布局傳好消息 最快 2 月 6 日宣布日本建熊本二廠、美國補貼 3 月底前到手〉，《經濟日報》，2024 年 1 月 29 日，〈https://money.udn.com/money/story/5612/7739567〉。

導體產業重振的重要里程碑。

另一方面，根據資策會產業情報研究所（MIC）的觀測，2023 年全球半導體市場規模將達到 5,566 億美元，[21] 其中數位轉型和永續發展將是兩大驅動力。台日半導體產業可以在這兩個方向上加強合作，例如在異質整合封裝、第三類半導體、智慧製造等領域共同開發新技術和新產品。此外，台日半導體產業也可以利用各自的優勢和市場地位，共同拓展新南向市場，提升區域競爭力和影響力。

1853 年（日本嘉永六年）7 月，美國海軍東印度分遣隊司令派里（Matthew Perry）率領 4 艘軍艦抵達日本東京灣的浦賀水道（Uraga Chanel），派理奉美國總統之命要求日本開國並與美國進行貿易。由於這些軍艦的船體被塗成黑色，「黑船」一詞由此而來，日本人將此起事件稱為「黑船來航」，如今台灣帶著獨步全球的半導體產業進入日本，或可稱之第二次「黑船來航」。

## 二、資通技術產業

資通技術（ICT）是另一個重要的合作領域，台日都致力於推動數位經濟和智慧城市的發展。合作項目包括 5G 技術的研發、物聯網（IoT）應用、人工智慧（AI）技術等。透過這些合作，雙方希望提升自身在全球 ICT 產業中的競爭力。

5G 技術是下一代行動通訊技術，具有高速率、低延遲、高容量等特性，能夠支援多元化的服務和場景，如增強型移動寬頻、超高可靠低延遲通訊、大規模機器類互聯等。台日在 5G 技術的研發方面有密切的合作，例如台灣微軟與中華電信、英業達集團、和碩聯合科技等夥伴成立「5G 前瞻戰隊」，建構完整 5G 生態系，持續驅動產業數位轉型；愛立信打造 5G 企業專網解決方案，協助產業透過 5G 專用網路技術，快速整合營運科

21 資策會產業情報研究所，〈【36th 春季研討會】2023 全球半導體市場衰退 3.1% 景氣循環春天要等 2024　台灣半導體兩大發展機會 環繞數位轉型、永續發展〉，《MIC AISP 情報顧問服務》，2023 年 5 月 10 日，〈https://mic.iii.org.tw/aisp/news-content?sno=645〉。

技（OT）和資訊科技（IT）不同領域系統。[22] 日本則在 2020 年 4 月開始商用 5G 服務，並計畫在 2023 年實現全國覆蓋。雙方在 5G 技術的交流與合作將有助於提升各自在全球 5G 市場的競爭力與影響力。

物聯網是指將各種物件透過網路連接起來，實現資料的收集、傳輸、分析與應用。物聯網可以廣泛地應用在各個領域，如智慧家庭、智慧製造、智慧醫療、智慧交通等。台日在物聯網的發展上有許多共同點與互補性，例如雙方都有強大的半導體產業，能夠提供物聯網所需的各種感測器、控制器、記憶體等元件；雙方也都有優秀的軟體開發能力，能夠開發物聯網的平台、應用與服務。雙方在物聯網的合作可以促進技術的交流與創新，並創造更多的商業機會與價值。[23]

人工智慧是指讓機器具備人類智慧的能力，如學習、推理、判斷、決策等。人工智慧可以結合大數據、雲端運算等技術，提供各種智慧化的解決方案，如語音辨識、影像分析、自然語言處理、機器學習等。台日在人工智慧的發展上有相互學習與合作的空間，例如台灣有豐富的資料來源，如健保資料庫、氣象資料庫等，可以提供人工智慧的訓練與驗證；日本則有先進的硬體設備，如機器人、無人車等，可以提供人工智慧的實際應用。雙方在人工智慧的合作可以加速技術的發展與落地，並提升社會福祉與生活品質。[24]

## 三、綠能環保產業

台日都是能源進口大國，面臨著能源安全和減碳壓力的雙重挑戰。因此，兩國都積極推動再生能源的發展，並在相關領域進行多層次的合作。

22 李世暉，〈日本 5G 專網落地引領智造新里程碑—台日科技合作推動辦公室〉，《台日科技合作推動辦公室》，2021 年 4 月 8 日，〈https://tjsto.nccu.edu.tw/%e6%97%a5%e6%9c%ac5g%e5%b0%88%e7%b6%b2%e8%90%bd%e5%9c%b0%e5%bc%95%e9%a0%98%e6%99%ba%e9%80%a0%e6%96%b0%e9%87%8c%e7%a8%8b%e7%a2%91/〉。

23 魏聰哲，〈日本推動物聯網創業發展經驗及對台日合作啟示〉，《台日科技資訊網》，2020 年 10 月 14 日，〈https://tnst.org.tw/ 日本推動物聯網創業發展經驗及對台日合作啟示 /〉。

24 李世暉，〈日本 AI 原則的經濟思維〉，《台日科技合作推動辦公室》，2019 年 3 月 29 日，〈https://tjsto.nccu.edu.tw/ 日本 ai 原則的經濟思維 /〉。

根據台灣經濟部統計，2020 年台灣再生能源發電量達到 1,976 億度，占全國發電量的 6.2%，其中太陽能發電量達到 1,057 億度，占再生能源發電量的 53.5%。[25] 而日本則在 2020 年制定了「新國際資源戰略」，將氫氣、氨氣等視為有效對抗全球暖化、實現零碳排的燃料，並在 2021 年發表了「第六次能源基本計畫」，將再生能源占整體發電量比重提高至 36～38% 的目標。[26]

台日在太陽能領域有密切的合作關係，包括技術交流、產業鏈合作、市場開拓等。例如，台灣太陽能模組廠商如茂迪、力成、裕隆等都與日本企業建立了長期的合作關係，並出口大量的太陽能模組到日本市場。而日本太陽能設備廠商如三菱電機、夏普等也在台灣設立了子公司或辦事處，提供太陽能系統的設計、安裝、維護等服務。此外，台日也在太陽能技術研發方面有合作，例如台灣工業技術研究院與日本新能源產業技術綜合開發機構（NEDO）就曾在 2018 年共同推出了一項以鈣鈦礦材料為基礎的高效率太陽能電池。

風能也是台日合作的重點領域之一，尤其是離岸風電。台灣在 2018 年制定「海洋風力發電推動方案」，目標是在 2025 年達到 5.7GW 的裝置容量。[27] 而日本政府則在 2020 年公布了「綠色成長戰略」，目標是在 2030 年將離岸風電導入量提高至 10GW，2040 年進一步提高至 30～45GW。[28] 為了達成這些目標，台日都需要引進國際資金、技術和經驗，並在法規、環評、電網、人才等方面加強配套措施。因此，兩國在離岸風

25 林志怡，〈2020 再生能源大躍進 獲利機會可期〉，《台灣醒報》，2021 年 5 月 12 日，〈https://tw.news.yahoo.com/2020%E5%86%8D%E7%94%9F%E8%83%BD%E6%BA%90%E5%A4%A7%E8%BA%8D%E9%80%B2-%E7%8D%B2%E5%88%A9%E6%A9%9F%E6%9C%83%E5%8F%AF%E6%9C%9F-101519050.html〉。

26 張郁婕，〈日本看上新戰略資源 比氫氣更穩定、更便宜的「氨氣」發電〉，《台達電子文教基金會》，2022 年 12 月 23 日，〈https://www.delta-foundation.org.tw/blogdetail/4336〉。

27 許家瑜，〈穩定供電加發展綠能，經部提 2025 年 3 大能源目標 | TechNews 科技新報〉，《TechNews 科技新報》，2022 年 10 月 5 日，〈https://technews.tw/2022/10/05/ministry-of-economic-affairs-proposes-3-major-energy-goals-for-2025/〉。

28 趙怡萌，〈日本運輸淨零怎麼做？〉，《台灣大學風險社會與政策研究中心》，2021 年 12 月 21 日，〈https://rsprc.ntu.edu.tw/zh-tw/m01-3/en-trans/1655-1221-transport-jp-net-zero.html〉。

電領域有許多合作的機會和空間，舉凡投資、承包、供應、諮詢等。例如，日本大型建設公司大林組就參與了台灣的海洋風力發電案，與台灣企業組成聯合體，負責海底基礎工程的施工。而台灣的中華電信也與日本的 NTT 通信合作，提供離岸風電場的數據傳輸和管理服務。

除了綠色能源，台日在環保技術方面也有密切的合作，特別是在廢物處理和回收技術方面。台日都是人口密集、資源匱乏的國家，面臨著廢物管理和資源循環的挑戰。因此，兩國都積極發展廢物處理和回收技術，並在相關領域進行技術交流、產業合作、政策學習等。例如，台灣的環保署就曾與日本的環境省簽署了「廢棄物管理及資源循環合作協議」，並定期舉辦「台日廢棄物管理及資源循環合作會議」，分享彼此在廢棄物減量、分類、回收、處理等方面的政策和技術。而台灣的廢棄物處理和回收產業也與日本有密切的合作關係，例如台灣的永業集團就與日本的三井物產合作，在台灣建立了數個廚餘處理廠，將廚餘轉化為生質肥料或生質能源。

總結來說，台日在綠色能源和環保技術領域的合作是基於彼此的需求和互補性而展開的。這些合作不僅有助於兩國實現能源轉型和環境可持續發展的目標，也有助於加強兩國在政治、經濟、社會等層面的關係。未來隨著全球氣候危機加劇，台日在這些領域的合作將更加重要和必要。

## 四、生技醫療產業

生物技術和醫療健康是台日未來合作的重點之一，雙方在這一領域有許多共同的利益和需求。根據 2024 生醫大健康產業新動向報告，台灣在醫藥、醫療器械設備和新興療法研發方面持續接軌全球生醫產業的開發競賽，並涉及 GAI 篩藥、新靶點探勘和新穎小分子標靶藥物開發、醫療器械設備 AI/ML 化、遠距智慧醫療和健康穿戴、基因診斷及細胞療法等領域。日本則是全球第三大生技市場，也是亞洲最大的生技投資國，其生技產業規模於 2023 年達到 1.5 兆日圓。

台日在新藥開發、精準醫療和健康管理技術等方面有多項合作研究。中央研究院與日本理化學研究所於 2022 年共同成立「亞洲首個基因組學中心」，將利用高通量定序技術和人工智慧分析平台，進行人類基因組學、微生物組學、表觀遺傳學等跨領域的合作研究，以促進精準醫學的發展。[29] 這些合作研究不僅展現台日在生物技術和醫療健康領域的創新能力和領導地位，也為雙方帶來更多的學術交流、技術轉移和市場機會，有助於提升醫療服務的質量和效率，並促進健康產業發展。

# 參、台日之經濟挑戰

## 一、區域經濟整合方面

中國在亞太區域的經濟策略，特別是積極參與和推動如亞太經合組織（APEC）和區域全面經濟夥伴關係協定（RCEP）等區域經濟整合計畫，顯示了其擴大區域影響力和重塑區域經濟秩序的意圖。這些行動不僅加強了中國與周邊國家的經濟聯繫，也對區域內的經貿規則和供應鏈結構產生了深遠的影響。

中國透過 RCEP 等協定的推動，有助於設定對其有利的貿易標準和規則，可能會導致區域內的貿易規則更加傾向於中國的經濟模式和利益。[30] 例如，RCEP 的實施降低成員國之間的關稅壁壘，促進了商品和服務的自由流通，這有利於中國企業擴大其在亞太區域的市場份額。對台日而言，這意味著它們可能需要調整自己的外貿政策，以適應這些新的規則和標準。

中國在區域經濟整合中的主導地位加速供應鏈的地域重組，特別是在關鍵產業如電子、汽車和製造業中。隨著中國成為許多亞太國家的主要貿易夥伴，這些國家的供應鏈越來越依賴於中國市場和製造業。對台日來說，這種供應鏈的重新配置可能會帶來挑戰和機遇。一方面，它們需要確

29 中央研究院，〈中央研究院與日本理化學研究所簽署雙邊合作協議〉，《中央研究院》，2022 年 5 月 12 日，〈https://www.sinica.edu.tw/News_Content/55/1992〉。

30 Zhang Wei, “The Impact of RCEP on Regional Trade Rules and Standards,” Journal of International Trade Studies, Vol. 15, No. 2, March/April 2021, pp. 105-128.

保自己在這個變化中保持競爭力；另一方面，也需要尋找多元化供應鏈的策略，以減少對單一市場的依賴。[31]

隨著中國在區域經濟整合中的角色增強，台日的企業面臨著更加複雜的市場准入挑戰。中國市場的吸引力無疑是巨大的，但同時也伴隨著政策和監管的不確定性。此外，中國對於某些關鍵技術和產品的出口限制也可能影響到台日企業的經營策略。因此，台日需要在保持與中國經濟合作的同時，也積極探索與其他亞太國家以及全球市場的合作機會，以確保其企業的市場多元化和風險分散。

## 二、基礎建設投資

中國的「一帶一路」戰略自 2013 年提出以來，已經與 150 多個國家和 30 多個國際組織簽署了 200 多份合作文件，涉及基礎設施、能源、貿易、金融、文化等多個領域。根據中國政府發布的白皮書，截至 2021 年 6 月，中國與「一帶一路」戰略沿線國家的貿易額累計超過 9.2 萬億元人民幣（約 1.4 萬億美元），中方對沿線國家的直接投資超過 1.4 萬億元人民幣（約 2,200 億美元），為當地創造超過 300 萬個就業機會。[32]

中國的「一帶一路」戰略不僅是一個經濟合作平台，也是一個政治戰略工具。中國透過提供貸款、援助和技術支持，增強與沿線國家的互信和友好，並在一些敏感和重要的區域擴大了其影響力。[33] 例如，在 2023 年 10 月，中國與塞爾維亞簽署自由貿易協定，這是中國與中東歐國家簽署的第一個自貿協定；同月，中國還邀請阿富汗塔利班政府代表參加了第三屆「一帶一路」戰略國際合作高峰論壇，並表示願意與其合作修建一條穿越瓦罕走廊的公路。

---

31 Lee Hsin, “China’s Dominance in Regional Economic Integration and Its Impact on Asia-Pacific Supply Chains,” Journal of Asian Economic Studies, Vol. 29, No. 3, May/June 2022, pp. 142-165.

32 傅瑩，〈“一帶一路”：構建人類命運共同體的新實踐〉，《世界知識》，2017 年第 1 期，頁 2-6。

33 何振華，〈“一帶一路”倡議的理論與實踐〉，《求是》，第 16 期，2017 年，頁 16-20。

對於台日來說，中國的「一帶一路」戰略既是挑戰也是機遇。台日都是基礎建設領域的強勢競爭者，具有先進的技術、管理和品質。但是，由於中國提供的貸款和援助通常比其他來源更具吸引力和靈活性，台日在爭奪海外基礎建設市場時面臨更大的壓力。同時，台日也需要關注中國在關鍵區域如東南亞、南亞、非洲等擴大影響力對其國家安全的潛在影響，特別是在涉及海上安全、能源安全和網路安全等方面。因此，台日需要加強與其他國家和區域的合作，提高自身的競爭力和影響力，並尋求與中國的對話和協調，以維護區域的和平與穩定。

## 三、數位經濟與技術競爭

中國在數位經濟領域的快速發展，尤其是在 5G 技術、AI、大數據等前沿科技領域，已經顯著改變了全球科技產業的競爭格局。這對台日的科技產業來說，既是挑戰也是機遇。

中國企業在 5G、AI 和大數據等領域的快速發展，使其在全球市場上的競爭力大增。對台日的科技企業而言，這意味著在國際市場上面臨更激烈的競爭。特別是在 5G 技術方面，中國企業如華為和中興通訊已成為全球領先的供應商，挑戰著傳統的通訊設備製造商，包括日本的企業。2022 年中國在 5G 基站建設方面達到了 100 萬個，占全球總數的 80% 以上。而台日則分別只有 3.6 萬個和 6.2 萬個。此外，中國企業在 AI 和大數據領域也有顯著的進步，根據 KPMG 的報告，2024 年中國將成為全球第二大 AI 市場，僅次於美國。而台灣和日本則分別排名第八和第十。[34]

隨著中國在關鍵科技領域的影響力增強，其在國際技術標準制定過程中的話語權也在增加。這對台日來說，可能意味著在未來的技術發展和市場擴張中需要適應由中國主導或影響較大的技術標準。例如，在 5G 技術方面，中國已經參與超過 40% 的關鍵專利申請，[35] 並且積極推動自己的

34 NHK，〈日本の 5G 基地局数、6 万 2000 局に 4G 超え〉，《NHK》，2019 年 4 月，〈https://www.nikkei.com/article/DGXMZO43177160R00C19A4TJ2000/〉。

35 許昌平，〈5G 標準必要專利 中國領先〉，《Yahoo 奇摩新聞》，2019 年 8 月 18 日，〈https://tw.news.yahoo.com/finance.html〉。

技術方案在國際組織中得到採納。而台日則分別只有 1.4% 和 3.6% 的專利申請份額。[36] 此外，在 AI 和大數據領域，中國也在積極參與國際標準制定工作，並且提出自己的倫理原則和安全指南。而台日則需要與其他國家合作，以確保自己的利益不受忽視或犧牲。

中國企業在 AI 和大數據領域的崛起，引發全球範圍內對數據安全和隱私保護的擔憂。台日作為科技發展先進的國家，需要關注如何保護個人和企業數據不受未經授權的訪問和使用，特別是在與中國企業進行技術合作和數據交換時。例如，在 5G 技術方面，美國和一些歐洲國家已經對華為和中興通訊的設備實施禁令或限制，擔心它們可能會對數據安全和國家安全構成威脅。而台日則需要在維護自己的數據主權和促進技術發展之間取得平衡。此外，在 AI 和大數據領域，中國也面臨著數據質量和數據治理的挑戰，需要在促進創新和保障隱私之間找到適當的平衡點。而台日則需要與其他國家建立互信和合作，以確保數據的跨境流動和共享不會影響個人和企業的權益。

## 四、投資與市場准入

根據聯合國貿易和發展會議發布的「2023 世界投資報告」，2022 年中國對外直接投資流量 1631.2 億美元，為全球第二位，中國對外投資規模繼續保持世界前列。中國對外直接投資涵蓋國民經濟的 18 個行業大類，其中流向租賃和商務服務、製造、金融、批發零售、採礦、交通運輸等領域的投資均超過百億美元。中國對外直接投資者主要來自國有企業、民營企業和金融機構，其中民營企業占比超過 70%。[37]

中國對外直接投資的增長，不僅反映了中國企業的競爭力和創新力，也對投資所在地的經濟發展產生影響。2022 年，境外企業向投資所在地

36 黃晶琳，〈台灣大 5G 滲透率成長〉，《經濟日報》，2023 年 11 月 15 日，〈https://money.udn.com/money/story/5710/7576590〉。

37 上海證券，〈2022 年中國對外直接投資流量 1631.2 億美元為全球第 2 位〉，《上海證券報》，2023 年 9 月 28 日，〈https://news.cnstock.com/news,bwkx-202309-5129682.htm〉。

納稅 750 億美元，增長 35.1%。年末境外企業員工總數超 410 萬人，其中僱用外方員工近 250 萬。當年對外投資帶動貨物進出口 2,566 億美元。非金融類境外企業實現銷售收入 3.5 萬億美元，增長 14.4%。[38] 但是中國對外直接投資的快速擴張也給一些國家和區域帶來壓力和挑戰，尤其是對於台灣和日本這兩個與中國有密切經貿往來的鄰近經濟體，中國對外直接投資的影響更加明顯。一方面，由於中國設定了一些市場准入條件，如強制技術轉讓、本地化生產等，台日的企業在中國市場面臨著更多的限制和風險。另一方面，由於中國在一些新興產業和高科技領域的投資增長迅速，台日的企業在第三國市場也遭遇了來自中國企業的強勁競爭。

## 第三節　台灣在美日同盟中的戰略價值與角色

### 壹、台灣的戰略價值

戰後七十餘年來，台灣的地緣政治地位隨著美日同盟對中國戰略變化而轉變。究其戰略發展可分四個階段的演變：第一個階段是冷戰時期，美日同盟的防衛重點為圍堵蘇聯與中國為首的共產勢力南侵，產生前期的「美日合縱台灣，對抗蘇聯與中國」局面；直至 1969 年中蘇兩國爆發「珍寶島事件」而關係交惡，肇生冷戰後期的「美日合縱中國，淡化台灣問題，一致對抗蘇聯」情況，因此引發台日於 1972 年斷交、日中同時建交，而台美於 1979 年斷交、美中同時建交。第二個階段是從冷戰結束到 911 恐攻事件，美日同盟的防衛重點為因應區域恐怖勢力的「周邊事態的處置」；第三階段是從 911 恐攻到川普政權，這階段美日同盟防衛重點為中國、北韓、俄羅斯及中東等多邊的「重要影響事態」；第四階段則是近年來美日同盟的「印太戰略」，藉以圍堵與遏制中國的霸權擴張，尤其是

38 廖睿靈，〈2022 年對外直接投資流量 1631.2 億美元 中國對外投資規模保持世界前列〉，《人民網》，2023 年 10 月 7 日，〈http://big5.www.gov.cn/gate/big5/www.gov.cn/lianbo/bumen/202310/content_6907590.htm〉。

去年 4 月 16 日「美日高峰會」時突出「台灣海峽和平穩定的重要性，並鼓勵和平解決兩岸議題」，嗣後以「美日同盟」為核心聯合盟國舉行十幾場大型聯合軍演，並鏈結「Quad」、「G7」、「NATO」、籌組「AUKUS」、提出「印太區域經濟架構」、公布拜登總統任內的第一份「印太戰略報告」及「2022 年國防戰略」，在在顯示美日同盟刻正以「外交、軍事、經濟」等全面性的結盟手段遏制中國，以維持印太與台海區域安全。[39]

美國學者奧根斯基（A. F. K. Organski）所提出的「權力轉移理論」（Power Transition Theory），指出新崛起的大國不滿現有的霸權國家所主宰的國際秩序，進而加以挑戰，而既有的霸權國家為維持權力與利益，將為之出現衝突，亦即「修昔底德陷阱」（Thucydides's Trap）。所以近年美中衝突白熱化，來自幾個引發點：一是 2010 年中國超越日本成為「世界第二經濟大國」；二是 2010 年美國前總統歐巴馬推動的「亞洲再平衡戰略」；三是 2013 年中國推動的「一帶一路戰略」；四是 2015 年中國公布的「中國製造 2025 方案」；五是 2018 年美國前總統川普推動的「印太戰略」正式成形；六是 2018 年美國前總統川普開打的「中美貿易戰」；七是 2020 年美國川普總統簽署的「台北法案」及多次重要「對台軍售案」；八是 2021 年美國現任總統拜登的「聯合盟友反制中國」的軍事外交安全戰略。因此可以看出當中國被美國視為「戰略競爭」對手後，即積極透過組建「印太戰略」聯盟體系，加強美日同盟力度對中國發動貿易戰，以及強化台灣作為抵銷中國實力的地位，尤其是美中衝擊之間最敏感的地緣戰略槓桿，莫過於作為美國戰略資源與工具的台灣牌，所以因為「地緣政治」而注定台灣將被捲入美日同盟與中國博弈的戰局。

美日同盟之所以會這麼重視台海和平穩定與區域安全，當然是台灣有著位居第一島鏈核心及「印太戰略」關鍵節點的「地緣政治」優勢，而且這個優勢是受「印太戰略」的「戰略需求托舉」所造成，而且台灣刻正遭受到中國嚴重的軍事威脅有關。若以地緣政治視角來看台灣，台灣猶如

---

39 陳文甲，〈陳文甲專欄》當前美日同盟戰略需求托舉下的台日關係〉，《中央廣播電台》，2022 年 4 月 22 日，〈https://insidechina.rti.org.tw/news/view/id/ 2130664〉。

「兩顆石頭」：一是「墊腳石」，一旦中國併吞了台灣，台灣將成為中國的「墊腳石」，如此中國海軍將可自由進出西太平洋及南海，整個印太同盟勢亦將瓦解，且因為有新的中國海洋強權誕生，國際及海洋秩序將因此而重建。二是「絆腳石」，若台灣成為美日台的同盟關係，則台灣將成為中國的「絆腳石」，如此更加發揮位處第一島鏈的核心位置作用，也加大扼制中國的航海運輸線，也威脅到中國大陸東南沿海的安全，並制約中國藍水海軍的發展。[40]

## 貳、台灣是重要夥伴

台灣位於西太平洋的戰略要衝，是連接東亞與東南亞的重要樞紐，也是美國在印太區域的前沿盟友。台灣不僅在經濟、科技、民主等方面與美國有著深厚的合作關係，也在安全領域扮演著重要的角色。美國一向視台灣為其在亞太區域的核心利益之一，並根據「台灣關係法」和「六項保證」提供台灣必要的防衛性武器和服務，以協助台灣維持足夠的自衛能力。美國也多次表達其對台灣安全的堅定承諾，並強調任何有關台灣未來的決定必須和平、自由、民主地進行，不容任何單方面改變現狀的行動。

日本作為美國在亞太區域最重要的盟友之一，也對台灣的安全與穩定有著密切的關注。台日不僅有著共同的民主價值和文化傳統，也有著緊密的經貿往來和人文交流。日本認為台灣是其周邊安全環境中不可或缺的一環，如果台灣發生危機，將直接影響日本的國家安全和利益。因此，日本政府多次在其防衛白皮書中強調台海情勢對日本和平與穩定的重要性，並呼籲各方保持現狀和自制。日本也在「美日安保共同聲明」中明確表示將與美國合作應對影響區域和平與穩定的問題，包括台海情勢。

美國不斷加強其對台軍售和軍事交流，包括 F-16V 戰機、M1A2T 戰車、MK48 魚雷等先進武器系統，以及參訪、演習、訓練等活動。美國也

40 陳文甲，〈新首相新思維（二）新常態下的地緣政治與台日關係〉，《中央廣播電台》，2021 年 10 月 7 日，〈https://insidechina.rti.org.tw/news/view/id/2113352〉。

鼓勵台灣發展不對稱戰力和整體防禦概念，以因應中國不斷增加的軍事威脅。此外，美國與台灣定期進行安全對話，討論區域安全形勢、共同關心的安全議題以及雙方的防衛合作，近年美國國會通過的一系列法案和決議，進一步強化對台灣的安全承諾。日本也在近年來加強與台灣的安全合作，並與美國加強在台海議題上的協調和合作，例如在 2021 年 4 月美日首腦會談中首次提到台灣，並表達對台海和平與穩定的共同關切。

台灣是美日同盟的重要夥伴，台灣的安全與穩定對美日兩國的國家利益與區域安全有著直接的關聯，美日兩國都支持台灣提升自身的防衛能力，並與台灣進行安全對話與合作。這些都顯示美日兩國對台灣的重視和支持，也為台灣在國際社會中爭取更多的空間和聲音提供了有力的後盾。台灣應該繼續與美日兩國保持密切的溝通和協調，並積極參與區域和全球的安全合作，以確保自身的安全和發展。

## 參、美日台共同願景

台灣是美日同盟的重要貢獻者，這一點從歷史和現實的角度都可以清楚地看出。台灣不僅在第二次世界大戰和冷戰期間，為美日兩國提供了戰略支援和合作，也在當今的印太區域，扮演重要的角色，為美日兩國的安全利益和民主價值提供基礎。台灣在區域和全球的多邊框架下，積極參與與貢獻，與美日兩國在維護區域和平、促進經濟發展、應對全球挑戰等方面有著共同的目標與願景。[41]

台灣在維護區域和平方面，與美日兩國有著密切的合作關係。台灣位於第一島鏈的核心位置，是美日兩國防止中國擴張主義和維護自由開放的印太戰略的重要一環。台灣不僅自主加強自身的防衛能力，也積極與美日兩國進行安全對話和軍事交流，提高三方的情報共享和協調能力。台灣也支持美日兩國在南海、東海等區域的行動，以捍衛國際法和海洋秩序。

41 David S. Rohde, “Taiwan’s Role in U.S.-China Competition,” The Center for Strategic and International Studies, 2021, pp. 1-40.

台灣在應對全球挑戰方面，與美日兩國有著共同的理念和行動。台灣在新冠肺炎疫情中展現了卓越的防疫成效，也向美日兩國及其他國家提供了醫療物資和人道援助，並積極推動加入美日兩國發起的全球衛生安全議程（GHSA），以及世界衛生組織（WHO）等多邊組織。另外，台灣也致力於減少溫室氣體排放，並支持美日兩國在巴黎氣候協定等框架下的合作。

台灣是美日同盟的重要貢獻者，不僅在歷史上曾給予美日兩國無私的支持，也在當今世界中扮演積極的角色，與美日兩國在多個領域有著緊密的合作關係。在區域和全球的多邊框架下，台灣積極參與及貢獻，與美日兩國在維護區域和平、促進經濟發展、應對全球挑戰等方面有著共同的目標與願景。台灣的存在和發展，不僅對美日兩國有利，也對整個世界有益。

日美之所以重視台海和平穩定與區域安全，當然是台灣有著位居第一島鏈核心及「印太戰略」關鍵節點的「地緣優勢」，因為對於中國而言，台灣不僅是主權的核心問題，也是能否成為海洋強國的戰略問題；而對日美而言，台灣是攸關印太安全與利益的最前哨，也是美中博弈的重要戰場。所以從國際現實主義的角度看來，岸田政權既然來自派閥大老安倍與美國的完全扶植，所以必將延續安倍「堅定隨美，連結台灣，共同抗中」的路線，致力與美台譜成更加緊密的三方關係。

## 第四節　小結

台灣位於第一島鏈的核心位置，不僅是日本海洋防衛線的關鍵一環，也扮演著連結東亞與東南亞的重要樞紐角色，對於維護區域和平與穩定具有不可或缺的影響力。作為亞洲首個實現民主轉型的國家，台灣不僅在政治上展現了其成熟與穩定，經濟上也是全球第十大貿易國和第七大科技創新國，與日本在經貿、產業、科技等多個領域擁有密切的合作關係和高度互補性。然而，台灣同時面臨著來自中國的持續軍事威脅和壓力，這不僅對台灣自身的安全構成挑戰，若台灣落入中國手中，對日本乃至整個亞太區域的安全與穩定都將造成無法估量的重大危機。因此，從維護區域安全的角度出發，日本有必要進一步支持台灣的防衛能力提升和持續發展，確保台灣能夠抵禦外來威脅，保持其作為區域和平與穩定守護者的角色。

台日作為彼此重要的貿易夥伴，雙邊貿易總額已達到 882.1 億美元，這一龐大的數字涵蓋了從半導體、汽車到旅遊等多種產品和服務，展現了兩國經濟互補性的廣泛基礎。在科技領域，台日之間的合作尤其深入，特別是在半導體產業中更是如此。台灣在晶圓代工和 IC 設計等方面不僅具有全球領先的地位，而日本在材料、製造設備以及關鍵技術上也擁有不可忽視的強大實力，這種互補性為兩國提供了廣闊的合作空間和機會。此外，台日在基礎建設投資方面亦展現出合作的潛力，這不僅能夠促進雙方經濟發展，也有助於提升區域連接性和經濟整合。然而，面對中國「一帶一路」戰略對區域乃至全球格局的深遠影響，台日合作需要進一步關注如何在這一大背景下尋求與其他國家的協調和合作，以確保區域的平衡發展和長期穩定。通過加強合作，台日可以共同應對區域挑戰，促進經濟增長和科技創新，為亞太區域乃至全球的繁榮作出貢獻。

台日共同認識到台海和平穩定對於維護區域安全和促進共同利益至關重要，因此雙方一致呼籲中國保持自制，尊重現狀，並避免採取任何單方面的挑釁行動。在這一點上，台日都與美國保持著密切的安全關係，並在美日同盟的框架內加強對台海議題的協調與合作。這種合作的一個標誌性進展是，在美日首腦會談中首次提及台灣問題，明確表達了對台海和平與穩定的共同關切，這反映了台海安全對於區域穩定的重要性已被國際社會所廣泛認知。此外，隨著中國在科技領域的迅速崛起，台日都面臨著中國影響力擴大的挑戰，特別是在國際技術標準制定過程中的話語權，以及中國企業在數據安全和隱私保護方面可能帶來的問題。這要求台日不僅在安全領域加強合作，也需要在科技創新、數據保護等領域共同應對挑戰，確保區域的長期穩定與繁榮。

鑑於台灣在地緣政治、經濟發展以及民主價值上與日本的深度連結，以及面對來自中國的日益增長的挑戰，台日兩國必須採取共同的抗中戰略，以維護亞太區域的和平與穩定。台灣位於第一島鏈的關鍵位置，不僅對於日本的安全至關重要，也是維持區域安全平衡的重要棋子。台灣的民主轉型和其在全球貿易及科技創新中的地位，更是與日本共享的核心價值和利益。台日共同的抗中戰略不僅是基於雙方面臨的共同挑戰，也是基於深厚的共同利益和價值觀。透過加強合作，台日可以共同構建一個更加穩定、繁榮和自由的亞太區域，為區域和平與發展作出重要貢獻。在這一過程中，美國作為台日兩國的重要盟友，其在亞太區域的戰略部署和政策支持將繼續發揮關鍵作用，共同面對來自中國的挑戰。

在「印太戰略」的大背景下，台日之間深化合作的必要性與機遇從未如此明顯。隨著地緣政治格局的快速變化，特別是中國在區域內的崛起帶來的挑戰，以及美國重新確認其在印太區域的戰略利益，台日之間的關係進入關鍵時期。這一章節將探討在當前國際政治環境中，台日如何透過加強雙邊關係，不僅在安全與防衛領域，也在經濟、科技、文化等多方面尋找合作新機遇，以應對共同的挑戰與威脅，從而促進區域的和平、穩定與繁榮，不僅是應對區域安全威脅的戰略選擇，也是推動雙方經濟與社會發展的重要途徑。

## 第一節　美國「印太戰略」的推動

### 壹、美國「印太戰略」概況

美國「印太戰略」是一項重要且具有長遠影響的政策框架，主要是因應 21 世紀初全球政治經濟重心的東移，中國的快速崛起及其在區域內外的軍事和經濟擴張。[1] 中國在南海、東海等區域的行動引發地緣政治競爭，使美國及其盟友和夥伴國感到必須採取行動。美國「印太戰略」旨在確保美國在這個多極世界中保持影響力，包括加強與盟友和夥伴國的合作，以共同應對區域挑戰，透過積極參與印太區域的軍事演習、人道援助和發展項目，加強盟國之間的合作關係。此外，美國「印太戰略」還強調自由、開放和穩定的原則，支持自由貿易、民主制度和法治，並反對單一大國主義。[2] 因此，美國「印太戰略」是一個全面且具有長遠視野的政策

1　ジェトロ，〈バイデン米政権、「インド太平洋戦略」を発表〉，《日本貿易振興機構（ジェトロ）》，2022 年 2 月 14 日，〈https://www.jetro.go.jp/biznews/2022/02/de514ef31b3a8ecb.html〉。

2　K. Koga, "Japan's 'Indo-Pacific' question: countering China or shaping a new regional order?," International Affairs, Vol. 96, No. 1, January 2020, pp. 49-73.

框架，旨在確保美國及其盟友和夥伴國在這個日益競爭激烈的地緣政治環境中保持影響力。

在美國推動「印太戰略」的過程中，透過與區域盟友如日本、韓國、澳大利亞，以及新興夥伴國如印度、越南等國的安全合作被視為增強區域集體防衛能力的關鍵策略，旨在共同應對威脅，更在於建立信任和區域穩定的基石上，透過情報分享、聯合軍事演習和技術合作的進一步加強，確保區域夥伴能有效面對各式各樣的挑戰。[3] 此外，美國致力於促進自由、公平的貿易和投資，支持高標準經濟治理和可持續發展，這包含了減少貿易壁壘、促進跨境投資以及支持創新等策略，旨在確保供應鏈的多元化與韌性，以應對包括自然災害或供應緊張等全球性挑戰。同時，維護國際法下海洋自由航行的權利，不僅關乎商業利益，更關乎保障區域內國家的安全和海上利益，反對任何國家的海洋霸權行為。[4] 美國推動的是一個平等、開放、透明且基於規則的國際秩序，尊重主權和領土完整，反對任何形式的脅迫和強權政治，目的是確保每個國家都能在公平和平等的基礎上參與全球事務，共同維護國際秩序的穩定性和可持續性。

美國在印太區域的戰略部署涵蓋多個方面，以確保該區域的安全和穩定。首先，美國加強在印太區域的軍事存在，包括增加海軍和空軍的部署，以應對不斷增長的安全挑戰。例如，美國在日本、韓國和關島等地設有重要的軍事基地，以保護該區域的利益；[5] 其次，美國致力於提升區域盟友的防衛能力，包括提供軍事援助、訓練和技術支持，以幫助盟友建立強大的國防體系。例如，美國與日本、澳大利亞和菲律賓等國合作，共同應對共同的安全威脅；第三，美國積極參與多邊安全合作，包括與其他國家和國際組織合作，共同應對跨國性挑戰。例如，在打擊恐怖主義、打擊

3 Elena Atanassova-Cornelis, “Alignment Cooperation and Regional Security Architecture in the Indo-Pacific,” The International Spectator, Vol. 55, No. 1, February 2020, pp. 18-33.

4 S. Burgess and Janet C. Beilstein, “Multilateral defense cooperation in the Indo-Asia-Pacific region: Tentative steps toward a regional NATO?,” Contemporary Security Policy, Vol. 39, No. 2, January 2018, pp. 258-279.

5 Harsh Pant and Abhijnan Rej, “Is India Ready for the Indo-Pacific?,” The Washington Quarterly, Vol. 41, No. 2, July 2018, pp. 47-61.

非法貿易和打擊網路犯罪等方面，美國與亞太區域的夥伴密切合作；最後，美國強調需要透過強化國際規則和制度來應對中國的挑戰。這包括在世界貿易組織（WTO）、聯合國等國際組織內推動公平競爭和透明治理。美國認為，只有透過共同遵守規則，才能確保區域的和平與穩定。另外，在印太區域，自由開放的秩序是維護和促進區域穩定的基石，不僅鼓勵各國之間的合作，還有助於減少衝突和提高經濟福祉。開放的海上通道促進貿易、投資和人員流動，帶動自由貿易的蓬勃發展，且有助於降低成本、提高效率，並促進經濟增長。[6]

美國「印太戰略」是對當前複雜國際格局的回應，旨在透過加強與區域盟友和夥伴國的合作，推動一個自由、開放、基於規則的印太秩序。這一戰略不僅關注軍事和安全層面，也著眼於經濟繁榮、海洋自由航行和基於規則的國際秩序的維護，顯示了美國對於促進區域和平、穩定與繁榮的

**圖 6-1　美國「印太戰略」框架**

資料來源：科技政策與資訊中心，〈美國印太戰略與框架 維護台海和平穩定 對抗中國一帶一路〉，《科技產業資訊室》，2022 年 2 月 14 日，〈https://iknow.stpi.narl.org.tw/post/Read.aspx?PostID=18791〉。

6　H. Envall and T. Wilkins, "Japan and the new Indo-Pacific order: the rise of an entrepreneurial power," The Pacific Review, Vol. 36, No. 4, January 2022, pp. 691-722.

全面承諾。透過上述分析，顯示美國「印太戰略」的實施對於維護區域安全、促進經濟發展和推動國際合作具有重要意義。

## 貳、對台灣和日本的影響

美國「印太戰略」的推進，不僅是地緣政治的一項布局，更是價值觀共享的體現，尤其彰顯在民主、法治及人權等方面，美國與台日之間的政治聯繫透過此戰略得到顯著加強，這種聯繫不僅基於安全利益的考量，更基於對共同價值觀的堅持和推廣。[7] 在此框架下，台日在國際場合的參與及其對區域安全和穩定的影響力獲得增強。美國「印太戰略」支持台日在多邊論壇及國際組織中發揮更積極的角色，從而促進區域內外政策的協調和合作。這種支持不僅提升台日的國際地位，也幫助建立一個更加公正、開放的國際秩序，其中民主和法治成為區域合作的基石，透過加強與台日的合作，建立一個能夠共同應對全球挑戰、促進和平與繁榮的區域網絡。此外，美國「印太戰略」也強調對人權的重視，這一點在與台日的合作中尤為突出，為台日提供展示其對民主、法治和人權承諾的平台，同時也強化在區域和全球事務中的影響力和領導力。[8]

美國「印太戰略」在強化與台日的安全合作方面發揮關鍵作用，尤其是在軍事訓練、情報分享和防衛技術等領域，不僅增進區域夥伴之間的軍事協調和互信，也提高對共同安全威脅的應對能力，特別是面對中國軍事擴張挑戰。[9] 透過定期的聯合軍事演習和情報共享機制，台日能夠更有效地預測和應對潛在的區域安全挑戰，同時防衛技術的交流和合作進一步提升自衛能力和區域防衛合作的質量。這種合作不僅體現在傳統的安全領

7 佐橋亮，〈アメリカの台湾政策（2022）〉，《日本国際問題研究所》，2022 年 9 月 18 日，〈https://www.jiia.or.jp/pdf/research/R04_US/01-09.pdf〉。

8 小谷哲男〈第 4 章 アメリカのインド太平洋戦略：さらなる日米協力の余地〉，《日本国際問題研究所》，2021 年 6 月 7 日，〈https://www.jiia.or.jp/pdf/research/R01_Indopacific/04-kotani.pdf〉。

9 河上康博，〈国家防衛戦略を踏まえた日本の戦略的コミュニケーション〉，《笹川平和財団》，2024 年 2 月 5 日，〈https://www.spf.org/iina/articles/kawakami_07.html〉。

域，也涵蓋網路安全、反恐作戰等新興領域，使得整個印太區域的安全架構更加堅固，更能夠共同面對日益複雜的安全挑戰。[10]

美國「印太戰略」透過推動自由貿易協定和確保供應鏈的多元化與韌性，顯著促進與台日的經濟合作，特別是在高科技、製造業和能源等關鍵領域，除加強美國與這兩個亞洲經濟體的貿易關係，也增加經濟互聯互通和技術交流，有助於台日經濟的成長和創新能力的提升。另外透過參與多邊貿易協定和推動供應鏈多元化，台日能夠更好地應對全球經濟挑戰，提高產業在全球市場的競爭力。[11] 這些合作不僅促進經濟繁榮，也加強區域和全球經濟的穩定性，為台日帶來了新的增長機會。

美國「印太戰略」的重要性在於其強調區域合作和共同利益，在安全領域，美國鼓勵台日加強軍事合作，以應對共同的安全威脅。這包括信息分享、聯合演習以及共同開發防禦技術。其次，在經濟領域，美國鼓勵台日加強貿易和投資合作，有助於台日的經濟發展，也有助於整個區域的繁榮。美國提倡公平、開放和透明的貿易規則，鼓勵台日遵守這些原則，並與其他國家一道推動自由貿易；最後，在政治領域，美國支持台日在國際組織中發揮更大的作用。例如，在聯合國等多邊組織中，美國支持台日參與更廣泛的議題討論，並爭取更多的發言權。此外，美國也鼓勵台日加強區域外交，與其他國家建立更緊密的關係。

## 參、合作機遇與領域

在美國「印太戰略」下，台日的合作機遇包括安全防衛、經濟互補、技術交流等領域。在安全方面，透過聯合軍事演習、情報共享以及在反導彈防禦系統和海上安全等領域的合作，台日可以顯著增強對共同威脅的防禦能力，有利提高台日對潛在區域衝突的準備和反應能力，特別是面對日

10 Phil Stewart、Idrees Ali，〈焦点：台湾有事で最大の弱点、米軍が兵站増強に本腰〉，《Reuters》，2024 年 2 月 1 日，〈https://jp.reuters.com/world/taiwan/SG3KJN3GKNPQ3C7YN54VGGTUEQ-2024-02-01/〉。

11 田中一世，〈日米台、人権尊重で協力強化 中国念頭に「法の支配」訴え〉，《朝日新聞》，2023 年 11 月 15 日，〈https://www.asahi.com/shimen/20231115/〉。

益增加的軍事壓力和地緣政治挑戰；聯合軍事演習不僅增強雙方的作戰協同和互相理解，也提供實戰環境下測試先進武器系統和戰術的機會；情報共享機制的建立，使得台日能夠更有效地監控和評估區域內的安全威脅，從而進行更加精確和及時的應對；在反導彈防禦系統和海上安全合作方面，透過技術轉移、聯合研發和共享最佳實踐，台日能夠建立更加堅固的防禦機制，有效應對導彈威脅和海上挑戰，保障台日及其周邊區域的安全與穩定。

台灣的半導體及資訊科技產業與日本的製造業和先進技術相互補充，為台日提供合作機會，共同推動供應鏈的多元化和韌性。[12] 台灣在全球半導體製造領域占有領先地位，特別是在晶圓代工服務方面，而日本在材料科學、精密製造和機器人技術等領域具有強大的技術優勢，透過技術交流和合作項目，台日可以提升供應鏈的穩定性，尤其是在面對全球性挑戰，[13] 如貿易爭端和疫情影響時，這種互補性合作尤為重要。此外，共同研發和創新不僅能加強台日在全球市場的競爭力，也有助於促進科技進步和經濟增長。

台日在人工智慧、綠色能源、數位經濟等新興技術領域的合作，提供強大動力促進科技創新和經濟轉型，除涉及共享研發資源和技術交流，也包括共同探索市場機會和應對全球挑戰，如氣候變化和數位鴻溝。[14] 台日透過合作，能夠加速開發新技術，推動綠色能源解決方案的商業化，並在數位經濟領域創造更多增長機會，不僅加強台日的經濟關係，也為雙方在全球經濟中的地位提供支撐，促進持續的技術進步和經濟發展。

台日在安全防衛、經濟互補、技術交流等領域的合作機遇不僅能夠進一步加強雙方的戰略夥伴關係，也對維護印太區域的和平與穩定具有重要意義。這些合作有助於構建一個更加開放、互利的區域合作架構，促進區

12 山本敬一，〈高まる台湾の優位性、日本企業の商機は拡大〉，《経団連タイムス》，2022 年 3 月 3 日，〈https://www.keidanren.or.jp/journal/times/2022/0303_06.html〉。

13 吉岡桂子，〈半導体産業、日台相互に投資を　台湾から見える米中対立〉，《朝日新聞》，2023 年 4 月 7 日，〈https://www.asahi.com/articles/ASR307G1TR3WULZU00K.html〉。

14 佐藤智子，〈台湾の脱炭素に向けたロードマップを読み解く〉，《ジェトロ地域・分析レポート》，2022 年 5 月 19 日，〈https://www.jetro.go.jp/biz/areareports/2022/01464c8cfbcaf9b4.html〉。

域內國家之間的互信與理解，減少衝突的可能性。此外，透過共同應對區域和全球性挑戰，如氣候變化、疫情防控、經濟復甦等，台日合作能夠為區域穩定提供積極貢獻，進而促進整個印太區域的長期和平與繁榮。

## 肆、挑戰與展望

### 一、未來挑戰

雖然台日之間從地緣政治、區域安全、經濟合作等角度來看，雙方深化關係共圖對抗中國的擴張有其必要，且為未來印太區域的趨勢。但是台日關係是否真能毫無阻礙的順利發展，其中一個重大因素便是日本國內的因素，對於台日之間的發展的阻礙因素主要反映在與中國的經濟關係。中日建交之後，雙方經濟關係迅速發展，日本成為中國的重要經濟夥伴之一。台日在經濟、貿易、投資等領域展開了廣泛合作，日本對中國的直接投資增加，雙邊貿易額也不斷攀升。日本的技術和資本對中國的現代化進程發揮了重要作用，而中國龐大的市場和資源也為日本經濟提供重要支持，其中主導日本經濟對外投資的團體為日本經濟團體聯合會（簡稱經團聯，日語：日本経済団体連合会，略語「経団連」），而「經團聯」是一個由企業組成的業界團體，在 2002 年由「經濟團體聯合會」與「日本經營者團體連盟」合併而成，主要由東京證券交易所第一部上市公司組成。「經團聯」是根據日本法律組建的一般社團法人，與日本商工會議所、經濟同友會並稱為日本的「經濟三團體」，其會長更被稱為日本的「財界總理」，在日本產業界具有非常重要的地位。組織的目標是強化企業的價值創造力，促進日本及全球的經濟發展。由於有許多日本大型企業加入，「經團聯」對政府的政策建議和政治獻金，對政經界都有著巨大的影響力。「經團聯」也在多個領域內提出政策和主張，涵蓋財政金融政策、公務員制度改革、通商市場政策、勞動政策、社會保障政策等。例如，在財政金融政策方面，「經團聯」曾提出調整法人稅稅率至 30% 左右，以及在 2011 年度以前逐步調升消費稅至 7% 等建議。在勞動政策方面，「經團聯」推動白領免時限制度和對於非正規雇用的管理等。此外，「經團聯」還涉及到國家重大事件和改革，包括憲法修正、導入道州制等，顯示其在日本社會和政治中的深遠影響。

另據報導指出，「經團聯」會長十倉雅和與中國總理李強於 2024 年 1 月 25 日在北京人民大會堂會面後表示，中國承諾改善外國企業的營商環境，這是中國為提振市場信心所做的最新努力的一個跡象。十倉雅和表示，而李強談到日中友誼並表示，中國商務部正在帶頭改善營商環境，尤其近幾個月來，中國政府開始推動吸引外國投資回流，承諾更多「暖心」舉措，例如優化外國人來中國和停居留政策，致力疏通在中國使用金融、互聯網支付等服務的阻礙。[15]

基於日本「經團聯」與中國的密切關係，在推動台日關係深化發展時，必須考慮到日本對中國的經濟投資情況，以及日本「經團聯」的立場和影響力。「經團聯」作為日本最大的經濟組織之一，其對外經濟政策和建議可能會對日本政府的對外關係策略產生重要影響。如果「經團聯」積極支持加大對中國的經濟投資，這就會影響日本與其他國家，包括台灣的經濟合作關係。首先，日本企業在中國的廣泛投資和深入合作可能會使日本在處理與台灣關係時更加謹慎，考慮到與中國的經濟利益，而日本政府在推動與台灣的經濟和貿易合作時，就會權衡對中日經濟關係的潛在影響，尤其是在敏感問題上；其次，雖然台日在多個領域有著深厚的合作基礎，包括經濟、文化和人員交流等，但日本官方對於正式的外交關係有其一貫的外交政策立場，即「一中政策」，這意味著在官方層面，台日的關係發展當然受到一定限制。

此外，當 2022 年 9 月 29 日中日建交五十週年前夕，由於時任美國眾議院裴洛西 8 月 2 日訪台，中國隨即於 8 月 4 日至 7 日在台灣周邊進行軍

15 劉敏夫，〈日本經團聯稱，北京方面誓言改善外企在中國營商環境〉，《財訊快報》，2024 年 1 月 25 日，〈https://tw.stock.yahoo.com/news/%E6%97%A5%E6%9C%AC%E7%B6%93%E5%9C%98%E8%81%AF%E7%A8%B1-%E5%8C%97%E4%BA%AC%E6%96%B9%E9%9D%A2%E8%AA%93%E8%A8%80%E6%94%B9%E5%96%84%E5%A4%96%E4%BC%81%E5%9C%A8%E4%B8%AD%E5%9C%8B%E7%87%9F%E5%95%86%E7%92%B0%E5%A2%83-064700334.html>。

**圖 6-2　經團連會長十倉雅和（左）與中國總理李強（右）舉行會談**

資料來源：河野祥平，〈日本經團聯稱，北京方面誓言改善外企在中國營商環境〉，《日經中文網》，2024 年 1 月 26 日，〈https://zh.cn.nikkei.com/politicsaeconomy/politicsasociety/54680-2024-01-26-09-41-10.html〉。

事演習，日本多次抗議解放軍在日本專屬經濟區發射飛彈，中日關係也變得緊張之際，「經團聯」遂起而取代日本政府與日中友好團體在日本東京舉辦紀念「中日邦交正常化 50 週年招待會」，其中「經團聯」會長、「日中邦交正常化 50 週年交流促進實行委員會」委員長十倉雅和在開場致辭時表示，日中兩國穩定而有建設性的外交關係是日中經濟關係發展的保障。由此可見「經團聯」對日中關係的積極與重要影響角色。

對於台日關係的發展，實際上經濟合作與政治外交是兩個層面的事務，即使日本加大了對中國的經濟投資，也不一定直接導致台日關係發展的負面影響。實際上，多個國家和區域能夠在保持與中國經濟合作的同時，與台灣保持和發展非官方的友好關係和經濟文化交流。因此，在推動台日關係深化發展時，確實需要全面考慮國際政治經濟環境和區域間的經濟合作態勢，但這並不意味著日本對中國的經濟投資必然會對台日關係發展構成根本性影響。雙方在非官方層面的合作空間依然廣闊，可以透過增強經濟合作、文化交流等方式，繼續深化和發展台日關係。

## 二、未來展望

對於台日合作的深化，中國會透過多種方式表達強烈的反對。外交施壓可能包括對台日發出正式的抗議，或在國際場合中孤立這兩個國家，試圖削弱其國際影響力；經濟措施則可能包括限制對台灣或日本的貿易，或是對那些與台灣有較深合作的日本企業施加壓力。這些行為的目的是試圖阻撓台日之間的進一步合作，尤其是在敏感領域如安全防衛、技術交流等方面。中國的這些策略可能會對台日合作造成一定的障礙，但同時也可能促使台日在尋求合作時更加謹慎和創新，尋找克服挑戰的新途徑。

在印太區域，各國對於台日深化合作的支持程度可能出現差異，主要由於各國與中國的關係複雜多變。一些國家可能因為經濟依賴、政治聯盟或地緣戰略考量，對台日合作持保留態度。例如，高度依賴中國市場的國家可能擔心其對中關係受損，從而對台日合作表達擔憂或反對；[16] 此外，區域內的安全動態也影響著各國對此合作的看法。一方面，中國的軍事擴張和區域影響力增長引起若干國家的安全顧慮，將促使該等國家支持台日合作作為平衡中國影響力的策略，另一方面，擔心挑釁中國的國家可能會對此類合作持謹慎態度。[17] 面對這種多元化的區域反應，台日在推進雙邊合作時需要展現外交靈活性，尋找共同利益點，同時尊重其他國家的立場和關切。透過多邊平台和對話機制，台日可以加強與其他國家的溝通，解釋合作的意圖和好處，從而緩解擔憂並尋求更廣泛的支持。未來，這種合作的成功將在很大程度上取決於能否妥善平衡區域內外的利益和關係，以及如何應對來自中國的壓力。

16 Sana Hashmi, "Taiwan in the Indo-Pacific Region: Prospects and Challenges," Asian Perspective, Vol. 47, No. 2, Spring 2023, pp. 229-245.

17 Kaustav Padmapati, "Taiwan's Critical Position in Indo-Pacific: India's Response to China's Reactions," ijpmonline, Vol. 2, No. 1, June 2023, pp. 19-25.

# 第二節　台日官方共同的認知

## 壹、區域安全共識

台灣和日本作為東亞的重要國家，其地緣政治位置對於維護區域安全具有不可忽視的影響，擁有控制東亞海域通往太平洋的關鍵地位，是所謂第一島鏈中的關鍵節點。這一地理位置不僅對於台灣自身的安全至關重要，也對於包括美國在內的區域盟友的安全策略發揮著關鍵作用。台灣的地理優勢使其成為阻止潛在敵對勢力（尤其是中國）向太平洋擴張的前沿基地。[18] 與此同時，日本位於亞洲東部，四面環海，不僅在經濟上是全球的重要參與者，在安全上也扮演著關鍵角色。

日本是美國在亞太區域的主要盟友之一，其安全戰略和軍事部署對於維持區域平衡和抑制潛在威脅至關重要。特別是面對中國近年來在軍事上的快速擴張和在南海、東海的活動，日本的安全政策更加重視加強自身防衛能力和深化與其他區域國家及國際社會的合作；台灣和日本的這一地緣政治位置不僅使得台日在區域安全上有著共同的利益，也面臨著共同的挑戰。隨著中國在軍事、經濟上的崛起，其在周邊區域的影響力日益增強，台日在維護自身安全和促進區域穩定方面的壓力也隨之增大。[19] 這要求台日不僅要加強自身的防衛能力，也需要透過外交途徑加強與其他國家的合作，共同應對來自於區域內外的安全威脅。

中國在南海進行的人工島嶼建設和軍事設施部署，對於該區域的自由航行原則構成挑戰，且直接威脅到周邊國家的主權和經濟利益。此外，中國在東海與日本存在領土爭議，不斷加大軍事壓力，尤其是針對釣魚島（中國稱釣魚島，日本稱尖閣諸島）的爭議，這不僅加劇了中日之間的緊張關係，也影響到整個區域的和平與穩定。此外，中國在台灣海峽的軍事

---

18 田中裕子，〈台湾の地政学的重要性と日台関係の展望〉，《日本国際問題研究所報告》，第 3 号，2019 年 3 月，頁 1-14。

19 張國城，〈中國崛起對台海局勢之影響〉，《海峽評論》，第 35 卷第 4 期，2014 年 12 月，頁 1-20。

演習和對台灣進行的軍事威脅，凸顯台灣在保障自身安全及區域穩定方面面臨的挑戰。[20] 台灣的地理位置對於任何試圖控制印太區域的大國而言都具有戰略意義，因此，中國的軍事壓力不僅是對台灣的威脅，也是對整個第一島鏈安全的考驗。

同時，北韓的不穩定性和其不斷進展的核武器及彈道導彈計畫，對東亞區域安全構成了另一重大威脅。北韓進行的多次核試和導彈試射，尤其是可攻擊日本乃至美國本土的遠程導彈試射，直接挑戰區域和國際的和平與安全。對日本而言，北韓的威脅尤其迫切，因為北韓的導彈如果發射，其可能的飛行路徑將經過日本上空，這不僅威脅到日本國民的安全，也迫使日本加強其防禦態勢和加大在彈道導彈防禦系統上的投資。[21]

台日必須面對來自於中國和北韓的直接軍事威脅，這要求台日不僅要加強自身的防衛能力，也需要透過加強雙邊及多邊合作，以共同應對這些挑戰，括情報共享、軍事演習及技術合作等方面，並在可能的情況下與其他國家及國際組織合作，以增強整個區域的安全機制。

## 貳、經濟發展策略

在台日加強科技創新合作、推動綠色經濟、整合供應鏈，以及在健康醫療與生技領域的合作的重要性，反映雙方利用彼此的優勢來促進共同繁榮的意願。台日在科技創新領域的合作重視半導體和 5G 通訊等前沿技術，體現雙方對於科技進步與經濟增長相結合的共同願景。半導體是台日經濟的重要支柱，而 5G 技術則是未來通訊發展的關鍵。透過合作，台灣可以利用半導體製造方面的專業知識，而日本則可以提供先進的材料科學和電子設備技術，共同推動技術創新，提升台日在全球科技領域的競爭力。此外，這種合作還有助於應對全球供應鏈的挑戰，確保關鍵技術和材

20 R. Nakano, “The Sino-Japanese territorial dispute and threat perception in power transition,” The Pacific Review, Vol. 29, No. 2, March 2016, pp. 165-186.

21 Descenda Angelia Putri, “Japan’s Foreign Policy on the Truth of China and North Korea Issues,” Jurnal Diplomasi Pertahanan, Vol. 9 No. 1, February 2023, pp. 20-23.

料的穩定供應。[22]

面對全球氣候變化的挑戰，台日兩國認識到轉型為綠色經濟不僅是對抗氣候變化的必要措施，也是推動長期經濟增長的關鍵機遇。台灣憑借在太陽能和風力發電方面的技術進步，以及日本在能源效率和環境技術方面的領先地位，雙方在再生能源領域的合作有助於加速技術創新和應用。[23] 此外，透過共同研發和推廣綠色技術，台日可以在國際市場上搶占先機，促進綠色產品和服務的全球貿易。在環境保護項目方面，台日可以分享彼此在環境監測、污染控制和生物多樣性保護的經驗和策略，從而提高台日在應對環境挑戰方面的效率和效果。

基於近年來全球經濟和政治環境的變化，尤其是貿易緊張、自然災害和健康危機等因素對供應鏈穩定性的影響，台日共同面臨著保障關鍵材料和產品供應的挑戰，凸顯整合供應鏈和提升其韌性的重要性。[24] 為了應對這些挑戰，台日兩國正在探索加強供應鏈合作的途徑，包括共同投資於關鍵領域如半導體、電子元件和再生能源技術，以及建立更多元化的供應來源和物流路徑。[25] 此外，台日也在加強資訊共享和風險管理策略，提前識別和緩解潛在的供應鏈中斷風險，不僅可以增強自身經濟的穩定性和彈性，也能在全球供應鏈重組的過程中發揮領導作用，促進區域乃至全球供應鏈的安全和可持續發展。此外，這種合作還將加強台日在國際貿易中的戰略夥伴關係，共同提升在全球市場中的競爭力。

22 陳建志，〈擦亮「日之丸半導體」招牌 2025 年日本半導體的復活戰略〉，《台灣日本研究院》，2019 年 12 月，〈https://tajs.com.tw/%e6%93%a6%e4%ba%ae%e3%80%8c%e6%97%a5%e4%b9%8b%e4%b8%b8%e5%8d%8a%e5%b0%8e%e9%ab%94%e3%80%8d%e6%8b%9b%e7%89%8c-2025%e5%b9%b4%e6%97%a5%e6%9c%ac%e5%8d%8a%e5%b0%8e%e9%ab%94%e7%9a%84%e5%be%a9%e6%b4%bb/〉。

23 潘姿羽，〈2050 淨零碳排路徑出爐〉，《中央社》，2022 年 3 月 30 日，〈https://www.cna.com.tw/news/afe/202203300334.aspx〉。

24 王振宇、陳信宏，〈台日供應鏈韌性合作：現況、挑戰與展望〉，《台灣經濟研究月刊》，第 64 卷第 2 期，2023 年 8 月，頁 1-28。

25 林建山、張素華，〈台日供應鏈合作：挑戰與機遇〉，《亞太經濟評論》，第 28 卷第 3 期，2023 年 9 月，頁 1-20。

## 參、技術創新合作

台日在技術創新和研發領域進行合作，特別是在技術轉移方面，展現加速技術從研究實驗室到市場的轉化過程，從而促進產業升級的巨大潛力。[26] 這種合作模式涵蓋從基礎研究、應用開發到商業化的全過程，使得雙方能夠共享研發成果並將之轉化為具有市場競爭力的產品和服務。通過技術轉移，台日不僅能夠加速創新技術的應用，促進產業結構的優化和升級，還能夠共同應對全球市場的挑戰，增強經濟競爭力和可持續發展能力。這種跨國合作在促進技術創新、擴大研發成果應用範圍、提升產業競爭力等方面發揮了關鍵作用。

台日在技術創新及研發領域展現出深厚的合作基礎，尤其在人才交流方面成果豐碩。台日大學間的學術研究與人才培育合作密切，如國立台灣大學與日本的東京大學、京都大學等頂尖學府進行學術交流和共同研究。此外，台灣科技部與日本文部科學省推出「台日科技合作獎學金」，支持學生跨國深造，加強科技領域的交流與合作。[27] 台日人才培訓和交流不僅加深台日科技合作，也是推動雙方科技創新的重要基礎。透過充分發揮台灣在半導體、資訊通信等領域的實力與日本在基礎科學、製造業等領域的深厚積累，雙方合作有望開創科技創新的新局面。

# 第三節　台日民間往來的緊密

## 壹、教育交流的深化

台日的高等教育機構在多個領域有著密切的學術合作，包括精準醫療、生物醫學、下一代複合半導體、人工智慧、社會科學與人文學等。[28]

26 鄭瑞城，〈台日技術創新合作的策略分析〉，《科技管理學刊》，第 26 卷第 2 期，2020 年 6 月，頁 1-224。

27 陳麗娟，〈台日大學間學術合作之研究〉，《教育政策論壇》，第 22 卷第 1 期，2019 年 3 月，頁 1-32。

28 佐藤智子，〈台湾と日本、次世代複合半導体で協力　産学連携で研究開発〉，《読売新聞》，2023 年 12 月 5 日，〈https://www.yomiuri.co.jp/science/20231205-OYT1T50141/〉。

雙方不僅進行聯合研究項目，還定期舉辦學術會議和研討會，以交流最新的研究成果和發展趨勢。這種跨國的學術合作有助於促進知識交流，加強研究能力，並推動科學技術的發展。值得一提的是，台灣政府也積極推動高等教育深耕計畫，以提升台灣高等教育的國際競爭力，而日本也不斷推動高等教育財政政策。

近年來，台日的高等教育機構之間的學術交流和學生交換計畫持續積極發展，這些合作計畫深化雙方在教育和科研領域的互動，並促進文化理解和長期合作關係的建立。根據 OECD 的報告，日本在 25 至 34 歲人口中高等教育修畢的比率顯著，這顯示日本對高等教育的高度重視。[29] 同樣，台灣的高等教育普及率也在持續提升，表明台灣對於教育質量的追求與日本不相上下。雙方在高等教育機構間的廣泛合作，如聯合研究項目、學術會議和研討會，不僅加深各自專業領域的研究，還促進學術資源共享和知識的交流，這些都是建立在長期友好關係和相互尊重的基礎上。此外，台灣和日本之間不僅在政府層面有著密切的合作關係，在民間層面也有著廣泛的交流，如文化、旅遊等方面的互動，這些都進一步鞏固雙方的友好關係，為未來的教育合作和學術交流奠定基礎。

台日的高等教育機構之間的學術合作深厚而廣泛，包含聯合研究項目、學術會議和研討會等多個層面，除了促進專業領域內的研究和學術資源共享，也加深雙方的友誼和互信，有利台日的未來發展。兩年一度的台日大學校長論壇作為雙方高等教育交流的重要平台，自 2016 年以來，一直聚焦於前瞻科技人才培育和跨域學研合作，2023 年的主題「培養下世代人才；[30] 高等教育能力建構藍圖」更是吸引眾多大學校院和高教機構參與。此外，台灣的台科大與日本德島大學合作成立的教育研究中心等具體合作案例，通過定期推動研究小組派遣和雙方學位取得，不僅結合了雙方

29 OECD 日本政府代表部，〈OECD 報告書「図表で見る教育 2021 年版」が公表されました。（2021 年 9 月 16 日）〉，《日本外務省》，2021 年 9 月 17 日，〈https://www.oecd.emb-japan.go.jp/itpr_ja/11_000001_00082.html〉。

30 暨南大學，〈2023 台日大學校長論壇 共商前瞻科技育才、推動跨域合作〉，《財團法人高等教育國際合作基金會，2023 年 7 月 25 日，〈https://www.ncnu.edu.tw/p/406-1000-14202,r30.php?Lang=zh-tw〉。

的研究力量，也為學生提供了寶貴的國際研究經驗，進一步深化了台日學術合作。[31] 透過這些合作，台日在培養下一代人才、推動科技創新和知識交流方面取得了顯著成果，共同致力於高等教育領域的持續發展。

## 貳、文化合作的多樣性

台日之間的文化節慶交流，是深化台日人民相互理解與友誼的重要橋梁。透過互派代表團參與對方的重要文化節慶，例如日本著名的櫻花節和台灣璀璨的燈會節，不僅讓雙方民眾有機會親身體驗對方的傳統文化和節慶氣氛，也促進了文化的交流與共享。日本的櫻花節是春天最受期待的節日之一，吸引來自世界各地的遊客。在這個時期，許多台灣遊客特別前往日本，欣賞櫻花盛開的美景，同時也參與當地的櫻花節慶活動，不僅是賞花之旅，更是深入了解日本文化和傳統的機會。

日本的遊客也會在台灣的燈會期間訪問台灣，體驗燈會帶來的喜慶與熱鬧，從中感受台灣文化的魅力與多樣性。這些文化節慶不僅為台日帶來了豐富的文化交流機會，也促進了雙方在藝術、傳統手工藝及美食等方面的互動。在櫻花節和燈會等活動中，常會有藝術展覽、手工藝市集和美食節，這些活動使參與者能夠更加全面地體驗和欣賞對方的文化精粹。除提供文化體驗的機會，這些文化節慶的交流也加深了台日兩國人民的相互理解和友好感情。通過參與對方的傳統節慶，台日民眾能夠在歡樂和和諧的氣氛中相互學習，增進彼此的尊重和欣賞。

台灣和日本的博物館與藝術館之間的聯合展覽活動，不僅展現了台日豐富的文化和藝術交流，更加深了彼此在藝術作品和文化遺產保存方面的合作。這些活動透過展示古蹟、書畫、工藝品等文化精粹，為台日民眾提供了一個互相了解和欣賞對方文化遺產的平台。聯合展覽不僅限於傳統藝術作品的展示，現代藝術、攝影、設計等領域的作品也經常成為交流的重

31 徐詠絮，〈台科大與日本德島大學\u3000合作教研中心〉，《教育廣播電台》，2014年6月30日，〈https://www.ntust.edu.tw/p/404-1000-60146.php?Lang=zh-tw〉。

點，這些活動的舉辦不僅豐富了雙方的文化生活，也促進了藝術創新和文化多樣性的發展。例如，一些展覽專注於探討台日在某一特定歷史時期的藝術發展，或是聚焦於某一具體主題，如自然景觀在台日藝術表現中的不同呈現方式，這不僅為觀眾提供深入了解台日文化的機會，也開啟了對話和探索的空間。

隨著數位媒體和社交平台的興起，台日在媒體領域的合作成為台日文化交流的新興力量。這些合作形式多樣，從聯合製作電視節目、電影、到動畫和網路劇，每一項目都是跨文化合作的體現，不僅豐富了台日觀眾的娛樂選擇，也推動了文化創意產業的交流與共同發展。例如，台日共同製作的動畫作品，往往結合了日本精緻的畫風與台灣豐富的文化故事，這樣的跨文化融合創造出獨特的視覺和故事體驗，深受台日觀眾的喜愛。電影合作項目中，雙方共同投資，並在對方國家進行取景拍攝，這不僅有助於電影作品的文化真實性，也促進了台日在電影製作技術和專業人才培養方面的交流。

## 參、旅遊促進的相互認識

台日之間的旅遊政策便利化，尤其是免簽證措施，對於增進台日民眾相互認識和推動文化交流起到了關鍵作用。台灣民眾前往日本旅遊無需辦理簽證，最長可享有 90 天的免簽證待遇，使得台灣民眾更容易親身體驗日本的文化和社會。同時，日本政府鼓勵以觀光、療養、運動等多種短期停留活動，促進雙方的文化交流和理解，不僅提高台日之間的旅遊流量，也為台日帶來更深層次的交流機會，透過親身體驗對方的文化、參與當地的節慶活動、品嚐特色美食等，旅遊成為促進台日民眾相互認識和增進友好感情的重要途徑。

此外，直航航班的增加和旅遊推廣活動的舉辦也在促進台日旅遊互訪方面發揮了重要作用。直航航班的增加使得旅行更加便捷，有效縮短了兩地之間的距離，降低了旅行成本，從而激發了更多人的旅遊熱情。同時，透過旅遊推廣活動的舉辦，台日不斷向對方展示自己的文化特色和旅遊資源，這些活動不僅吸引更多的旅遊者，也進一步加深雙方對彼此文化的認識和欣賞。

台日在推動旅遊業發展方面，採取一系列的策略和活動，旨在加深兩地之間的文化交流與相互理解，不僅展示各自獨特的文化特色，也為旅遊業的持續增長提供動力。文化節慶在台日的旅遊推廣活動中扮演著關鍵角色。這些節慶通常以傳統藝術表演、節日慶典和文化展覽的形式出現，吸引本地居民的參與，也成為國際觀光的重要元素；台日都利用美食展覽來推廣本地美食文化，增加當地美食的國際知名度，促進飲食相關產業的發展。

圖 6-3　第 9 屆台日交流高峰會

資料來源：楊明珠，〈台日交流高峰會「仙台宣言」 籲助台加入國際組織〉，《中央社》，12023 年 11 月 18 日，〈https://www.cna.com.tw/news/aipl/202311180212.aspx〉。

# 第四節　中國崛起的威脅

## 壹、中國軍事現代化對區域安全的影響

中國的軍事現代化計畫是其國家戰略的關鍵組成部分，目的在於增強其在全球和區域層面的影響力，同時確保國家安全和發展利益得到保障。這一戰略的實施涉及到多個方面，尤其是海軍的迅速擴張和先進武器系統的持續發展。[32] 中國海軍的擴展表現在其船艦數量的顯著增加，包括獲得航空母艦、建造先進的驅逐艦和潛艇，以及提升遠洋作戰能力，這些舉措旨在提升中國在海上的影響力，確保其海上通道的安全，並在全球範圍內擴大其戰略影響力。[33] 此外，中國在先進武器系統領域的發展同樣引人注目，包括隱身戰機、高超音速武器、反衛星武器以及網路戰能力的提升。這些技術的進步不僅顯著提高了中國軍隊的作戰效能，特別是在高度信息化和網路化的戰爭環境中，更增強其在未來潛在衝突中的威懾和作戰能力。[34]

中國的軍事現代化計畫透過海軍擴展和先進武器系統的發展，顯著增強對台施加軍事壓力的能力，尤其在快速部署和精確打擊的能力方面，不僅使中國在必要時能夠對台灣施加更大的軍事壓力，從而加劇台海區域的緊張局勢，也意味著在任何潛在衝突中，台灣的防禦能力可能因高超音速武器和其他先進軍事系統的部署而受到削弱。[35] 這種軍事優勢的擴大不僅提升了中國在區域內的戰略地位，也對台灣造成了直接的安全挑戰，迫使台灣必須尋求加強其自身防禦能力和國際安全合作，以維護其安全和區域穩定。[36]

32 江澤民，〈實現國防和軍隊現代化建設跨世紀發展的戰略目標〉，《中國改革信息庫》，1997 年 12 月 7 日，〈http://www.reformdata.org/1997/1207/5729.shtml〉。

33 中華民國 108 年國防報告書編纂委員會，《中華民國 108 年國防報告書》（台北：國防部，2019 年），頁 31。

34 中華人民共和國國務院，〈中國武裝力量的多樣化運用〉，《中華人民共和國中央人民政府網站》，2013 年 4 月 16 日，〈http://big5.www.gov.cn/gate/big5/www.gov.cn/jrzg/2013-04/16/content_2379013.htm〉。

35 Andrew F. Krepinevich, “The Pentagon’s Waning Power: How the U.S. Military Can Adapt to a New Era,” Foreign Affairs, Vol. 93, No. 3, May/June 2014, p. 99.

36 中國軍事科學院軍事戰略研究部，《戰略學（2020 年版）》（北京：軍事科學出版社，2020），頁 357。

**圖 6-4　中國海軍 055 型驅逐艦**

資料來源：朱紹聖，〈造艦速度跟不上中國 美國海軍部長：構成威脅〉，《中時新聞網》，2023 年 2 月 24 日，〈https://www.chinatimes.com/newspapers/20230224000695-260303?chdtv〉。

中國海軍的迅速擴張與先進武器系統的不斷發展，對日本的周邊安全環境帶來顯著挑戰，尤其在東海和南海這些地緣政治敏感區域，中國的軍事活動顯著增加與日本的直接對峙風險。此外，中國在遠程打擊能力和海上投射能力方面的顯著提升，進一步增加對日本領土安全及其海外利益的潛在威脅。這種情況迫使日本不得不加強其防衛能力，並尋求加強與區域內外盟友的安全合作，以確保其國家安全不受威脅，包括改善其自身的軍事裝備，提升防衛策略的靈活性和響應速度，同時也加深了與美國等國家在安全防衛領域的合作，共同應對日益複雜的區域安全挑戰。

中國的軍事現代化進程不僅對台日構成了直接的安全威脅，也迫使這兩個鄰近國家重新審視和調整其安全政策及防衛戰略。面對來自中國日益增長的軍事挑戰，台日都在積極加強自身的軍事能力，並深化與美國等盟友之間的安全合作關係，同時在國際舞台上尋求更廣泛的支持。[37] 這種安

37 日本防衛省，〈令和 3 年防衛白書〉，2021 年 7 月 13 日，頁 40-41。

全政策的調整不僅涉及傳統的軍事領域，也包括非傳統安全領域的合作加強，如在網路安全、海上安全等方面的合作，以及建立應對可能軍事危機的聯合應對機制。這些措施旨在增強台日以及整個區域的安全穩定，構建一個更加緊密的安全合作網絡，以應對複雜多變的國際安全環境。

## 貳、中國對地緣政治施壓的策略及其影響

中國在印太區域的地緣政治施壓策略是其擴大影響力和實現區域霸權目標的關鍵手段。這些策略主要體現在對南海的領土主張、對周邊國家的經濟影響力運用，以及透過一帶一路倡議等多維度的外交和經濟活動。這些行動對台日產生了直接和間接的後果，影響了這兩個國家的安全和經濟利益。

中國在南海的領土主張和軍事化行動，如人工島嶼的建設和軍事設施的部署，對印太區域的安全格局產生了深遠影響。這不僅挑戰了國際法規則，如聯合國海洋法公約，也威脅到了區域內其他國家的主權和海洋權益，包括與日本有直接海域接壤的國家。對台灣而言，南海的緊張局勢加劇了其在區域安全中的不確定性，尤其是在台灣與其南海鄰國的關係和海上通道的安全方面。[38]

中國透過其龐大的經濟體系對周邊國家施加影響，包括投資、貿易和基礎設施建設等方面。透過一帶一路倡議，中國在印太區域的許多國家進行了大規模的基礎設施投資，這雖然促進區域經濟發展，但也使得這些國家在經濟上更加依賴中國，從而增加中國對這些國家政策的影響力。[39] 對台日而言，這種經濟策略既是機遇也是挑戰，一方面可能透過區域經濟合作獲益，另一方面則需警惕因經濟依賴而對其國家安全和政策自主性帶來的潛在風險。

---

38 宋燕輝，〈美中「海洋法律戰」擴大之觀察〉，《台北論壇》，2020 年 7 月 15 日，〈https://www.taipeiforum.org.tw/article_d.php?lang=tw&tb=3&cid=18&id=1536〉。

39 中華人民共和國國務院，〈推動共建絲綢之路經濟帶和 21 世紀海上絲綢之路的願景與行〉，《「一帶一路」國際合作高峰論壇網站》，2017 年 4 月 7 日，〈http://www.beltandroadforum.org/BIG5/n100/2017/0407/c27-22.html〉。

對台灣而言，中國的地緣政治施壓主要體現在軍事威脅和外交孤立上，透過經濟手段和政治影響力試圖限制台灣的國際空間。對日本而言，中國的地緣政治策略不僅在南海造成壓力，也透過對東海島嶼的主張和在邊境區域的軍事活動，直接挑戰日本的領土主權和安全利益。中國在印太區域的地緣政治施壓策略對台日構成了多方面的挑戰，迫使這兩個國家不僅要加強自身的防衛能力，[40] 也需要在外交和經濟策略上進行調整，以應對中國日益增長的影響力。同時，這也促使台日加強與其他印太地區國家以及國際社會的合作，共同維護區域的和平與穩定。

## 參、對台灣和日本安全政策的影響

中國的崛起和其軍事現代化進程對台灣和日本的國家安全政策產生了深遠的影響，迫使台日調整防衛預算、軍事戰略以及區域安全合作。[41] 面對中國軍力的快速增長，台日都有顯著增加其防衛預算的趨勢，以加強自身的軍事能力和防衛準備。台灣近年來持續增加其防衛預算，特別是在導彈防禦系統、先進戰機的購買以及自主防衛能力的提升上。同樣，日本也在重新評估其防衛預算，特別是在加強島嶼防衛、改善遠程打擊能力和加強網路以及太空防衛能力方面進行了投資。

中國軍事力量的擴張和行動策略的變化，促使台日更新其軍事戰略。台灣針對可能的中國侵略，逐步從傳統的防衛策略轉向更加靈活和多層次的防衛策略，強調不對稱戰力的建設，以提高其防衛效能和成本效益。日本則是在自衛隊的傳統防衛角色之外，逐步增強其對外安全貢獻的能力，包括透過修改相關法律以擴大自衛隊的運用範圍，並強化對外情報收集和監視能力。[42]

40 呂建良，〈東海石油能源與中日衝突之分析〉，《復興崗學報》，第 88 期，2006 年，頁 255。

41 飯田將史，〈台頭する中国と東アジアの安全保障〉，《防衛研究所評論》，第 4 號，2010 年 1 月 8 日，頁 1-10。

42 佐藤優，〈中国の軍事力と日本の安全保障〉，《外交フォーラム》，第 28 巻第 12 期，2007 年 12 月，頁 32-39。

中國的崛起也促使台日更加積極地尋求區域和國際上的安全合作。日本透過與美國的同盟關係加強，並積極參與印太區域的多邊安全對話和合作，如與澳大利亞、印度和東南亞國家的安全合作，以構建一個更加廣泛的安全合作網絡，對抗中國的影響力。[43] 台灣則是在國際上尋求更多非官方的安全對話和合作，同時加強與美國等主要國家的軍事和安全關係，以確保其安全。中國的崛起不僅對台灣和日本的國家安全構成挑戰，也迫使這兩個國家在防衛預算、軍事戰略以及區域安全合作方面進行重大的調整和更新。[44] 這些變化反映台日對於保障自身安全和穩定所採取的積極應對措施，以及在維護其國家利益決心。

## 第五節　小結

美國的「印太戰略」是對中國崛起及其在區域內日益增長的影響力的直接回應，旨在維護印太區域的和平、穩定與繁榮，透過「印太戰略」支持台日在國際舞台上，特別是在多邊論壇和國際組織中，發揮更積極和關鍵的角色，從而加強整個區域內的合作與對話。此外，美國還特別強調在安全、經濟和科技等關鍵領域與台日的合作，以共同應對從傳統安全威脅到經濟脅迫、網路攻擊乃至於新興技術競爭等一系列挑戰和威脅，並加強區域內的安全架構，促進經濟增長和技術創新，確保印太區域能夠抵禦侵犯主權和破壞區域穩定的行為。美國「印太戰略」的實施，不僅體現在軍事領域的合作，如與台日的防衛合作和軍事訓練，也涵蓋經濟合作、基礎設施建設、能源安全，以及科技創新等廣泛領域。

細究台日之間擁有多層次且密切的「五形與五體」關係，包括；在「美國引領」所形塑的「戰略共同體」、在「地緣安全」所形塑的「命運

43 佐藤宏，〈日米同盟とインド太平洋戦略〉，《日本国際問題》，第6號，2018年11月，頁1-16。

44 田中明彥，〈日米豪印の安全保障協力とインド太平洋地域の安定〉，《防衛研究所評論》，第12號，2018年3月9日，頁1-14。

共同體」、在「民主政治」所形塑的「價值共同體」、在「經貿科技」所形塑的「利益共同體」，在「民間友情」所形塑的「情感共同體」。因此在戰略層面，台日在美國的支持下透過聯合軍演、情報共享和戰略對話等方式增強軍事合作與防禦能力，共同維護印太地區的和平與穩定。在地緣安全方面，由於地理位置接近，台日面臨相似的安全威脅，特別是來自中國的壓力，這使得台日在地緣安全上有著共同的利益和命運，強化合作能增強彼此的安全保障。在價值觀層面，台日同為民主國家，共享自由、人權和法治等相似的政治價值觀，為台日的合作基礎，使得台日在國際舞台上能夠相互支持，共同應對來自非民主國家的挑戰。基於這些共同點，台日應加強「五形與五體」的合作力量，與美國緊密鏈結，共同因應印太與台海可能的變局，確保區域和平與穩定。

鑑於台日都直接面臨來自中國的軍事壓力和安全威脅，加強台日安全合作，提升防衛能力，並與美國等區域夥伴進行緊密協調，已成為迫切需要的戰略選擇。這種合作不僅限於傳統的軍事領域，如聯合演習和情報共享，也包含對抗網路威脅、恐怖主義以及自然災害等非傳統安全挑戰的合作。除了安全領域的合作外，台日在科技創新、綠色經濟、供應鏈整合以及健康醫療等領域也展現出深厚的合作潛力和基礎，體現利用彼此的優勢來促進共同繁榮和可持續發展的願景。在綠色經濟和供應鏈整合方面，台日可以共同開發和推廣環保技術和產品，並優化供應鏈配置，以減少對單一來源的依賴，增強經濟安全和韌性，而健康醫療領域的合作，特別是在應對全球性健康危機如新冠疫情時，更顯示台日在公共衛生領域合作的重要性。

中國的軍事現代化計畫，特別是其海軍的迅速擴張和先進武器系統的持續發展，已經顯著提升其對台灣施加軍事壓力的能力，尤其是在快速部署和精確打擊方面。這種軍事能力的提升，使得台灣面臨更加嚴峻的安全挑戰，迫使其必須加強自身的防衛能力和戰略準備。同時，中國在南海和東海的軍事行動也對日本的領土主權和海洋利益構成了直接威脅，這些行動不僅挑戰區域內的國際法規則，也加劇中日之間的緊張關係。面對來自中國的這些挑戰，台日都被迫增加防衛預算以購置更先進的武器系統和提升軍事訓練的質量，更新軍事戰略以更好地應對可能的安全威脅，以及加強與區域內外盟友和夥伴的安全合作，特別是加深與美國的軍事聯盟和合作關係，以構建一個更加穩固的區域安全架構。

在當前國際政治經濟格局中，台日面臨著共同的安全挑戰和地緣政治壓力，特別是來自中國的軍事現代化和區域影響力擴張。美國的印太戰略提供一個重要的政策框架，旨在應對這些挑戰，並促進印太區域的和平、穩定與繁榮。這一戰略不僅強調自由、開放及基於規則的國際秩序，也致力於加強與區域內外盟友和夥伴國的合作，其中台日扮演著關鍵角色。鑑於此，台日更應該強化雙方全方位的合作，不僅是對當前安全挑戰的直接回應，也是促進長期共同繁榮和區域穩定的戰略選擇。

在中國崛起對印太區域安全格局帶來影響的背景下，台日合作的加深，實際上是在構建一個更加廣泛的區域合作機制，即美日台共同體。這一共同體的形成，不僅能夠有效應對來自中國的挑戰，也能夠促進印太區域的長期穩定與發展。美日同盟作為印太乃至印太區域安全格局的重要組成部分，其在台日合作中的角色和作用不容忽視。透過與美日同盟的結合，台日的合作將在更廣泛的區域安全與發展框架內發揮作用，從而為印太區域的和平、穩定與繁榮作出更大貢獻。因此，從美國的「印太戰略」到台日安全合作的共同利益，再到民間交流的活躍和中國崛起的挑戰，這些因素共同塑造台日深化合作的戰略機遇。在此基礎上，將台灣與美日同盟結合，形成美日台共同體，不僅是對當前國際政治情勢的積極回應，也是推動印太區域長期穩定與繁榮的重要舉措。

## 第一節　加強美日台三邊的互動

### 壹、政治領域

為應對印太區域的安全和發展挑戰，美日台三方應該在政治領域加強合作，共同捍衛民主價值和利益。為此，建立三邊對話機制是必要的。透過這種對話機制，三方可以就關切的議題進行交流和協商，並制定合作方案和行動計畫，這將有助於提高三方的互信和理解，並為深化合作奠定堅實的基礎。美日台三邊對話機制不僅能夠有效應對當前的危機，也能夠為未來的合作創造有利的平台。

為應對中國的軍事挑戰和威脅，美日台三方應該在政治、經濟和安全領域加強合作，共同維護區域的和平與穩定。情報和信息共享是三方安全合作的重要基礎，可以幫助三方及時了解和分析中國的動態、意圖和能力，提高對各種安全威脅的識別和應對能力，協調防衛策略和安全政策，增進對彼此的安全需求和利益的理解，並尋求在武器銷售、軍事演習、安全對話等方面的合作機會。美日台三邊對話機制是推動情報和信息共享的有效途徑，也是塑造未來合作的重要平台，三方應該加強溝通和協作，為區域和平與繁榮貢獻力量。[1] 為實現有效的情報和信息共享，三方還需要建立或完善相關的機制和平台，加強人員培訓和資源投入，並克服法律、技術和政治上的障礙。

為應對中國的崛起和挑戰，美日台三方作為印太區域的重要民主夥伴，有必要在政治、經濟和安全領域加強合作，共同維護區域的和平與穩定。美日台三方可以透過發表共同聲明和在國際場合上採取協調一致的行動，向國際社會展示其在關鍵議題上的共同立場和決心，包括台灣海峽的和平穩定、中國的人權問題、區域的自由開放和環境的可持續發展等。[2] 這樣不僅能夠提高三方在相關議題上的說服力和影響力，也能夠向中國發出明確的信號，並有助於塑造國際輿論，推動國際社會對相關問題的關注和行動。例如，美日兩國在 2021 年 4 月發表的聯合聲明中首次提及台灣，引起國際社會的廣泛關注和支持。又如，美日台三方在 2020 年 11 月發表的聯合聲明中強烈譴責中國的香港國安法，呼籲國際社會共同捍衛香港的自由和民主。共同行動和聲明是三方合作的重要表現形式，反映三方在國際事務中團結和協作精神。

台灣是一個民主、自由、開放和負責任的國家，卻因中國的打壓而面臨國際孤立和邊緣化的困境，無法充分展現其在國際社會的潛力和價值。台灣在全球衛生、環境保護、科技創新等多個領域有著卓越的表現和貢獻，美日兩國深知台灣的重要性，並在國際場合上為台灣發聲，並與台灣在各種層級和領域進行合作。例如，2020 年台美簽署台美經濟繁榮夥伴協議（EPP），2021 年台日成立台日經濟安全對話（ESD）。美日支持台灣

1 蘇紫雲，〈美日台三邊對話機制的發展與挑戰〉，《亞太安全研究》，第 20 卷第 3 期，2023 年 9 月，頁 1-20。

2 Bonnie Glaser and Timothy R. Heath, “The Future of U.S.-Taiwan Relations: A Framework for Durable Peace,” The Washington Quarterly, Vol. 45, No. 1, Spring 2022, pp. 113-128.

的國際參與不僅有助於提升台灣的國際地位，而且對於推動多邊合作和全球治理具有積極意義。台灣的國際參與可以為解決全球性問題提供寶貴的經驗和資源，例如在 2019 年新冠肺炎疫情爆發時，台灣及時採取有效的防疫措施，並向國際社會捐贈口罩和醫療物資，展現其作為全球衛生合作夥伴的能力和責任。透過支持台灣參與國際事務，美日台可以共同為解決全球性問題貢獻力量。

為應對中國崛起和美中貿易戰所帶來的區域及全球的不確定性和風險，美日台三方作為印太區域的重要經濟夥伴，有必要加強經濟上的合作和互信。美日台可以透過簽訂自由貿易協定和投資保障協議等方式，促進貿易和投資的自由化和便利化，增強經濟聯結。這些經濟聯結不僅涵蓋高科技、能源、基礎建設、農業、服務業等多個領域，有助於提升三方的競爭力和創新力，而且也能夠共同應對全球化帶來的挑戰，如供應鏈安全、經濟安全等。[3] 例如，美日台三方在 2023 年發表的聯合聲明中宣布，將建立一個可靠的半導體供應鏈，以減少對中國的依賴，並確保三方在關鍵技術領域的領先地位。

在政治領域，美國、日本和台灣有著多層面、多維度的合作關係。三方透過建立或加強三邊對話機制，以及加強情報和信息共享，可以有效地應對地緣政治和全球化帶來的挑戰。[4] 三方透過共同行動和聲明，以及支持台灣的國際參與，可以增強區域和全球的和平、穩定與繁榮。三方透過推動經濟合作協議，可以促進彼此的發展利益。這種合作模式不僅展示在複雜的國際環境中尋求共贏與發展的路徑，也為其他國家和區域提供值得借鑒的經驗。

3　Richard C. Bush, “The U.S.-Japan-Taiwan Economic Triangle: A New Framework for Regional Cooperation,” The Washington Quarterly, Vol. 43, No. 2, Summer 2020, pp. 143-156.

4　Sheila A. Smith, “The United States, China, and Taiwan: A Framework for Peace and Stability,” International Security, Vol. 45, No. 4, Spring 2021, pp. 124-155.

## 貳、軍事領域

中國不斷擴張其軍事實力和影響力，對美日台三方的安全和利益構成嚴重的挑戰。在南中國海和台灣海峽等敏感區域，中國的軍事活動和挑釁行為日益頻繁和危險，引發三方的高度關注和警惕。為平衡區域力量、維護區域安全穩定，美日台三方應該加強軍事合作，包括情報共享、武器銷售、聯合演習、防衛技術合作等多個層面，旨在提升三方的防禦能力和協調能力。[5] 美日台三方軍事合作不僅是維護三方安全和利益的有效手段，也是促進區域和平與穩定的重要力量，三方應該堅持這一合作，加強對話和協作，為區域和平與繁榮貢獻力量。

為因應中國的崛起和擴張，維護區域的和平與穩定，美國在 2018 年推出「自由開放的印太戰略」，該戰略的核心是推動區域內的自由貿易、海洋自由以及國際法規的遵守，並支持區域內的民主國家和夥伴。[6] 為達成這一戰略目標，美國不只加強與印度的合作，也與日本和台灣建立更緊密的軍事關係。美日台三方透過情報共享、聯合演習、軍事訓練和裝備等方式，提升彼此的防衛能力和互信。美日台的軍事合作不但有助於對抗中國的軍事威脅，也有助於保障區域的自由與開放，符合三方的共同利益。

在印太區域的安全局勢中，美國、日本和台灣共同面臨著來自中國的多維度挑戰，除涵蓋台灣海峽、東海和南海的地緣政治緊張，也擴展至經濟、貿易和科技領域，其中中國正試圖以其擴張性的行動和挑釁性的姿態，重塑現行的國際秩序與規範。[7] 面對這樣的情勢，美國、日本和台灣加強三方之間的軍事合作，不僅是捍衛共同利益和價值觀的必然選擇，也是提升聯合應對各類安全威脅能力的關鍵。

美國作為區域內的主要安全支柱，不僅是台灣最重要的安全合作夥伴，也是日本的軍事同盟。在這一架構下，美國的軍事存在和承諾成為維

---

5 田中智彥，〈米日台の軍事協力、中国に牽制　情報共有や武器売却など強化〉，《日本経済新聞》，2023 年 12 月 15 日，〈https://www.nikkei.com/article/DGXZQODF15C2V0X11C23A1000000/〉。

6 J. Calabrese, "Assuring a Free and Open Indo-Pacific–Rebalancing the US Approach," Asian Affairs, Vol. 51, No. 2, April 2020, pp. 307-327.

7 山本真由美，〈米日台、軍事演習で連携　中国の台湾侵攻に備え〉，《朝日新聞》，2023 年 10 月 25 日，〈https://www.asahi.com/articles/ASLDW6FJZLDWUTFK01J.html〉。

持印太區域戰略平衡的核心。美國對台灣的支持體現在提供必要的防禦性武器，並透過多層次、多形式的軍事交流和訓練，包括特種部隊、海軍陸戰隊和網路安全等領域的合作。同時，美國與日本基於「美日安全保障條約」和「日美防衛合作指南」，建立涵蓋日本周邊安全以及台灣和平與安全的緊密軍事關係。

除正式的軍事合作外，美日台之間還開展豐富的非正式軍事合作，例如「情報共享、人員培訓和武器研發」等，不僅增強三方面對中國軍事挑戰的防衛能力，也提高對包括恐怖主義打擊、網路攻擊防禦、氣候變化應對和疾病控制在內的非傳統安全威脅的應對能力。[8] 這些跨國性、不可預測和突發的安全挑戰，要求多邊合作和協調，以實現有效解決方案。因

**圖 7-1　美日台兵推**

資料來源：黎冠志，〈美日台兵推「2027 共軍犯台」 台日缺「關鍵」淪戰爭不利〉，《朝日新聞》，2023 年 8 月 1 日，〈https://tw.news.yahoo.com/ 幕後—美日台兵推—2027 共軍犯台—台日缺—關鍵—060008054.html〉。

8　田中美穂，〈米日台、中国の軍事的拡張に警戒　地域の平和と繁栄を守るために協力強化〉，《朝日新聞》，2023 年 12 月 10 日，〈https://www.asahi.com/articles/ASLDW6FJZLDWUTFK01J.html〉。

此，加強美日台三方的軍事合作，對維護區域及全球的和平與安全具有深遠影響。

## 參、經濟領域

印太框架下，美日台建立或加強經濟對話機制，對於促進三方的經濟合作，應對區域和全球的經濟挑戰，以及維護印太的和平與穩定，具有顯著的正面意義和影響。[9] 首先，作為印太區域重要的經濟夥伴，美日台之間存在密切的貿易和投資關係。然而，三方也同時面臨來自中國的競爭和壓力。透過這種對話機制，三方能夠增進互信、協調立場，共同維護一個自由、開放、包容、以規則為基礎的印太經濟秩序。其次，美日台均為創新型經濟體，具備先進的科技和豐富的人才資源，三方也高度重視環境永續與數位轉型，透過加強經濟對話，三方可以在科技、數位和綠色經濟等領域加強合作，促進知識與技術的交流，從而提升區域的創新能力和競爭力。此外，三方都受到新冠疫情的嚴重衝擊，透過這一對話機制，三方可以分享防疫和經濟復甦的經驗，支持區域乃至全球的公共衛生和疫苗分配工作，同時促進民主價值觀和國際規範的實施。

美日台三方之間在經濟領域雖已建立密切的合作關係，然而這種合作同時也面臨來自中國的日益增加的競爭和壓力。面對這一挑戰，三方有必要進一步加強經濟聯繫，以維護和增強各自的經濟利益和安全。一種可行的策略是探索簽訂或加深「自由貿易協定」（FTA）和「經濟夥伴關係協定」（EPA），不僅能夠減少貿易障礙，促進貿易和投資的自由化，還能夠加強三方的經濟繁榮。透過這類協議，美日台不僅可以提升各自產業的競爭力，創造更多就業機會，擴大市場准入，還可以在科技創新、能源解決方案和環境保護等關鍵領域加深合作。[10] 這種深化的經濟合作不僅有

9 R. Ajami, "Strategic Trade and Investments Framework and Geopolitical Linkages across Asia-Pacific Economies," Journal of Asia-Pacific Business, Vol. 23, No. 3, June 2022, pp. 183-186.

10 Richard C. Bush, "The U.S.-Japan-Taiwan Economic Triangle: A New Framework for Regional Cooperation," The Washington Quarterly, Vol. 43, No. 2, Summer 2020, pp. 143-156.

利於三方內部的經濟增長，同時也有助於在更廣泛的區域和全球範圍內擴大其影響力，彰顯對於推動一個基於規則的國際秩序以及自由民主價值觀的堅定承諾。因此，簽訂或加深 FTA 和 EPA 不僅是對現有經濟合作關係的加固，也是一種對外發出的明確信號，表明美日台三方積極尋求共同進步，並願意在經濟全球化的大背景下攜手應對共同挑戰，為維護和促進一個更加自由、開放和繁榮的世界貢獻力量。

在當前複雜的國際形勢之下，美國、日本和台灣有機會攜手推動關鍵產業供應鏈的多元化，可降低對單一來源的依賴，從而增強三方面對潛在經濟和安全風險的抵禦能力，特別是在半導體、稀土元素和醫療產品等關鍵領域，美日台可以共同努力建立更加穩定和安全的供應鏈，包括加強技術交流、擴大投資合作，以及促進市場的進一步開放，從而提高三方在全球經濟中的競爭力和創新能力。[11]

此外，透過建立多邊或雙邊的合作框架，美日台可以共同推動制定高標準的貿易和投資規則，有助於促進一個更自由、公平和互惠的國際經貿環境。這種在經濟領域的深化合作不僅對美國、日本和台灣自身的經濟發展和利益至關重要，同時也為區域乃至全球的繁榮與安全做出積極貢獻，且美日台三方不僅能夠鞏固各自經濟的韌性，還能在推動全球經濟治理和國際合作方面發揮領導作用，展現出三方共同應對全球挑戰、維護國際秩序的決心和能力。

為加強科技和創新合作，美國、日本和台灣可以考慮建立一個聯合研發基金，支持三方在科技創新和研發領域的合作，同時促進知識產權的保護和科技創新人才的共同培養。[12] 這項提議不僅體現三方共同的利益，還有助於增強它們在全球科技競賽中的競爭力和影響力，更好地應對全球性挑戰和威脅。聯合研發基金將可為美日台在人工智能、生物科技、綠色

11 Sheila A. Smith, "The United States, China, and Taiwan: A Framework for Peace and Stability," International Security, Vol. 45, No. 4, Spring 2021, pp. 124-155.

12 TechNews 科技新報，〈攜歐美抗中國！日本傳設千億基金推動晶片研發〉，《TechNews 科技新報》，2021 年 6 月 21 日，〈https://technews.tw/2021/06/21/japan-100-billion-fund-promotes-chip-research-and-development/〉。

能源等前沿科技領域的合作項目提供資金支持。此外，該基金還鼓勵學術界、產業界以及政府部門之間的深入交流和協作，從而為創新合作創造更加有利的環境。在保護知識產權方面，美日台應共同努力，打擊盜竊和侵犯知識產權的行為，推動國際間在知識產權保護方面的合作與交流，確保創新成果能夠得到公平合理的利用和保護。此外，科技創新人才是推動三方未來發展的關鍵。因此，美日台應加強在教育、培訓、交流和就業方面的合作，不僅要吸引和留住當前的科技人才，也要致力於培育新一代的科技領導者，為未來的創新和發展奠定堅實的人才基礎。

為加強綠色經濟合作，美國、日本和台灣有機會共同投入資源於綠色能源項目，從而推動對環境保護和氣候變化應對的國際合作，並在此過程中共享彼此的綠色技術和實踐經驗，對於減少全球溫室氣體排放、提升能源效率和安全性具有關鍵意義，同時也有助於促進區域的和平與穩定，進一步增強三方在全球範圍內的影響力。作為綠色經濟的先驅，美國、日本和台灣都擁有領先的科技創新能力，特別是在風力、太陽能和氫能等可再生能源領域，透過在這些領域開展合作，三方不僅建立互利互惠夥伴關係，也能夠推動綠色技術的發展和應用，為全球綠色轉型提供模範。此外，美國、日本和台灣也可以將綠色經濟合作的範圍擴展至支持發展中國家的綠色轉型，透過提供資金、技術支援和專業培訓等援助，幫助這些國家建立可持續的綠色經濟體系。這不僅能夠加深三方在環境保護和氣候變化領域的合作，也有助於應對全球氣候危機，展現出三方對於推動全球綠色發展和氣候行動的堅定承諾。

## 第二節　加強與四方安全對話連結

四方安全對話（Quad）是美國、日本、印度和澳洲之間的戰略合作，旨在維護印太區域的自由開放和基於規則的秩序。Quad 的成員國都是民主國家，都面臨著中國的崛起和挑戰，因此有共同的安全和經濟利益。[13]

13 中央社，〈四方安全對話面對中國虎視眈眈 強調印太自由開放〉，《中央社》，2021 年 9 月 24 日，〈https://www.cna.com.tw/news/firstnews/202109250049.aspx〉。

台灣與 Quad 連結的必要性和潛在益處在於，台灣是印太區域的重要夥伴，不僅位於第一島鏈的戰略位置，也是全球科技產業鏈的關鍵一環，與 Quad 成員國都有密切的經貿、文化和價值觀關係，也都受到中國的軍事、外交和經濟壓力，雙方的合作不僅可以提高其安全防衛和抵禦中國侵略的能力，也可以促進經濟多元化和減少對中國市場的依賴。此外，台灣也可以與 Quad 共同推動區域內的民主、人權、法治和氣候變化等議題，為印太區域的和平與繁榮做出貢獻。

## 壹、四方安全對話概況

Quad 由美國、日本、澳洲和印度四國組成，是一個戰略對話機制，旨在共同實現「自由開放的印太」目標。四方對話機制的成立背景可追溯至 2007 年，時任日本首相的安倍晉三所提出「自由與繁榮之弧」概念，旨在與美國、澳洲和印度等盟友合作，共同維護印太區域的自由開放秩序。[14] 雖然 Quad 在 2007 年至 2017 年間曾中斷，但隨著中國在該區域影響力的增強，四國於 2017 年重新啟動對話機制。2020 年，Quad 更舉行首次領導人峰會，將對話從非正式機制升級為正式戰略夥伴關係。

Quad 致力於確保印太區域的自由與開放，面對中國在此區域不斷增強的影響，Quad 透過加強成員國在安全、經濟及科技等關鍵領域的協作，有效地平衡中國的擴張勢力。這一機制在地緣政治層面提供關鍵的制衡力量，其安全合作增強成員國面對區域安全挑戰的應對能力。同時，經濟與科技領域的合作也推動區域的經濟繁榮與科技進步。這些合作不僅加固成員國間的戰略夥伴關係，更為維持印太區域的和平與穩定奠定堅固的基礎。

Quad 是印太區域新興的戰略夥伴關係，旨在促進區域的和平與穩定。但是 Quad 的發展面臨許多困難和變數，其中最大的挑戰是如何在加

14 Richard C. Bush, “The Quadrilateral Security Dialogue: An Evolving Framework for Regional Cooperation,” The Washington Quarterly, Vol. 43, No. 2, Summer 2020, pp. 143-156.

強安全合作的同時，避免引發中國的敵對反應。[15] 此外，四國之間在歷史文化、政治制度和經濟發展水平上的差距，也會影響合作的效率和深度。因此，Quad 需要在未來的合作中不斷調整和協調，以克服這些挑戰，發揮其潛力。

## 貳、台灣與 Quad 連結的必要性

台灣與 Quad 的連結，在多個層面上顯現出其迫切的必要性。地緣政治角度而言，台灣位於印太區域的戰略要衝，對於維護區域平衡及防範潛在威脅具有無可替代的地位。台灣的民主制度、經濟實力、科技創新、人道援助等，都為 Quad 的成員國提供重要的價值觀和利益共同點。台灣成為 Quad 合作的一部分，不僅能夠強化美國及其他成員國在該區域的軍事及戰略存在，也有助於共同應對中國在南海、台海等敏感區域的挑釁行為，從而增強區域安全防禦能力。[16]

從安全與經濟的角度來看，台灣面對的安全威脅日益增加，尤其是來自中國的軍事壓力。中國不斷加強對台灣的軍事威嚇，包括派遣戰機、軍艦和飛彈進入台灣的防空識別區（ADIZ）和海峽中線，甚至威脅使用武力統一台灣。這些行為不僅挑戰台灣的主權和安全，也破壞區域的和平與穩定。因此，台灣需要與國際社會緊密合作，以維護自身的安全利益和區域的戰略平衡。透過與 Quad 的連結，台灣不僅可以獲得安全領域的支援，提升自身的防禦能力，同時也能夠加深與四國在經濟合作的連結，促進台灣經濟的多元發展。Quad 成員國都是台灣的重要貿易夥伴，與台灣有著廣泛的經貿往來和投資合作。台灣與 Quad 的連結，可以促進雙邊或多邊的「自由貿易協定」（FTA）的簽訂，加強貿易和投資的自由化和便

15 Frederick Kliem, "Why Quasi-Alliances Will Persist in the Indo-Pacific? The Fall and Rise of the Quad," Journal of Asian Security and International Affairs, Vol. 7, No. 3, November 2020, pp. 271-304.

16 楊智強、李雪莉，〈美中與印太新布局，台灣如何立足 —— 專訪白宮前國安顧問麥馬斯特〉，《報導者 The Reporter》，2021 年 10 月 25 日，〈https://www.twreporter.org/a/usa-china-taiwan-strategy-national-security-advisor-mcmaster〉。

利化，並降低貿易壁壘和風險。此外，台灣與 Quad 的連結，也可以推動區域的供應鏈的重整和多元化，減少對中國市場過度依賴，並提高區域的經濟韌性和競爭力。[17]

另外，Quad 成員國在科技領域的先進實力，為台灣提供與國際科技創新接軌的機會，從而提升台灣在全球科技競爭中的地位。台灣在半導體、5G、疫苗等關鍵技術領域，都有著領先的優勢和實力，是 Quad 成員國的重要合作夥伴。台灣與 Quad 的連結，可以促進科技的交流和合作，共同應對全球的挑戰，如氣候變化、疾病防治、網路安全等。同時，台灣與 Quad 的連結，也可以保護科技的安全和自主，防止科技的盜竊和滲透，並維護科技的民主和開放的價值觀。

台灣與 Quad 成員國的連結，不僅在戰略、安全、經濟和科技領域具有深遠的意義，同時也是對共享民主價值的堅定支持。台灣的民主制度、人權保障、法治精神、媒體自由等，都是 Quad 成員國所尊重和推崇的價值觀，與 Quad 的連結可以加強彼此在價值觀上的信任和合作，並對抗那些試圖破壞民主和自由的勢力。這種連結有助於在印太區域弘揚民主理念，促進區域的民主發展，支持和鼓勵正在爭取民主和自由的國家和人民，如緬甸、香港等，並為他們提供實質的援助和保護。台灣與 Quad 的連結，也可以促進區域內的民主對話和交流，增進各國之間的相互理解和尊重，並共同維護區域的和平與穩定。

總體來說，加強台灣與 Quad 之間的合作關係，對於台灣來說是一項重要的戰略舉措，不僅能夠有效應對當前的中國威脅，也為台灣參與更廣泛的區域治理和國際合作開拓新的可能。台灣與 Quad 之間的合作關係，可以提高台灣的國際地位和影響力，增加台灣在國際事務中的發言權和參與度，並為台灣爭取更多的國際空間和支持。其次，也可以拓展台灣的外交視野和策略，讓台灣不再侷限於單一的對岸關係，而是積極參與區域和全球的重大議題和挑戰，如氣候變化、恐怖主義、人道危機等，並展現台灣的責任和貢獻。

---

17 斯影，〈Quad 四方安全對話：美、澳、印、日領導人舉行會談 聚焦台灣、半導體供應鏈和疫苗分配〉，《BBC News 中文》，2021 年 9 月 23 日，〈https://www.bing.com/chat?form=NTPCHB〉。

# 參、台灣與 Quad 關係

## 一、美國

美國是 Quad 的領頭羊，也是台灣最重要的盟友，長期以來奉行「一個中國」政策，但也承諾協助台灣維持自衛能力。近年來，美國在台海問題上的態度逐漸趨於強硬，多次表達對中國的關切和對台灣的支持，不僅加強與台灣的軍售和軍事合作，也提高台灣的國際參與和能見度，並與台灣在經濟、科技、衛生等領域展開更深入的合作。美國的這些舉措，旨在維護台灣的安全和繁榮，也是美國在印太區域的戰略利益和價值觀的體現。

美國對台灣的政策，雖然仍然堅持「一個中國政策」，但也同時遵循「台灣關係法」和「六項保證」的規範，並在「戰略模糊」的框架下，對台灣提供必要的安全保障。[18] 美國的「戰略模糊」政策，是指美國不明確表態是否會在中國對台灣使用武力的情況下，採取軍事干預的行動。這種政策的目的，是要避免台灣走向「法理獨立」，也要避免中國採取「武統」的行動，從而維持台灣海峽的和平與穩定。美國認為，這種政策可以對台灣和中國產生雙重的嚇阻效果，使雙方都不敢輕舉妄動，而必須透過對話和協商來解決分歧。

美國的「戰略模糊」政策，近年來也受到一些質疑和挑戰。一方面，中國在台灣海峽的軍事活動日益頻繁和挑釁，不斷派遣戰機和軍艦進入台灣的防空識別區和海峽中線，甚至威脅使用武力統一台灣。這些行為不僅嚴重挑戰台灣的主權和安全，也破壞區域的和平與穩定。美國的一些政治人物和學者認為，美國應該放棄「戰略模糊」，而採取「戰略清晰」的政策，即明確表明美國將對中國對台灣使用的任何武力作出回應。他們認為，這樣可以更有效地嚇阻中國的武力威脅，也可以更有力地支持台灣的

[18] Robert S. Ross, “The Taiwan Strait: A Test Case for U.S. Security Policy in the 21st Century,” International Security, Vol. 29, No. 2, Fall 2004, pp. 74-102.

民主和自由。[19]

另一方面，台灣在政治、社會、文化等方面，與中國的差異和疏離愈來愈大，台灣人的民主意識和國家認同愈來愈強烈，台灣的民主制度和人權保障也愈來愈完善，使得台灣對中國的統一訴求愈來愈不感興趣，也使得台灣對美國的安全保證愈來愈渴望。台灣內部認為，美國的「戰略模糊」已經失去效力，而採取「戰略清晰」的政策，即明確表明美國將對台灣的安全和民主負責，可以更有效地鼓勵台灣的自信和積極，也可以更有力地抵抗中國的壓力和威脅。

美國的「戰略模糊」政策，是美國對台灣問題的一種妥協和平衡，也是美國對中國關係的一種調節和緩和。這種政策的優點是靈活和彈性，可以根據情勢的變化而作出適當的調整和回應。這種政策的缺點是模稜兩可和不確定，可能會造成雙方的誤判和猜疑，也可能會引發雙方的不滿和挑戰。美國是否應該繼續堅持「戰略模糊」，還是應該轉向「戰略清晰」，是一個需要深思熟慮的問題，涉及到美國的國家利益和價值觀，也涉及到台灣的安全和未來，更涉及到區域的和平與穩定。

## 二、日本

日本是台灣重要的經貿夥伴，也是台灣在安全領域的重要合作夥伴。近年來，日本在台海問題上的態度也趨於強硬，多次表態將台海和平穩定視為自身利益所在。日本的這種態度，反映日本對中國的戰略懸念，以及日本對台灣的友好情感。

台日的經貿關係，一直十分密切和穩固。根據統計，台灣是日本第四大、日本是台灣第三大貿易夥伴，2022 年雙邊貿易總額達 882 億美元，創歷史新高，日本對台投資金額也創下歷年新高，顯示雙方經濟合作關係愈來愈緊密。雙方在電子、汽車、能源、農業等領域有著廣泛的合作和

[19] L. Diamond and James O. Ellis, “Deterring a Chinese military attack on Taiwan,” Bulletin of the Atomic Scientists, Vol. 79, No. 2, March 2023, pp. 65-71.

互補。日本也是台灣最大的外國投資者之一，2022 年日本在台投資金額為 16.99 億美元，較 2021 年同期增加 133.20%，其中製造業投資金額為 12.02 億美元，服務業投資金額為 4.97 億美元。[20] 日本的產業技術和管理經驗，對台灣的經濟發展有著重要的影響和貢獻。

台日的安全關係，近年來也日益緊密和深化。日本將台灣視為其海洋安全的前沿，並認為台灣海峽的和平與穩定，對日本的安全保障和國際社會的穩定相當重要。台日在情報分享、防衛裝備、人員交流等方面有著密切的合作。日本也支持美國對台灣的安全承諾，並表示將與美國協調應對台海的任何危機。[21] 日本的這些舉措，旨在抵抗中國在台海的軍事壓力，也是日本與美國同盟關係的體現。

台日的友好關係，也建立在深厚的歷史和文化基礎上。日本曾經統治過台灣五十年，雖然留下不少傷痕，但也帶來一些正面的影響，如法治、教育、基礎建設等。台日的民間交流，也十分頻繁和熱絡。根據調查，日本是台灣人最喜歡的國家，而台灣也是日本人最喜歡的國家之一。雙方在語言、飲食、風俗、宗教等方面有著許多共通點。日本也對台灣的民主和自由表示尊重和支持，並在台灣面臨國際困境時，提供實質的援助和關懷。

台日的關係，是一種基於利益、價值和情感的緊密夥伴關係。雙方在經貿、安全、文化等領域有著廣泛的合作和交流，也有著共同的利益和願景。日本在台海問題上的強硬態度，是日本對中國的戰略懸念，以及日本對台灣的友好情感的反映。台日的關係，對於維護區域的和平與穩定，促進民主和自由的發展，有著重要的意義和作用。

20 台灣日本關係協會，〈台日經濟貿易狀況〉，《台灣日本關係協會》，2021 年 10 月 25 日，〈https://www.twreporter.org/a/usa-china-taiwan-strategy-national-security-advisor-mcmaster〉。

21 中央社，〈印太戰略新軸線 從安倍到岸田日本重申台海和平 擴增軍事預算落實印太戰略〉，《中央社》，2023 年 5 月 29 日，〈https://www.cna.com.tw/news/aopl/202305290042.aspx〉。

## 三、澳洲

澳洲是台灣重要的經貿夥伴，近年來與台灣的關係日益密切。澳洲在台海問題上的立場與美國和日本基本一致，也多次派遣軍艦穿越台海。澳洲的這種態度，反映澳洲對中國的戰略警惕，以及澳洲對台灣的友好支持。

澳洲與台灣的經貿關係，一直十分緊密和活躍。2022 年台澳雙邊貿易額達 284.80 億美元，較 2021 年大幅成長 59.48%。我國為澳洲第五大貿易夥伴、第四大出口國、第十三大進口國；澳洲則為我國第七大貿易夥伴、第十二大出口國、第五大進口國。我國 2022 年自澳洲進口約 246.77 億美元，同年我國對澳洲出口總值約 75.38 億美元，澳洲享有 171.39 億美元順差。澳洲主要出口肉類、小麥和乳製品及能礦到台灣，澳洲則從台灣進口電信設備零件、精煉石油、電腦、摩托車以及自行車。[22]

台灣、澳洲教育交流主要包括學生、教師、學者的互訪、學術研究的合作、教育政策的對話等，目的是促進兩國間的文化理解、學術交流、人才培養等。目前，台灣、澳洲教育交流的規模和範圍都在不斷擴大，不僅涵蓋學術研究和學生交流，還延伸至教育政策的深入合作。兩國定期舉辦教育部長會議，討論教育政策和合作計畫，例如 2022 年 8 月簽署的「2022 台澳英語學習夥伴關係行動計畫」，這項計畫旨在加深雙方在英語教育及師資培訓等方面的合作。[23]

在安全與戰略對話方面，儘管台灣與澳洲之間不存在正式的軍事聯盟，但兩地在區域安全、反恐和網路安全等議題上保持著緊密的非正式合作。澳洲對於台灣海峽的和平與穩定持支持態度，認識到台灣在維護印太

22 行政院經貿談判辦公室，〈澳洲及紐西蘭之證將情勢與對外關係〉，《行政院經貿談判辦公室》，2023 年 12 月 14 日，〈bing.com/ck/a?!&&p=9d6b1407bf0559d9JmltdHM9MTcwOTQyNDAwMCZpZ3VpZD0zODczMzE3OC0zYzEyLTYxZTgtMTc2MS0yMmFhM2Q4NjYwNGYmaW5zaWQ9NTE4MQ&ptn=3&ver=2&hsh=3&fclid=38733178-3c12-61e8-1761-22aa3d86604f&psq=澳洲及紐西蘭之證將情勢與對外關係 &u=a1aHR0cHM6Ly93d3cuZXkuZ292LnR3L0ZpbGUvNDQ3QjZDNUY5NjFGNjQ3Ng&ntb=1〉。

23 黃靖伶，〈教育部、國家發展委員會及澳洲辦事處共同簽署「2022 台澳英語學習夥伴關係行動計畫」〉，《教育部》，2022 年 8 月 17 日，〈https://www.edu.tw/News_Content.aspx?n=9E7AC85F1954DDA8&s=1E202D17FB6C53C6〉。

區域安全架構中的關鍵角色。面對中國對台灣日益增長的壓力和區域地緣政治的變化，台灣與澳洲的關係雖面臨挑戰，但基於共同的經濟合作、人文交流和安全利益，雙方仍有巨大的合作潛力。隨著區域情勢的發展，這種基於共同利益和相互尊重的關係有望持續深化，為台灣與澳洲帶來更多合作的機會，共同面對未來挑戰與機遇。

## 四、印度

印度是 Quad 的後起之秀，與台灣的關係相對較弱。但近年來，印度也開始重視台灣在印太區域的地位，雙方在經貿、文化等領域的合作日益密切。印度與台灣的關係，是一種基於民主、自由、多元和互利的夥伴關係，也是印度推動「東望政策」和「印太願景」的重要一環。

在「印太戰略」的大背景下，台灣與印度之間的關係正逐步展現出更深層次的合作潛力，這種合作不僅限於經濟領域，還涵蓋教育、文化以及安全等多個層面。隨著全球經濟格局和地緣政治環境的變化，台灣與印度作為亞洲重要的民主國家，共同面對著維護區域穩定與促進經濟發展的挑戰與機遇。

經濟合作方面，台灣與印度互補性強，合作空間廣闊。台灣在高科技、製造業和資訊技術領域的先進經驗，與印度的市場規模、人力資源和數位經濟發展潛力相結合，為雙邊經濟合作提供了堅實的基礎。近年來，隨著台灣企業對印度市場的興趣增加，從電子製造到軟體開發，從再生能源到智慧城市解決方案，雙方的合作項目日益增多，這不僅有助於促進印度的工業升級和技術創新，也為台灣企業開拓新興市場創造了機會。2022 年，台印度雙邊貿易總額創下 84.59 億美元新高，其中我國出口 53.18 億美元，進口 31.42 億美元，占我國對外貿易比重 0.9%，印度為我國第十七大貿易夥伴國。[24]

24 貿易全球資訊網，〈印度與我經貿關係〉，《貿易全球資訊網》，2023 年 7 月 27 日，〈https://www.taitraesource.com/total01.asp?AreaID=00&CountryID=IN&tItem=w05〉。

教育和文化交流是加深台灣與印度人民相互了解和友好關係的重要途徑。兩國高等教育機構之間的合作項目和學術交流活動日益頻繁，為學生和研究人員提供了寶貴的國際視野和研究機會。此外，透過藝術展覽、電影節和文化節慶等活動，台灣與印度的文化交流不斷深化，增進了兩地人民對彼此傳統和現代文化的認識和欣賞。為了促進兩國中小學生的文化交流與學術交流，我國教育部與印度教育部於 2024 年 3 月 4 日在台北舉行了一場隆重的簽約儀式，由兩國各 28 所中小學校長代表簽署了教育交流合作備忘錄。該備忘錄旨在建立兩國中小學之間的友好關係，並提供學生和教師互訪、互學、互助的機會，以增進彼此的認識和了解，並促進兩國教育的發展和創新。[25]

在安全與戰略對話方面，儘管台灣與印度在正式的軍事合作上保持謹慎，但在區域安全、海洋自由航行、反恐以及網路安全等非傳統安全領域，雙方有著共同的關切和合作潛力。[26] 面對區域安全環境的挑戰，特別是在印太區域的戰略競爭日益加劇的背景下，台灣與印度之間的戰略溝通和協調變得尤為重要。

展望未來，隨著印太區域在全球政治經濟中的地位日益提升，台灣與印度在「印太戰略」框架下的合作將面臨新的機遇與挑戰。透過加強經濟合作、深化人文交流以及開展戰略對話，台灣與印度可以共同為促進印太區域的和平、穩定與繁榮作出貢獻。在這一過程中，兩國的合作不僅能夠增強彼此的國際地位和影響力，也將為印太區域乃至全球的發展帶來積極的影響。

---

25 中央社，〈台灣印度中小學教育交流 兩國各 28 校簽署備忘錄〉，《中央社》，2022 年 3 月 24 日，〈https://news.ltn.com.tw/news/politics/breakingnews/3871003〉。

26 呂伊萱，〈首屆「台灣印度對話」落幕 聚焦安全、經貿與科技合作〉，《自由時報電子報》，2022 年 10 月 11 日，〈https://news.ltn.com.tw/news/politics/breakingnews/4085511〉。

# 肆、加強與美日的安全合作具體作法

## 一、利用現有機制的間接參與

台灣可以透過加強與美國、日本的雙邊安全合作和對話，間接參與到更廣泛的區域安全議題中，包括軍事演習、情報共享、防務技術合作，不僅有助於提升自身的防衛能力和國際地位，也有助於維護區域的和平與穩定，可以促進三方之間的互信和溝通。因此，台灣應該積極尋求與美國、日本在安全領域的更深入的合作，並展現作為一個負責任的區域夥伴的決心和能力。

台灣作為一個民主和開放的社會，對於區域和平與穩定有著重要的貢獻。但台灣面臨著來自中國大陸的嚴峻挑戰，包括軍事威脅、外交孤立和政治壓力，更需要與其他有志於維護區域秩序的國家和組織建立更緊密的合作關係，尤其是與美國、日本、澳大利亞等 Quad 的成員。Quad 是一個多邊平台，旨在促進印太區域的安全合作。雖然台灣並不是 Quad 的正式參與者，但台灣可以透過智庫、學術機構和非政府組織，參與到與 Quad 相關的討論和研究中，提出台灣的視角和建議，增加在區域安全議題中的影響力。[27] 例如，台灣可以與 Quad 的成員或觀察員共同發表聯合報告、舉辦圓桌會議或研討會、發展人才交流計畫等，以促進彼此之間的理解和信任，並探討可能的合作領域和機會。藉由參與四方對話機制間接強化與美日關係，可以提高在國際社會中的能見度和聲譽，也可以為 Quad 提供有價值的觀點和資源，並支持其推動區域自由、開放、包容和基於規則的秩序的目標。

## 二、加強與美日的經濟安全合作

台灣在半導體製造領域擁有全球領先的地位，是美國和日本的重要戰略夥伴。面對中國不斷增強的競爭力和威脅，台灣需要與美日加強供應

27 王振寰，〈台灣參與四方安全對話的可行性與挑戰〉，《國防安全雙週報》，第 22 卷第 22 期，2022 年 11 月 22 日，頁 1-10。

鏈合作，共同研發和保障關鍵技術，提升產品的品質、效率和創新性，降低成本、風險和依賴性，從而提高台灣在全球半導體市場的競爭優勢，為美日提供穩定和可信賴的供應來源，並促進三方在經濟和安全上的共同利益。[28]

除半導體之外，台灣應該在其他關鍵產業領域，如關鍵礦產和醫療，加強與美日的供應鏈合作，關鍵礦產是許多高科技產品和國防武器的重要原料，但目前主要由中國控制。台灣應該與美日共同尋找和開發其他替代來源，減少對中國的依賴，提高供應的多元化和安全性。[29] 同時，台灣也應該與美日在醫療領域加強交流和合作，共享資訊和經驗，開發和生產更先進和有效的藥物和設備，應對各種公共衛生危機和挑戰。透過在半導體、關鍵礦產、醫療等關鍵產業領域加強與美日的供應鏈合作，台灣不僅可以提升自身在全球供應鏈中的重要性，也可以增強其經濟安全和戰略地位。這將有助於台灣保護自身的利益和價值，也將有助於美日維持區域和世界的穩定和繁榮。[30]

當前高科技、網路安全、人工智能等領域對國家發展和安全的影響日益凸顯。面對這些挑戰和威脅，與盟友美國和日本加強技術合作變得尤為關鍵，這不僅能夠增強共同的安全防護，保障信息和數據安全，避免遭受惡意攻擊或被盜取，還能促進創新和研發領域的交流合作，從而提升競爭力和影響力。此外，加深與美國和日本的技術合作也有助於深化三方間的依賴關係，加強戰略互信和協調，共同維護我們的利益和價值觀，確保長期的安全與繁榮。

---

28 經濟部國貿署，〈台美供應鏈及經貿合作論壇，台美優勢互補共創雙贏〉，《經濟部》，2023 年 8 月 15 日，〈https://www.trade.gov.tw/Pages/Detail.aspx?nodeid=40&pid=766430〉。

29 林妤柔，〈供應鏈「去台化」掀起全球角力戰，各國晶片政策一次看〉，《TechNews 科技新報》，2022 年 12 月 13 日，〈http://edgeservices.bing.com/edgesvc/redirect?url=https%3A%2F%2Ftechnews.tw%2F2022%2F12%2F13%2Fglobal-semiconductor-subsidy%2F&hash=nrdGOjPtzAsrLjT0op%2BnNvQpv7Px%2FXp6L5EkO8Obj0c%3D&key=psc-underside&usparams=cvid%3A5-1D%7CBingProd%7CD19E1EF78A3BA32AE7ABBBA1F8D4CAF117320A5D635609E3D7BE723227E69869%5Ertone%3ACreative〉。

30 外交部駐大阪辦事處，〈台日半導體合作加強成熟製程半導體供應鏈穩定性〉，《經貿透視》，2023 年 8 月 1 日，〈https://www.trademag.org.tw/page/newsid1/?id=7897436&iz=6〉。

## 三、推動多邊安全議題的合作

台灣是一個重視人道主義和國際責任的國家，因此在人道主義援助和災害響應領域與美日等國有著密切的合作。台灣不僅提供經濟和物資援助，也派遣專業的救援隊伍參與國際救援行動，展現其能力和貢獻。台灣的救援隊伍曾經參與過多次重大的災害救援，例如 2004 年的印度洋海嘯、2010 年的海地地震、2011 年的日本東北大地震等，並獲得國際社會的高度讚賞。這些合作不僅增強台灣與美日等國的友誼，也提升台灣在國際上的能見度和聲望，為台灣爭取更多的國際空間和支持。

台灣在非傳統安全領域有著豐富的經驗和專業知識，可以與美日等國家建立更緊密的合作夥伴關係。例如，在網路安全方面，台灣可以分享防禦網路攻擊和提升網路素養方面的做法和成果，並與美日等國進行技術交流和人才培訓，共同提高網路安全防護能力。在反恐方面，台灣可以參與美日等國的情報分享和合作機制，並利用在邊境管理和反洗錢等方面的優勢，協助打擊跨國恐怖主義活動。[31] 在海上安全方面，台灣可以與美日等國進行聯合海上巡邏和演習，並加強在海洋科學、海洋資源和海洋環境等方面的研究合作，共同維護海上秩序和利益。透過這些方式，台灣可以展現其在非傳統安全領域的貢獻和價值，並深化與美日等國的互信和友誼。

## 四、利用國際法和規則

台灣是一個海洋國家，不僅擁有豐富的海洋資源，也位於區域的戰略要衝。台灣在維護區域和平與穩定方面發揮著關鍵的作用，是美日等國的重要夥伴和盟友。台灣堅持在國際法和規則的基礎上，特別是聯合國海洋法公約等國際協議的框架下，與各方合作，維護自身的合法權益，並為美日等國提供與台灣合作的法理依據。台灣積極參與相關的多邊或雙邊機

31 陳嘉銘，〈台灣應強化反恐機制〉，《台灣新社會智庫全球資訊網》，2024 年 3 月 2 日，〈http://taiwansig.tw/index.php/%E6%94%BF%E7%AD%96%E5%A0%B1%E5%91%8A/%E6%86%B2%E6%94%BF%E6%B3%95%E5%88%B6/5292-%E5%8F%B0%E7%81%A3%E6%87%89%E5%BC%B7%E5%8C%96%E5%8F%8D%E6%81%90%E6%A9%9F%E5%88%B6〉。

制，展現其負責任的海洋治理能力，並與各方共同推動海洋安全、環境保護、資源開發等議題。台灣也持續加強其海上防衛力量，以確保其海域主權和利益不受侵犯。

## 第三節　深化經濟合作與技術交流

台灣是全球重要的半導體製造中心，也是許多高科技產品的關鍵供應商。在當前面臨的各種挑戰和不確定性下，台灣與美日之間的合作更顯得重要。三方可以共同推動供應鏈的多元化和彈性，減少對單一來源的依賴，提高對風險的抵抗能力。此外，也可以加強在科技創新方面的交流和協調，共同開發新的產品和服務，提升競爭力和效率。這種合作不僅能夠增強三方的經濟和技術實力，還能夠促進區域和全球的穩定與發展，為人類社會帶來更多的福祉和進步。

### 壹、供應鏈安全

台灣在全球半導體產業中具有舉足輕重的地位，其先進製程技術更是無人能及。美國和日本作為高科技產業大國，對於半導體的需求量極大，而半導體供應鏈的穩定性也關係到它們的國家安全和經濟發展。台灣能夠提供美日高品質、高效率的半導體產品，不僅可以幫助它們降低對其他供應源的依賴，也可以增強它們在全球市場的競爭力和影響力。根據國際市場調查機構 TrendForce 的報告，2023 年台灣在全球晶圓代工市場的占有率達到 46%，[32] 遠超過其他國家或區域。台灣的晶圓代工廠商，如台積電、聯電等，都具備世界領先的技術水平和生產能力，能夠提供從 5 奈米到 90 奈米不等的各種製程服務。這些製程服務涵蓋各種高科技產品的核心元件，如智慧手機、電腦、伺服器、汽車、物聯網等。

32 陳怡君，〈研調：全球晶圓代工產能台灣 2027 年估降至 41%〉，《經濟日報》，2023 年 12 月 14 日，〈https://money.udn.com/money/story/5612/7641087〉。

美國和日本都是高科技產業大國，對穩定的半導體供應鏈有著迫切需求，然近年來全球半導體市場的供需失衡，以及美中貿易戰和新冠疫情的影響，美日兩國都面臨半導體短缺的問題，嚴重影響其產業發展和競爭力。因此，美日兩國都希望能夠找到可靠的半導體供應夥伴，以確保其高科技產業的持續發展。

台灣在半導體領域的優勢不僅體現在其世界領先的晶圓代工服務上，如台積電等，還包括一系列強大的半導體設計和測試企業，例如聯發科技、環旭電子和瑞昱半導體等。這些企業綜合形成了一個完整、高效的半導體解決方案體系。此外，台灣與美國和日本保持著穩固的政治與經貿關係，基於共享的民主和自由價值觀，這進一步加深了相互間的信任和合作意願。

台灣的先進製程技術在全球半導體產業中處於領先地位，成為美國和日本在追求供應鏈多元化和安全性時的關鍵夥伴，透過這種合作，不僅能夠減少盟友對其他供應源的依賴，增強整體供應鏈的安全性和穩定性，還能進一步提升自身的國際地位和影響力，對全球高科技產業的發展作出重要貢獻。[33]

面對全球供應鏈重組和地緣政治風險的增加，美日台可以共同努力，推動供應鏈的多元化和彈性化，透過加強合作，三方可以在關鍵材料、關鍵技術和生產設備等方面建立更加穩健的供應網絡。這不僅有助於提高三方的經濟競爭力和安全性，也有助於維護全球貿易秩序和自由開放的印太區域。為此，美日台應該加強政策溝通和協調，制定共同的戰略目標和行動計畫，並尋求與其他友好國家和區域的合作夥伴，利用各自的優勢和專長，發揮互補性和協同效應，促進供應鏈的創新和升級。[34] 此外，美日台還應該加強風險管理和應急準備，以應對可能出現的突發事件或危機。

---

33 科技部，〈加速半導體前瞻科研及人才布局─穩固我國在全球半導體產業鏈的關鍵地位〉，《行政院全球資訊網─重要政策》，2021 年 9 月 30 日，〈https://www.ey.gov.tw/Page/5A8A0CB5B41DA11E/6bbd5511-ca28-4133-b7f1-0467d37f6e8a〉。

34 江今葉，〈美日領袖聯合聲明 台海和平是國際安全不可或缺要素〉，《中時新聞網》，2023 年 1 月 14 日，〈https://www.cna.com.tw/news/aopl/202301140008.aspx〉。

## 貳、科技創新

台灣在信息通信技術（ICT）、精密製造和生物技術等領域具有顯著的研發實力，而美國和日本則在人工智能（AI）、量子計算和航空航天等前沿技術領域保持全球領先地位。這些高端技術預示著將顛覆未來生活方式和重塑產業結構，帶來廣闊的發展潛力與挑戰。透過合作研發項目、技術交流，以及人才培養，台灣、美國，和日本可以共同加速科技創新的步伐，探索未來技術的發展趨勢。這樣的合作不僅能夠加深三方之間的夥伴關係，還能對全球科技進步和社會發展做出重要貢獻。

隨著數字經濟的快速發展，網路安全問題成為了一個共同面對的重大挑戰。數字經濟的範疇廣泛，涵蓋各類商業活動，並對政府、社會以及個人的利益產生深遠影響。因此，加強數字經濟安全性是一項全球性的共同責任。台灣在網路和信息安全領域擁有豐富的經驗和技術基礎，例如透過建立國家資通安全會報中心和推進資通安全管理法等措施。美國和日本在數據隱私保護、跨部門網路安全協調等方面也展現出領先的技術和管理經驗。[35] 透過在網路安全技術、數據保護標準，以及打擊網路犯罪等方面進行合作，台灣、美國和日本可以共同提升數字經濟的安全性，保障各方的共同利益。

具體而言，三方可以透過以下方式開展合作：一是加強技術交流和人才培養，共同提高對新型網路威脅的防範能力；二是加強政策對話和規範協調，共同制定符合國際標準的數據保護規則；三是加強執法合作和情報分享，共同打擊跨境的網路犯罪行為。透過這些合作，三方不僅可以保障自身的數字經濟安全，也可以促進區域和全球的數字治理水平。

35 Chien-Kuo Wang and Chien-Hsun Chen, "Cybersecurity Governance in Taiwan: Lessons Learned from the Cybersecurity Management Act," Journal of Contemporary Eastern Asia, Vol. 18, No. 2, December 2019, pp. 1-16.

## 參、潛在合作模式

基於供應鏈安全和科技創新在全球經濟穩定和區域合作中的關鍵作用，建議建立一個三方合作機制，旨在加強相關領域的溝通、協調和合作，透過定期舉行會議，共享關鍵信息，並協調行動，以提供一個有效的溝通渠道，增強各方之間的互信和理解。此舉不僅促進政策的協商與協同作用，也有助於共同應對共同利益和關切之事，進一步推動在科技創新領域的合作，增強參與方的創新能力和競爭力。

此外，為應對全球化帶來的各種挑戰和風險，強化三方合作與協調顯得尤為重要。透過建立一個高效、可靠且安全的供應鏈體系，並推動科技創新及產業的轉型升級，各方可提升其競爭力和創造力。三方應在相關領域內制定共同的標準和規範，以減少貿易障礙和成本，促進市場的開放和公平競爭，從而為企業合作創造便利條件。這不僅有助於各方的經濟發展，也對維護多邊貿易體制和國際秩序具有重要意義。

美日台三方在科技領域有著深厚的合作基礎和互補的優勢，面對全球競爭和安全挑戰，加強三方的技術合作具有重要的戰略意義。為此，美日台可以考慮設立專門的基金，支持三方企業在前沿技術和關鍵領域的聯合研發項目，促進技術創新和應用，包括人工智能、生物科技、半導體、5G、6G、雲端運算、物聯網、數位貨幣等，透過這種方式，美日台可以共同提升自身的科技實力和競爭力。[36]

# 第四節　小結

美國、日本和台灣是印太區域的重要民主夥伴，他們在政治、經濟和安全領域有共同的利益和價值，面對中國的崛起和挑戰，有必要加強三邊的合作和協調。為此，三方可以透過建立或加強三邊對話機制，就共同關

36 Shih-Chieh Chang and Chien-Kuo Wang, “The Impact of the US-Japan Alliance on Taiwan’s Cybersecurity: Challenges and Opportunities,” Asian Security, Vol. 16, No. 3, September 2020, pp. 287-304.

心的議題交流看法進行協商，並制定具體的合作方案和行動計畫。這種對話機制有助於增強三方的互信和理解，並為深化合作打下堅實的基礎。此外，還可以透過加強情報和信息共享，提高對各種安全威脅的識別和應對能力，例如中國在南海、東海和台灣海峽的軍事部署和行動。

再者，三方還可以藉由發表共同聲明和在國際場合上採取協調一致的行動，向國際社會展示其對某些關鍵議題的共同立場和決心，例如台灣海峽的和平穩定、中國的人權問題、區域的自由開放和環境的可持續發展等。最後，支持台灣的國際參與，提升台灣的國際地位，並讓台灣在全球衛生、環境保護、科技創新等多個領域發揮其潛力和價值。美日台三邊的合作不僅可以有效應對來自中國的威脅，也可以促進印太區域的長期穩定與發展，為區域和平與繁榮貢獻力量。

台灣與 Quad 的連結具有必要性和潛在益處，因為台灣是印太區域的重要夥伴，不僅位於第一島鏈的戰略位置，也是全球科技產業鏈的關鍵一環。台灣的安全和繁榮與區域的自由開放和基於規則的秩序密切相關，台灣也有能力和意願為區域的和平與發展做出貢獻。兩方的連結可以透過多種方式實現，例如參與 Quad 的相關會議和活動，與 Quad 成員國建立雙邊或多邊的合作關係，以及與 Quad 的其他夥伴國進行對話和交流。

台灣與 Quad 的合作可以提高其安全防衛和抵禦中國侵略的能力，也可以促進其經濟多元化和減少對中國市場的依賴。台灣可以與 Quad 成員國加強軍事和安全上的合作，例如進行情報和信息共享，參與聯合軍演和訓練，以及購買和生產先進的武器和裝備。也可以加強彼此在經濟和貿易上的合作，例如參與區域綜合經濟夥伴協定（RCEP），加入全面進步跨太平洋夥伴協定（CPTPP），以及建立自由貿易協定（FTA）。

此外，雙方也可共同推動區域內的民主、人權、法治和氣候變化等議題，為印太區域的和平與繁榮做出貢獻，共享 Quad 成員國在民主轉型和防疫管理方面的經驗和成就，支持區域內的民主運動和人權保護，以及參與區域內的法治和人道主義行動。還可以合作應對氣候變化的挑戰，例如減少溫室氣體的排放，發展綠色能源和低碳技術，以及加強氣候變化的適應和減緩措施。

台灣是全球最大的半導體製造商，擁有全球 63% 的晶圓代工市場份額，是美國和日本的重要合作夥伴。台灣積體電路製造公司（TSMC）是全球最大的晶圓代工廠，也是美國和日本的主要供應商。

在面對中國的競爭和壓力下，台灣應該積極與美日建立更緊密的供應鏈聯盟，共同開發和保護關鍵技術，提高產品品質和效率，降低成本和風險。例如，台灣與美日在 2023 年發表的聯合聲明中宣布，將建立一個可靠的半導體供應鏈，以減少對中國的依賴，並確保三方在關鍵技術領域的領先地位。

台灣、美國和日本都是科技創新的重要推動者，三方在不同的領域各有所長，有潛力形成互補和協作的關係。例如，台灣在半導體、5G、疫苗等領域有著領先的優勢和實力，美國在人工智慧、生物科技、綠色能源等領域有著先進的科技和創新能力，日本在汽車、機器人、太空等領域有著豐富的經驗和技術。

# 第八章　台日的抗中戰略之合作

台日之間有著深厚的歷史、文化、經濟和民主價值的聯繫，也面臨著中國的軍事威脅和外交壓力。台日抗中戰略合作不僅涉及防衛安全、情報交流、人道援助和災難救援等領域，也包括科技創新、能源轉型、基礎建設和產業鏈的合作，以增強雙方的綜合實力和國際影響力。台日抗中戰略合作對於促進印太區域的自由、開放、多元和包容的秩序，以及推動美日台三方的戰略協調，具有關鍵性的意義。

## 第一節　台灣必須凸顯的地緣政治優勢

### 一、台灣將成為中國海權發展的墊腳石

美日同盟之所以會這麼重視台海和平穩定與區域安全，當然是台灣有著位居第一島鏈核心及「印太戰略」關鍵節點的「地緣政治」優勢，而且這個優勢是受「印太戰略」的「戰略需求托舉」所造成，而且台灣刻正遭受到中國嚴重的軍事威脅有關。若以地緣政治視角來看台灣，台灣猶如「兩顆石頭」。一是「墊腳石」，一旦中國併吞台灣，台灣將成為中國的「墊腳石」，如此中國海軍將可自由進出西太平洋及南海，整個印太同盟勢亦將瓦解，且因為有新的中國海洋強權誕生，國際及海洋秩序將因此而重建。

首先，從歷史的角度來看，台灣一直是中國和其他國家爭奪的焦點。從明朝時期開始，台灣就被視為中國的一部分，但也受到荷蘭、西班牙、日本和美國等外來勢力的入侵和占領。在二戰後，台灣被歸還給中華民國政府，但隨著中國內戰的爆發，國民黨政府撤退到台灣，並與共產黨政府形成對峙的局面。在冷戰期間，台灣得到美國的支持和保護，並成為反共陣營的一員。1979 年，美國與中華人民共和國建交後，美國終止與台灣的外交關係，但仍然通過台灣關係法保持非正式的聯繫和軍事援助。在此期

間，台灣也發展自己的民主制度和經濟實力，並與其他國家建立實質性但非正式的關係。

其次，從政治的角度來看，台灣在中國海權擴張和印太同盟結構中扮演一個敏感而重要的角色。由於中國堅持「一個中國」原則，並視台灣為其不可分割的一部分，因此對於任何試圖改變現狀或支持台灣獨立的行動都表示強烈反對。中國也透過實施「反分裂國家法」和進行軍事演習等手段，對台灣施加壓力和威脅。同時，中國也積極推動其「一帶一路」戰略和「新安全觀」理念，以增強其在區域和全球的影響力。在此背景下，台灣面臨著來自兩個方向的挑戰：一方面是如何保持其自身的安全和發展；另一方面是如何平衡其與中國和美國等其他國家的關係。[1] 對於前者，台灣採取加強自我防衛能力、提高警惕性、保持彈性和靈活性等策略。對於後者，台灣採取維持現狀、避免挑釁、尋求對話和合作等策略。

最後，從經濟的角度來看，台灣是一個島嶼經濟體，其生存和發展高度依賴於海洋資源和海上貿易。因此，台灣有著保護其海洋權益和促進其海上合作的強烈動機。此外，台灣也是一個高科技產業的領導者，其在半導體、資訊通訊、生物醫藥等領域具有優勢和競爭力。是故，台灣有著提供其技術和服務並參與區域和全球供應鏈的強烈動機。一方面，台灣與中國有著密切的經貿往來，並受益於中國的市場和投資；另一方面，台灣也面臨著中國的經濟制裁、技術竊取和產業轉移等威脅。同時，台灣也與美國和其他印太國家有著良好的經貿關係，並參與多個區域和全球的經濟組織和協定。在這方面，台灣不僅是印太同盟結構的一個重要成員，也是一個可靠的夥伴和貢獻者。

台灣在中國海權擴張和印太同盟結構中扮演一個多元而複雜的角色。從歷史、政治和經濟等方面來看，台灣既是一個被動而敏感的對象，也是一個主動而積極的主體。台灣不僅面臨著來自中國的壓力和挑戰，也享受著與美國和其他印太國家的支持和合作。台灣不僅是區域安全和穩定的關鍵因素，也是區域發展和繁榮的重要力量。

1 Lowell Dittmer, "Taiwan as a Factor in China's Quest for National Identity," Journal of Contemporary China, Vol. 15, No. 49, January 2006, pp. 671-686.

## 二、台灣將成為中國海權發展的絆腳石

位於東亞大陸邊緣的台灣，橫亙於第一島鏈，正對中國大陸東南沿海，南臨巴士海峽，北靠東海，是連接太平洋和東亞各國的海上要道，地理特徵使得台灣成為影響東亞區域安全與穩定的戰略要地。中國通往太平洋的海上線路受到第一島鏈的天然限制，台灣更是該島鏈的關鍵節點。中國海軍若想進入太平洋，必須通過台灣海峽及巴士海峽，能否控制該等海域直接關係到中國海軍的遠洋航行自由度，在台灣為美日同盟所控制的情況下，中國海軍將難以保證航線的安全，進而影響中國的遠洋戰略投射能力。[2]

從軍事戰略角度來看，台灣若納入美日同盟，必然增強該同盟防禦體系。美日在第一島鏈的軍事部署將與台灣形成互補，三方可透過情報共享、聯合軍演等方式提升彼此的作戰協同能力。特別是在反潛、防空和戰略預警等方面的合作，能有效增強對中國軍事活動的監控和應對能力，增加中國海軍在該區域的運營成本與風險。美日台三方還可能進行更加密切的情報與技術交流，以及軍事設施和基地共享，進一步嚴密的戰略圍堵可能讓中國在南海及東海等敏感海域的行動更加受限。此外，在美中兩國日趨激烈的戰略競爭中，台灣的地位變得愈發重要。美國透過加強與台灣的關係，不僅可以牽制中國的海上擴張，還可以利用台灣作為對抗中國影響力的前哨基地。[3] 同時，也是日本保障其海上通道安全、避免遭受中國威脅的重要戰略舉措。

中國海軍若要進入太平洋深藍之域，必須通過日本南端至台灣、菲律賓乃至印尼群島等一系列關鍵地點的門戶。這些門戶地帶由於其地理位置的特殊性，既是連接中國與太平洋的必經之地，也是潛在的對手可利用的戰略要地。台灣在其中的戰略位置尤其關鍵，不僅控制著中國至太平洋的重要海路，其空域也對中國海軍航空母艦戰鬥群的遠洋訓練和作戰提出制

2　Robert D. Kaplan, “The Geography of Chinese Power,” Foreign Affairs, Vol. 84, No. 2, March/April 2005, pp. 66-81.

3　John J. Tkacik, Jr., “Taiwan’s Security and the U.S.-Japan Alliance,” The Heritage Foundation, 2021.

約。再者，巴士海峽作為中國潛艇進出西太平洋的重要通道，其深度與複雜的水文環境為潛艇提供良好的隱蔽性，但若台灣掌握在美日及其盟友手中，美日必然在該處海域強化反潛網絡，中國的潛艇部隊在此區域的行動自由度將受到極大限制，影響中國海軍在印太區域的戰略潛行能力。[4]

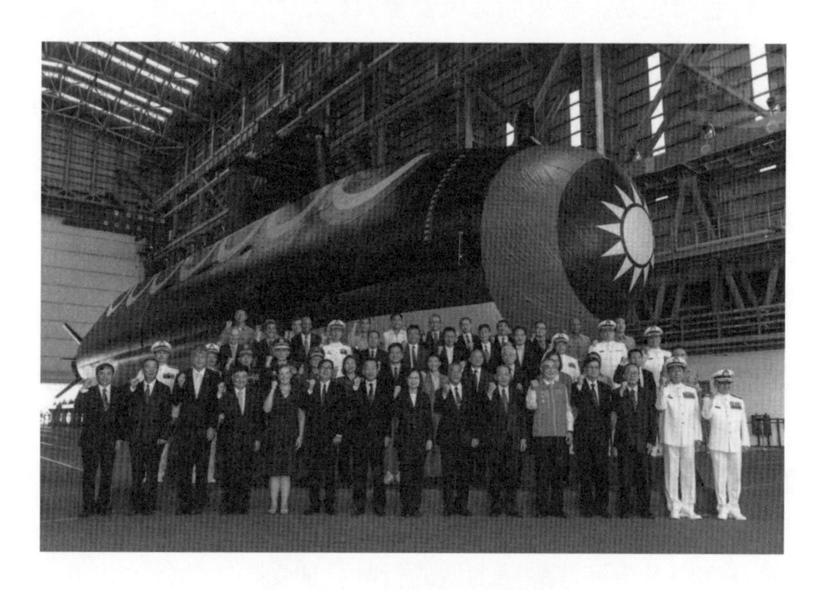

**圖 8-1　台灣海鯤號潛艦**

資料來源：郭瓊俐，〈台灣自製潛艇夢想　30 年後終於成真〉，《今周刊》，2023 年 9 月 29 日，〈https://www.businesstoday.com.tw/article/category/183027/post/202309290007/〉。

同時，台灣區域還可能成為情報監測和預警系統的前沿基地。若台灣與美國及其盟友建立更緊密的合作關係，美方可以借助台灣地理優勢，部署先進的情報、監視及偵察系統（ISR），對中國海軍的一舉一動保持高度警覺。此外，美軍還可在台灣部署較為靠近前線的彈道導彈防禦系統，這將極大提升同盟對中國彈道導彈與巡航導彈威脅的攔截能力。[5]

---

4　Andrew S. Erickson and David M. Finkelstein, "China's Anti-Access/Area Denial (A2/AD) Challenge," Naval War College Review, Vol. 66, No. 3, Summer 2013, pp. 7-33.

5　James R. Holmes and Toshi Yoshihara, "The First Island Chain and U.S.-China Military Competition," The Washington Quarterly, Vol. 37, No. 3, Summer 2014, pp. 87-104.

此外，台灣區域的政治現狀也給中國海軍現代化進程帶來更深層次的挑戰。台灣的政策走向有可能刺激中國加強對東海、南海等敏感海域的控制力度，進而影響中國海軍對周邊海域的掌控能力。此舉不僅會增加中國軍事行動的難度，而且也可能引來更多國際干預，進一步複雜化局勢。中國海軍為保證其海上通道不受威脅，可能不得不投入更多資源於近海防禦和力量投射上，這在某種程度上影響其遠洋作戰能力的培養。

## 第二節　建成台日的戰略夥伴關係

### 一、「自助人助」在台日戰略夥伴關係中的角色

「自助人助」這一原則在台日戰略夥伴關係中，已然成為台日政策制定與執行的核心理念。這種模式不僅要求每個國家首先自力更生，增強自身的國力，還鼓勵在此基礎上與他國尋求互助與合作。透過這種自助與互助的結合，台日在各自的國際戰略中取得明顯的進展。以下將具體分析這一原則在台日關係中的具體實踐情況，以及其對雙邊合作機制與國際地位的影響。

在自助的層面上，台日都清晰地認識到自主國防與經濟自立的重要性。在國防方面，台日都在積極提升自身的防衛能力。日本除重新審視和修正其長期以來的自衛隊定位之外，也在軍事技術和防衛資源的研發投入上加大力度。台灣則加速發展自主防禦的武器系統，同時進行兵役制度的改革，以增強其對潛在威脅的應對能力。經濟自立方面，台日均致力於減少對單一市場的依賴，並尋求技術創新和產業升級，從而增強自身的經濟競爭力。[6]

在互助方面，台日相互之間的合作涵蓋政治、經濟和安全等多個領域。政治上，雙方在一些國際場合相互支持，例如日本對台灣參與世界衛

6　陳建志，〈新南向政策八年實踐成果回顧：台灣正逐漸減少對單一中國市場依賴，逐步實現經濟多元化〉，《The News Lens 關鍵評論網》，2024 年 1 月 7 日，〈https://www.bing.com/chat?q=Bing%20AI&qs=ds&form=NTPCHB〉。

生組織等國際組織的支持，不僅為台灣提供國際能見度，也凸顯雙方的共同價值觀。[7] 在經濟方面，台日透過一系列的經貿對話和協議，加深經濟交流與合作，共同面對全球經濟的挑戰。安全領域方面，台日在人道救援、海上安全以及資訊共享等方面加強合作。[8]

「自助人助」原則還體現在台日雙方在區域和全球事務中的協同行動上，日本透過與台灣的合作，進一步鞏固在亞洲的領導地位，同時也彰顯其作為負責任大國的國際形象。台灣則利用與日本的緊密關係提升自己的戰略價值，增強與其他國家建立實質性關係的機會。例如，台日在供應鏈安全與經濟安全方面的合作，為台灣贏得更多國際夥伴的信任和合作意願。雙邊合作機制亦因「自助人助」原則的實踐而更加完善與高效。台日之間建立多項對話機制和合作框架，如台日經濟夥伴協議談判、台日安全對話等，這些都為雙方提供穩定與可預見的互動平台，透過這些機制，雙方得以定期交換意見，協調立場，並共同應對區域及全球問題。

「自助人助」的原則使得台日在國際環境中的策略選擇更加多元與彈性。透過自主發展與對外合作的結合，台日在國際舞台上展現相當程度的互動合作與影響力。未來，台日將繼續依此原則，尋找新的合作機會，共同提升雙方的戰略地位，並為區域甚至全球安全和穩定做出貢獻。這種基於相互支持與合作的關係模式，無疑將進一步深化台日之間的戰略夥伴關係。

## 二、「現實主義」理論框架下的台日關係

### （一）「攻勢現實主義」

台日在外交政策的制定上，無疑受到「現實主義」理論的深遠影響。「現實主義」認為國家之間的行為主要是為追求自身的利益，尤其是權力

7 楊明珠，〈日相菅義偉肯定台灣防疫成果 支持台加入 WHO 等組織〉，《中央社》，2021 年 3 月 4 日，〈https://www.cna.com.tw/news/firstnews/202103040328.aspx〉。

8 Armstrong, Shiro, "Taiwan's Asia Pacific economic strategies after the Economic Cooperation Framework Agreement." Journal of the Asia Pacific Economy, Vol. 18, No. 1, 2013, pp. 114-198.

和安全。在這一理論框架下，「攻勢現實主義」與「守勢現實主義」都是解釋國家行為的重要途徑。這兩種「現實主義」變體分別強調不同的戰略思維，對於外交政策形成具有指導意義。

「攻勢現實主義」強調權力極大化的理念，認為國家在國際無政府狀態下，為自身的生存和領導地位，應當積極擴張其影響力和控制力。這種理論觀點在日本的國際行為中有明顯的體現。[9] 例如，日本在二戰後的和平憲法下受到軍事上的限制，但近年來隨著亞太區域安全環境的變化，特別是中國的快速崛起與北朝鮮的核威脅，日本開始透過集體自衛權的解釋和安全法制的修改，強化其軍事姿態和防衛能力。這一轉變表明，日本不再僅僅滿足於現狀保持，而是尋求透過權力的增加來確保國家的最大利益。[10]

在「攻勢現實主義」的影響下，日本積極參與國際多邊組織，尤其是在經濟和貿易方面，透過自由貿易協定（FTA）和全面與進步的跨太平洋夥伴關係協定（CPTPP）等，強化與其他國家的經貿聯繫。這不僅有助於日本鞏固其作為世界第三大經濟體的地位，也進一步擴展其國際影響力。

台灣在「攻勢現實主義」的路線上，由於國際認可度和參與度受限，選擇更為審慎的策略。台灣透過強化國內的政治穩定和經濟發展，來增強其對外談判的籌碼。舉例來說，台灣積極推動新南向政策，意圖減少對中國大陸的經濟依賴，並尋求在東南亞及南亞市場的新機會，進而提高國際影響力。此外，台灣亦強化與美國等國的非官方關係，透過軍售和安全對話等手段來提升自己的防衛能力，這在某種程度上體現對「攻勢現實主義」思維的運用。[11]

9 Johnson, D. D. P. and Thayer, B. A. “The evolution of offensive realism,” Politics & Life Sciences, Vol. 35, No. 1, January 2016, pp. 1-26.

10 Capistrano, A. R. and Kurizaki, S. “Japan’s Changing Defense Posture and Security Relations in East Asia.” The Korean Journal of International Studies, Vol. 14, No.1, April 2016, pp. 77-104.

11 N. Jamil, “Taiwan’s New Southbound Policy in Southeast Asia and the ‘China Factor’: Deepening Regional Integration Amid New Reality,” Asian Affairs, Vol. 54, No. 2, March 2023, pp. 264-285.

## （二）「守勢現實主義」

相比之下，「守勢現實主義」則強調追求安全極大化，認為國家在追求安全時應當避免過度擴張，以免引起其他國家的威脅感和平衡反應。[12]「守勢現實主義」的實踐在台日外交政策中同樣可見端倪。

對於日本來說，其「守勢現實主義」主要透過加強與美國的同盟關係來實現。作為美國在亞太區域的重要盟友，日本透過美日安保體系得到美國的軍事保護，從而能夠專注於自身的經濟發展，並在國際事務中扮演更為積極的角色。日本的外交政策也顯示對區域平衡與和平穩定的追求，如積極參與東亞峰會和區域全面經濟夥伴關係協定（RCEP）的談判。[13]

台灣則更為依賴「守勢現實主義」的策略，以確保其生存與發展。由於外交空間有限，台灣無法像其他國家那樣自由地進行國際擴張，因此專注於內部建設和保持現狀平衡。台灣透過推動民主化、法治化來增強國家軟實力，這也是對抗中國壓力和增加國際支持的一種方式。在國防上，台灣採取防禦性軍事策略，注重發展具有威懾能力的武器系統，以防衛可能的軍事威脅，而非追求軍力的擴張。

在台日關係中，「攻勢現實主義」與「守勢現實主義」的影響同時存在。台日之間的合作既基於各自追求國家安全與繁榮的需要，也體現出欲透過強化彼此的關係來對抗共同威脅的戰略考量。台日在國際場合的互助和支持，以及在區域安全、經濟整合、科技創新等領域的深度合作，都說明台日雙方在攻防之間找到適當的平衡點，以符合各自的國家利益。[14]

台日兩國在外交政策的形成中，展現出「現實主義」理論框架的深刻影響。不論是「攻勢現實主義」的權力拓展，或是「守勢現實主義」的安

12 Eric Hamilton and Brian C., Rathbun, “Scarce Differences: Toward a Material and Systemic Foundation for Offensive and Defensive Realism,” Security Studies, Vol. 22, No. 3, July 2013 pp. 436-465.

13 P. Drysdale and S., Armstrong, “RCEP: a strategic opportunity for multilateralism,” China Economic Journal, Vol. 14, No. 2, May 2021, pp. 128-143.

14 王照坤，〈台日關係 外交部：深化合作有助印太和平〉，《中央廣播電臺》，2023 年 3 月 21 日」，〈https://www.rti.org.tw/news/view/id/2145940〉。

全保障，這兩種理念都在台日的國際行為中找到各自的實踐方式。透過不斷調整其外交戰略與政策，台日能夠更好地應對複雜多變的國際環境，維護自身的國家利益，並在亞太區域乃至全球層面上發揮更為積極和建設性的作用。[15]

## 三、台日透過「自助互助」達成共生共榮

在探究台日在政治互信、經濟互補與安全共同體建設上的合作模式及實現共生共榮方面，我們必須深入分析台日各自的戰略考量以及合作中所展現的具體行動。

政治互信方面，台日雖未建立正式外交關係，但長期以來在文化、經濟、教育等非政治領域有著廣泛而深厚的交流合作，這種「非官方」外交方式為台日間政治互信提供堅實基礎。特別是在區域安全議題上，台日間的合作更是展現隱性的政治互信。以防範北朝鮮的核威脅以及對應中國在東海與南海的軍事行動為例，台日在情報共享及緊急應對機制上進行相應的協調與合作，雖然這些合作不公開，卻在實際中增強雙方的安全保障。

經濟互補層面，台日在經濟領域相互依存、優勢互補。台灣以高科技產業和製造業為主要經濟支柱，而日本則在汽車、精密儀器等領域有著世界領先的地位。隨著全球化的深入發展，台日在供應鏈整合上互為要素。例如，台灣的半導體產業對日本的材料和設備需求巨大，而日本的汽車產業則需要台灣提供高品質的零部件。這種經濟互補不僅促進雙方貿易增長，也鞏固台日經濟合作基礎。[16]

在安全共同體建設上，面對中國崛起帶來的不確定性和美國在亞太區域戰略的調整，台日都有迫切的需要加強相互之間的安全合作。台日兩國

15 郝雪卿，〈台日安全論壇 強化政治經濟與區域安全合作〉，《中央社 CNA》，2021 年 11 月 20 日，〈https://www.cna.com.tw/news/aipl/202111200203.aspx〉。

16 李世暉，〈國安、半導體、CPTPP 成為台日合作關鍵，甘利明：日本的國家發展受台灣影響〉，《The News Lens 關鍵評論網》，2023 年 10 月 19 日，〈https://www.thenewslens.com/article/193375〉。

均認識到，僅僅依靠美國的安全保護傘是不夠的，因此逐漸增強雙邊安全對話與合作。在亞太區域的安全結構中，台日的地緣政治位置十分重要，因此台日在海洋安全、網路安全、反恐以及人道救援等方面的合作對於維護整個區域的安全至關重要。

台灣和日本的共生共榮不僅限於雙邊關係的強化，更擴及到多邊合作層面。台日都積極參與區域多邊框架，例如參與區域經濟合作如亞太經合組織（APEC）和跨太平洋夥伴全面進步協定。透過這些多邊平台，台日可協調立場，形成戰略合作，增強台日在國際社會中的發言權。

此外，台日透過教育與文化交流來增強台日人民的相互理解與友好感情，從而建立起更加牢固的民間基礎。舉例而言，台日積極推動青年交換計畫、學術研究合作以及文化藝術活動，這些都有助於深化雙方社會的聯繫，並在公民社會層面鞏固台日關係。

在評估台日關係的未來發展時，無疑會面臨一系列挑戰與機遇。例如，在全球政經格局變化的背景下，台日都需警惕地緣政治風險帶來的不確定性，並需持續強化對外開放與區域經濟整合的策略。同時，隨著科技革新不斷推進，台日需要進一步深化在新興科技領域的合作，以提升競爭力並維護區域經濟的動力。

台日關係在政治、經濟和安全層面的緊密合作，以及在區域及全球範圍內的協同努力，將繼續成為台日共生共榮的核心動力。透過上述策略和行動，台日雙方能夠在亞太乃至全球的繁複國際局勢中，穩固自身的立場並共同面對未來的挑戰。

## 四、台日關係的未來展望與挑戰

面對未來國際政治與經濟的潮流與挑戰，台日須進一步強化彼此的策略性互動，並在全球範疇中確保積極主動的角色。隨著區域緊張局勢的升溫，特別是中國在東亞區域的影響力不斷擴大，台日兩國在維繫區域平衡與促進共同繁榮方面，將面臨更多試煉與機遇。

從國際政治的角度來看，台日必須細膩地操作自己在國際舞台上的定位。台灣由於外交承認的限制，必須在保持現有邦交國支持的同時，進一步拓寬其國際空間，主要透過各種非官方渠道，例如國際組織的次級會議、文化交流，以及經濟合作等途徑，來建立與其他國家的深層聯繫。[17] 在未來，台灣可探索更多創新的國際參與模式，如透過民間組織參與國際事務、在全球治理中發揮更大的作用，並與志同道合的國家共同推動多元化的合作框架。日本則在新時代下需要進一步強化與台灣的非官方關係，同時在維持與中國和其他區域大國關係的穩定性上投入更多的外交智慧，不僅是對內政策的微調，更是一種對國際戰略的深思熟慮。例如，日本可透過多邊平台強調規則基礎的國際秩序，並倡導開放型經濟合作協議，以此作為緩和區域緊張和促進合作的工具。

在軍事層面，面對日益嚴峻的安全威脅，台日的自衛需求將推動台日加強軍事合作與協調。台灣需要進一步透過軍事改革增強其戰略嚇阻力量，具體措施包括增強非對稱戰力、提升軍事人才培訓以及改善防衛基礎建設，[18] 同時利用自身在資訊與網路安全領域的優勢，加強與日本在資訊共享、網路戰以及其他技術領域的合作。日本方面，除持續提升自衛隊的綜合國防能力之外，亦應致力於與台灣在安全政策、聯合演習以及軍事技術交流方面建立更深層的合作。此外，日本也需要關注其國防戰略與美國、澳大利亞等主要盟友的協同效應，確保在印太區域的戰略布局能夠形成有效的力量連結。

經濟策略的調整也是台日未來合作的重要維度。台灣應持續推動其「新南向政策」，並與日本在第三方市場合作尋找新的增長點。透過加強雙邊經貿關係和技術合作，台日可以相互補強在科技創新、供應鏈管理、

17 葉耀元，〈北京侵台動機下，邦交國銳減對台灣有何影響？有多少國家支持「一中原則」？〉，《Yahoo 奇摩新聞》，2023 年 3 月 19 日，〈https://tw.news.yahoo.com/%E5%8C%97%E4%BA%AC%E4%BE%B5%E5%8F%B0%E5%8B%95%E6%A9%9F%E4%B8%8B〉。

18 軍傳媒編輯部，〈面對脅迫式與生存式威脅的困境，台灣的戰略方向何去何從？〉，《軍傳媒》，2023 年 6 月 21 日，〈https://opinion.udn.com/opinion/story/123525/7249868〉。

能源轉型等領域的短板。[19] 此外，台日需積極參與區域經濟整合進程，例如 CPTPP 等，以加強亞洲區域內的經貿互聯互通。在應對全球性挑戰上，從氣候變化到疫情防控，台日都有機會在國際合作中發揮領導作用。例如，台日可以共同推動碳中和技術的研發與應用，以及提供防疫經驗和醫療資源支持給發展中國家。[20]

在人文與學術交流方面，台日可以透過加強青年交流計畫、文化節慶活動以及學術研究合作，進一步鞏固民間層面的友好關係。這些交流對於深化雙方的互信與了解，並對抗來自外部威脅的輿論影響，具有不可忽視的價值。

最後，在全球地緣政治版圖快速變遷的今天，台日的共同挑戰是如何在堅守自由民主價值的同時，有效地平衡與區域大國的互動，並在多變的國際局勢中保持靈活而積極的外交姿態。雖然挑戰重重，但透過深化合作與戰略協同，台日將在不斷演變的亞太地緣政治中，發揮出更大的影響力，並攜手邁向更加穩定和繁榮的未來。

## 第三節　制定台日制度化法案

### 壹、台灣關係法對台日關係的啟示

#### 一、制定背景

在美中關係正常化的背景下，1970 年代美國與中華人民共和國開始接觸和對話，最終在 1978 年宣布將於 1979 年 1 月 1 日正式建立外交關

19 新南向政策專網編輯部，〈台日正共同面對全球經貿環境變化、供應鏈重組、產業智慧化與高值化等議題，今後應持續加強半導體產業優勢互補合作關係，共同推動數位及綠色轉型，並提升雙方人員往來與觀光、文化交流，共創台日關係下一個 50 年榮景〉，《新南向政策專網》，2024 年 3 月 14 日，〈https://www.president.gov.tw/News/26247〉。

20 環境部氣候變遷署全球資訊網編輯部，〈中華民國（台灣）更新版國家自定貢獻〉，《環境部氣候變遷署全球資訊網》，2023 年 11 月 20 日，〈https://www.moenv.gov.tw/cca/D2B61B18C99F9C47〉。

係，這一舉措意味著美國將斷絕與中華民國（台灣）的正式外交關係。台灣的地位問題隨之而來，成為美國在亞太區域的一個重要但敏感的問題，尤其是在安全保障和經濟合作方面。

美國國內對於如何處理與台灣的關係展開激烈討論，台灣在美國的支持者、部分國會議員以及公眾呼籲保護台灣的安全和福祉，防止台灣因美國外交政策的轉變而被置於不利地位。因此，台灣關係法（Taiwan Relations Act, TRA）應運而生，其主要目的是在不違反與中華人民共和國的外交協議的同時，維護與台灣人民之間的商業、文化和其他關係。該法案確立一個法律框架，以非官方方式維持與台灣的關係，包括透過美國在台協會（American Institute in Taiwan, AIT）來執行。重要條款包括美國必須提供台灣足夠的防衛物資，以維持其自我防衛能力，並認為任何對台灣的威脅都是對於西太平洋區域和平與安全的威脅，美國將視之為極為嚴重的事情。透過 TRA，美國與台灣之間建立一種獨特的非官方關係，這種關係雖然不同於傳統的外交關係，但在實質上提供穩固的交流與合作基礎。[21]

此外，該法不僅確保美國對台灣的軍售和安全承諾，也為兩岸經濟交流和合作提供法律依據。雖然台灣在國際上面臨許多挑戰，但 TRA 的存在使台灣在與美國的關係中擁有一定程度的穩定性和可預見性，間接地提升台灣在國際社會中的地位和影響力。總體而言，TRA 是在一個特殊的國際政治背景下產生，反映美國在處理國際關係和外交政策時的靈活性和戰略考量。對台灣而言，該法律是一個重要的保障，確保台灣與美國之間持續的合作與交流，並對台灣未來的發展發揮積極的支持作用。

## 二、政治影響

TRA 的實施，不僅是美台關係的一個轉捩點，也是國際法和外交實踐中的一個創新案例。TRA 的存在，使得美國與台灣之間即使在沒有正

21 Chang, Jaw-ling Joanne, “Lessons from the Taiwan Relations Act,” Orbis, Vol. 44, No. 1, December 2000, pp. 63-77.

式外交關係的情況下，也能夠透過一系列的非官方管道，繼續進行廣泛而深入的交流。非官方關係的正式化不僅體現在經濟合作與文化交流上，更延伸至教育、科技、衛生等領域。美國透過各種基金會、協會、學術機構等非政府組織，在台灣推動各種計畫和活動，這些都是 TRA 框架下的具體實踐。例如，AIT 就是在 TRA 指導下成立的，負責協調和推動美台之間的非官方交流。安全承諾的明確化則是 TRA 中的另一個核心要素，美國透過 TRA 承諾對台灣的防衛支持，除了軍事物資的銷售，還包括在必要時提供防衛服務和支援。此外，TRA 還規定美國將密切關注台海情勢，並將任何可能改變台灣現狀的行為視為對區域安全的威脅。這一承諾在一定程度上為台灣提供一個安全網，使其能夠在國際上保持一定程度的自主性和穩定性。[22]

TRA 的通過主要反映美國在國際政治舞台上的靈活性和戰略思維。在承認中華人民共和國並與之建立外交關係的同時，美國透過 TRA 保持與台灣的緊密聯繫，除了是對台灣的一種支持，也是維護自身在亞太區域戰略利益的一種手段。[23] 美國在冷戰期間的外交策略中，一直尋求在全球範圍內建立和維護力量平衡。在亞太區域，美國面臨著與蘇聯的對抗，因此在承認中國的同時，透過維持與台灣的關係，保持區域的戰略平衡。[24] 這種平衡行為體現美國對於多邊安全架構的重視，以及對於可能影響區域穩定的變化保持警惕的態度。此外，美國在支持台灣的同時，必須處理與中國的關係，尤其是在堅持一個中國政策的前提下，既要確保對台灣的承諾，又要避免與中國的關係惡化。

TRA 不僅在法律層面確認美國對台灣的支持，也為台灣政府和人民提供重要的心理支柱。TRA 的存在使台灣確信在國際外交受限的背景下，仍有強大國家的支持。這種信心鼓勵台灣積極參與國際事務，尋求與其他國家和國際組織的合作，從而拓展其在國際社會中的空間。基於美國的支

22 同前註。

23 D. Lee, “The Making of the Taiwan Relations Act: Twenty Years in Retrospect,” The Journal of Asian Studies, Vol. 60, No. 2, May 2001, pp. 533-535.

24 R. Ross, “Navigating the Taiwan Strait: Deterrence, Escalation Dominance, and U.S.-China Relations,” International Security, Vol. 27, No. 2, December 2002, pp. 48-85.

持，台灣在對外關係，尤其是與中國的關係上，採取更為積極和自信的策略，不僅在維護自身利益和主權時表現出堅定的態度，也在國際議題上展現出更大的主動性。這種策略的調整有助於台灣在複雜的國際政治環境中保持一定的自主性和影響力。

TRA 的制定影響中國的對台政策執行的複雜性，同時 TRA 也對美中關係帶來挑戰，特別是在軍售給台灣等敏感問題上。中國在對台政策上必須考慮到美國透過 TRA 對台灣的支持，任何對台灣的壓力或統一策略都需要評估可能引起美國反應的風險。因此，北京在推進其對台統一目標時，不得不在堅持一國兩制原則與避免和美國對抗之間尋找平衡。[25] 其次，TRA 的存在使得美國對台灣的軍售成為美中關係中的一個焦點和爭議點。每當美國根據 TRA 向台灣出售武器時，中國都會強烈反對，認為這樣的行為違背美中之間的一個中國政策，增加美中之間的緊張，也使得雙方在其他外交和經濟領域的合作受到影響。[26]

## 三、經濟合作

TRA 的制定在政治安全層面對台美關係的深遠影響早已被廣泛認知，同時，其對於台日經濟合作的積極促進作用也不容忽視。這項法律確立一個持久的法律框架，不僅保障在官方外交關係斷絕後美國與台灣之間的經濟和商業交流得以持續，更為兩地企業提供投資和貿易的信心，促進雙邊經濟合作的持續發展。透過穩定的法律基礎，投資環境變得更加可預測，降低市場進入風險，鼓勵更多企業投資於互補性強的領域如高科技、製造業及服務業，從而促進技術轉移和知識共享。

TRA 不僅支持從農產品到先進科技產品的廣泛貿易活動，也加強在科技創新、研發項目及教育培訓等方面的合作，[27] 這種跨國界的合作推動

[25] G. Lin, “Beijing’s Taiwan policy in evolution,” Journal of Chinese Political Science, Vol. 2, June 1996, pp. 93-113.

[26] John P. McClaran, “U.S. Arms Sales to Taiwan: Implications for the Future of the Sino-U.S. Relationship,” Asian Survey, Vol. 40, No. 4, July 2000, pp. 622-640.

[27] Scott L. Kastner, “The U.S.-Taiwan Commercial Relationship: Moving toward a Free Trade Agreement?” Asia Policy, Vol. 14, No. 4, October 2019, pp. 10-14.

新技術的發展與應用，加速創新思維的交流。此外，法律框架的存在提升雙方的國際競爭力，特別是在高科技領域，促使台美在全球市場中更有效地參與競爭，為全球消費者提供更多、更好的產品和服務。在當前全球化及地緣政治複雜多變的背景下，TRA 為台日經濟安全提供一定程度的保障，透過法律確保的穩定貿易和投資關係降低供應鏈中斷的風險，保護台日經濟免受外部衝擊。

## 三、安全方面

自 1979 年通過迄今，TRA 已成為維護台灣安全及深化台美關係的法律基石，同時影響台灣的國防策略和區域安全態勢，該部法律不僅在法律層面確立美國對台灣的堅定承諾，加深雙方在安全領域的合作，透過提供先進防衛裝備和促進軍事交流，強化台灣的自衛能力及區域的和平穩定。此外，TRA 也為台灣在國際社會中爭取到一定的空間，提升台灣的國際形象與合作機會，使其能夠獲得更多國際支持與認同。

TRA 對於確保台海乃至亞太區域的和平與穩定具有關鍵意義，美國以明確的安全承諾和實質性的軍事支持，展現維護區域穩定的決心，有效抑制潛在的衝突，促進區域內國家間的和平合作，同時增強台灣面對外部壓力和挑戰時的自信與決心，知道有美國這樣的國際強權作為堅強後盾，台灣在捍衛自身安全及推動自由民主價值時更顯堅定。TRA 是維繫台美關係和保障台灣安全的重要法律依據，確保台灣的防衛能力得到加強，也促進台灣在國際舞台上的參與和認可，是台灣安全保障和國際地位提升不可或缺的法律支柱。

## 四、對台日關係的啟示

TRA 自 1979 年實施以來，不僅影響台美的關係，也為台灣與其他國家，特別是與日本的關係提供重要啟示，即在沒有正式外交關係的情況下，如何透過立法和政策安排來維持和加強雙邊關係的可能性。[28] 對於台日關係而言，雙方可以探討建立更多類似於 TRA 的機制或協議，以法律或政策的形式加深合作，確保在貿易、安全、文化等多個領域的合作不受外部政治變動的影響。

此外，TRA 中對於提供防衛物資和服務的承諾，為台灣安全提供一定程度的保障。對台日關係來說，展示建立有效安全合作模式的路徑，即便缺乏正式安全同盟，雙方也能透過具體的法律措施和政策支持來實現安全合作，特別是在共同面對區域安全挑戰時。[29] 在經濟和文化交流方面，該法的積極作用強調深化雙邊合作的重要性，即使在官方關係受限的背景下，台日可以透過非官方渠道和機制實現緊密的經濟合作和文化交流，共同推動雙邊關係的發展，增強共同繁榮，以凸顯基於共同價值（如民主、自由、人權）的國際合作的重要性。[30]

TRA 不僅是台美合作的重要法律基礎，也向台日展示在非正式外交框架下深化合作的多種可能性。透過創新的法律和政策機制，雙方能夠在保障安全、促進經濟與文化交流，以及支持共同國際參與等方面取得更大的進展，進一步加強台日之間的緊密聯繫，共同面對未來的挑戰與機遇。

## 貳、建議方案

### 一、制定「台日關係基本法」

制定「台日關係基本法」對於加深台日之間的合作關係具有重大意義與必要性。在國際政治與經濟格局快速變動的背景下，台日作為亞洲重要的民主體系國家，共享著許多共同的利益與挑戰，從維護區域安全穩定、

[28] 紀舜傑，〈『台灣關係法』—— 台灣、日本、與美國安全之連結〉，《台灣國際研究季刊》，第 2 卷第 1 期，2006 年春季號，頁 225-240。

[29] C. Hughes, "Japan's subregional security and defence linkages with ASEANs, South Korea and China in the 1990s," Pacific Review, Vol. 9, No. 2, April 2007, pp. 229-250.

[30] D. Hickey, "Taiwan's Security in the Changing International System," The Journal of Asian Studies, Vol. 57, 1996, pp. 498-499.

促進經濟發展到應對全球性議題如氣候變遷和公共衛生危機等。但是缺乏正式的外交關係，雙方的合作潛力並未被完全釋放。因此，「台日關係基本法」的制定，旨在透過立法形式明確規範與加強雙方在政治、經濟、安全、文化等多個層面的合作關係，不僅可以為雙方提供一個長期穩定的合作框架，增強政治互信，促進經濟互利，同時也能夠在區域乃至全球層面上共同應對挑戰，展現台日作為負責任國際社會成員的決心。[31] 此外，這一法案的制定和實施，將為其他缺乏正式外交關係但志同道合的國家提供一個成功合作的範例，有助於推動國際社會中基於共同價值觀的合作關係發展，增進全球的和平與繁榮。

「台日關係基本法」的立法目的需廣泛而明確，涵蓋從加強政治互信、促進經濟文化合作到共同應對安全挑戰等多個方面。政治互信的加強應透過高層交流、政策對話及國際場合的相互支持實現，以增進雙方在區域和全球議題上的理解和信任。經濟與文化合作的促進不僅關注貿易、投資的自由化和便利化，也包括科技、教育及人文交流，旨在透過深化經貿關係和文化理解，增進雙方人民間的友誼。在共同面對日益複雜的安全挑戰時，法案應詳細規劃安全合作的框架，特別是在非傳統安全領域，強化雙方在防災、海上安全、網路安全等方面的合作，並在緊急情況下有效協調相互支援。[32] 此外，「台日關係基本法」還需確立雙方合作的長期目標和基本原則，包括促進雙邊關係的持續進步、共同貢獻於區域和平與繁榮，以及在全球議題上發揮領導作用，強調平等、互惠以及尊重彼此主權的原則。[33] 透過這一全面而具體的法案，台日將能夠在共享的價值觀基礎上，為深化雙邊合作提供堅實的法律基礎和明確的未來指引，進一步鞏固和擴大台日之間的友好關係。

31 Denny Roy, "The Taiwan-Japan Relationship: A Strategic Partnership in the Making," Asian Survey, Vol. 64, No. 3, May/June 2024, pp. 415-435.

32 楊明珠，〈台日交流峰會宣言 籲制定對台關係基本法〉，《中央社》，2022 年 10 月 15 日，〈https://www.cna.com.tw/news/aipl/202210150247.aspx〉。

33 林翠儀，〈李友會「日台交流基本法」正式公開 美日學者議員均表贊同〉，《自由時報電子報》，2019 年 5 月 29 日，〈https://news.ltn.com.tw/news/politics/breakingnews/2806325〉。

「台日關係基本法」內容必須涵蓋政治、經濟、安全、文化教育等多個重要領域，提供台日雙方一個明確的合作藍圖，也為深化雙邊關係設定具體的目標和機制。在政治合作方面，強調加強政治對話和高層互訪的重要性，建立更為緊密的政策溝通機制，有利增進雙方在國際和區域議題上的理解與協調，從而促進更為積極的共同行動；經濟合作是「台日關係基本法」的另一重點，法案需促進貿易和投資的便利化，並探索在科技創新、綠色能源等領域的合作機會。[34] 此外，文化和教育的交流也應被視為加深雙方人民友誼的重要途徑，透過藝術、學術和學生交流等項目來實現；安全合作尤為關鍵，考慮到日本的憲法限制，「台日關係基本法」需要在不違反日本憲法的前提下，探索加強資訊共享、防災合作、人道援助及海上安全等方面的合作，包括建立情報交流的常態化機制、共同開發災害預警系統以及在海上搜救和人道援助方面協調合作，從而共同提升區域的安全與穩定。[35]

為有效推進「台日關係基本法」的立法過程，日本可以借鑑美國通過國會立法的經驗，積極利用國會渠道來推動此一重要法案的制定與實施，其關鍵在於集結跨黨派的支持，這要求提出法案的議員能夠廣泛溝通並凝聚共識，明確法案的目標與益處，以及對於加強台日關係的長期願景。此過程中，強調台日關係深化對於日本國家利益、經濟發展以及區域安全的正面影響尤為重要，以吸引更多議員和公眾的支持。

在法案通過後，設立專門的委員會或機構來負責監督「台日關係基本法」的實施情況將是確保法案效力與實質進展的關鍵。這一機構應由來自政府、學術界、產業界以及民間團體的代表組成，以保障監督與評估機制的多元性和客觀性。透過定期發布報告、舉辦公開聽證會等方式，不僅可以增進公眾對於「台日關係基本法」實施狀況的了解，也可以促進政策的透明度與責任性。

---

34 王崑義，〈台日關係基本法：可行性、必要性與挑戰〉，《台灣國際研究季刊》，第19卷第2期，2023年6月，頁1-36。

35 陳文甲，〈台日安全論壇 強化政治經濟與區域安全合作〉，《中央社 CNA》，2021年11月20日，〈https://insidechina.rti.org.tw/news/view/id/2117338〉。

再者，委員會或機構應定期評估雙方合作的成果，並根據國際形勢的變化以及台日雙方的實際需求，適時調整合作策略和重點。這包括對現有合作項目的成效進行評估，識別新的合作機會，以及提出解決合作過程中遇到問題的建議。透過這樣的監督與評估機制，「台日關係基本法」將能夠更加靈活地適應時代變遷，持續推動台日關係的深化與發展。

日本作為一個遵循國際規則的國家，必須確保這項法案不僅體現對台灣的支持與合作意願，同時也不會引起不必要的國際緊張或衝突，尤其是在東亞這一敏感區域。因此，法案的制定需細緻地分析國際法條款，確保所有提出的合作項目與機制都不違背國際法的原則，並且要充分考慮到周邊國家的安全與利益，以及可能的國際反應，從而避免對日本的外交關係產生負面影響。

此外，「台日關係基本法」中應當包含具有一定程度的靈活性，建立應對國際政治環境變化的機制。這種靈活性使日本能夠根據國際局勢的演變及時調整其對台政策，無論是在經濟合作、文化交流，還是安全合作方面。例如，法案可以設立一個監測和評估機制，定期檢視國際形勢的變化，並根據這些變化提出政策調整建議。這不僅能保證台日合作項目的持續性和有效性，也能在不確定的國際環境中保護日本的國家利益和安全。

## 二、推動「台灣旅行法」日本版

台日共享許多共同的價值觀和利益，包括維護區域安全、促進自由貿易，以及應對全球性挑戰等，但由於缺乏正式的外交關係，雙方的交流與合作受到一定程度的限制。[36] 日本版「台灣旅行法」將有助於打破這些限制，明確允許並鼓勵雙方政府官員及代表的互訪，從而提高交流的層級和質量，加深相互理解與信任。此外，這一法案的通過和實施將向國際社會發出一個清晰的信號，表明日本對於深化與台灣關係的重視與承諾，有助於強化台日之間的戰略夥伴關係，共同為促進區域穩定與繁榮作出更大貢

36 Sheila A. Smith, “Taiwan and Japan: The Evolving Security Relationship,” Asian Survey, Vol. 60, No. 4, August 2020, pp. 725-744.

獻。[37] 因此，「台灣旅行法」日本版的推動不僅對於促進台日雙邊關係具有重要意義，也對維護更廣泛的區域利益和國際秩序發揮著關鍵作用。

推動「台灣旅行法」日本版的必要性和重要性源自於加深台日之間全面合作關係的戰略願景。此法案致力於促進雙方官方及半官方層級的互訪和交流，包括政府官員、立法者、地方政府代表及其他相關人士，旨在透過法律手段打破現有交流限制的障礙。這樣的交流不僅有助於加深政治互信，透過高層對話和政策協調建立對彼此政治立場和發展目標的深入理解，而且能夠擴大經濟合作的範圍和深度，促進貿易、投資、科技創新及人才交流等領域的發展。更重要的是，它促進台日在應對區域和全球性挑戰，如氣候變化、公共衛生危機、區域安全等方面的合作，透過分享情報、協調立場來共同制定有效的應對策略。總體而言，「台灣旅行法」日本版的實施將是台日關係發展的一大步，不僅能夠為雙方帶來更廣泛的合作機會，同時也將為維護區域穩定和促進全球和平作出積極貢獻，象徵著台日關係邁入更加深入與廣泛合作的新階段。

為進一步促進並加深台日之間的合作與交流，「台灣旅行法」日本版應詳細規築一套完整的互訪機制，包括設定明確的訪問程序、確定訪問的頻率，以及界定參與互訪的人員範圍，涵蓋從政府官員到地方政府代表，乃至於學術、文化與經濟領域的重要人物。透過這樣的機制，不僅能夠促進雙方的直接溝通，更能夠確保交流的持續性與效果。在合作領域的設定上，「台灣旅行法」日本版應廣泛覆蓋雙方共同關心的領域，從經濟貿易到文化教育，再到科技創新、公共衛生、環境保護以及安全防衛等，每一領域都需明確列出合作的具體目標和預期成果。這不僅有助於指引雙方合作的方向，也為未來的合作提供一個清晰的藍圖。[38] 另外，建立一個固定的交流平台是促進深入討論與協調不可或缺的一環。透過定期舉辦的台日對話、研討會和高層會議，雙方能夠就各個合作領域的進展、問題以及未

[37] David C. Kang, “Taiwan in the Eyes of Japan: The Past, Present, and Future,” Issues & Studies, Vol. 57, No. 2, June 2021, pp. 1-26.

[38] J. Michael Cole, “The Taiwan-Japan Security Partnership: Prospects and Challenges,” The China Quarterly, Vol. 244, December 2020, pp. 1077-1094.

來規劃進行深入的交流與討論，從而增強合作的實質性與效率。為確保交流順利進行，「台灣旅行法」日本版還需包含一系列支援措施，以便化解可能的障礙，包括為參與互訪人員提供簽證便利化、確保其安全保障以及合理安排行程等。這些措施將大大降低交流成本，鼓勵更多的人員參與互訪，從而促進雙方更廣泛、更深入的交流與合作。

為有效推進「台灣旅行法」日本版，必須制定一套涉及跨黨派支持、公眾參與，以及國際合作三大關鍵領域的總體策略。首先，於日本國會內部尋求跨黨派支持，透過廣泛的政策對話和研討，清晰闡述法案對於加強台日關係、促進區域穩定，以及支持共享價值觀的重要性。這不僅需要明確法案的預期效益，還要展現出對於深化雙方合作關係的長遠承諾。其次，提高公眾對法案的認識和支持至關重要，這需要透過媒體報導、社交平台、公共論壇等多渠道來實現。展現台日交流的成功案例，突出法案對深化雙方關係的積極影響，有助於在社會層面上建立對該法案的廣泛共識。最後，加強國際合作，向全球展示日本推動此法案的決心，並將其視為加強與台灣關係的國際趨勢的一部分。透過與支持台灣的其他國家進行外交交流，分享立法經驗，可在國際社會中形成對此類立法行動的支持。這些策略的綜合運用，將為「台灣旅行法」日本版的成功通過奠定堅實基礎，進一步促進台日之間的全面合作，為區域乃至全球的和平與穩定作出重要貢獻。

為確保「台灣旅行法」日本版能有效實施並達成其旨在加深台日交流合作的目標，可設立專門委員會監督和評估法案的實施效果，委員會職責包括定期收集與分析有關台日互訪和合作活動的數據，並實施全面評估，針對評估結果提出必要的策略調整建議，確保雙方合作更加高效且目標導向。此外，考慮到國際形勢的多變性，還需具備靈活調整的能力，以快速應對可能影響雙方合作的突發事件或長期變化趨勢。為提升透明度並增進公眾對「台灣旅行法」日本版實施狀況的理解，定期向社會公開其工作進展、評估成果以及對合作策略的調整情況，透過官方報告、新聞發布或線上平台等多種渠道與公眾進行溝通。透過監督機制，不僅可以確保「台灣旅行法」日本版的目標得以有效實現，還能根據時代發展和實際合作需求進行及時的策略調整，從而促進台日之間更為深入和廣泛的交流合作，為雙方帶來長遠的共同利益。

## 三、執行策略

利用現有的交流平台，特別是像「台日交流高峰會」這樣的高層次會議，作為推動台日深化交流法案討論和協商的核心場合，不僅是一個有效策略，更是一個機會，讓台日雙方能在正式且專注的環境中進行深入對話。[39] 這類會議不僅提供一個平台讓雙方直接交流意見，更重要的是，它們促進對法案關鍵要素和潛在障礙的共同理解和認識。在這樣的會議中，從政策制定者到實務操作者的參與，確保從宏觀到微觀各個層面的細節都能被仔細審視，從而達成高度的共識。

這些會議上的討論和協商不僅僅侷限於法案本身，還包括如何在現實操作中落實法案的條款，確保這些法規能夠在日後的實際合作中發揮作用，並能在必要時進行調整以適應未來可能出現的新情況。此外，透過這些高層次的對話，雙方能夠建立起一套有效的溝通機制，這對於解決未來合作中可能出現的問題至關重要。更進一步，定期的雙邊協商有助於確保法案與國際形勢的變化同步，反映出雙方合作需求的演變，並且能在必要時對法案進行及時的更新和修正。這樣的機制不僅保證法案的實用性和前瞻性，也展現台日雙方致力於持續合作和相互支持的決心。

另外，在推動台日深化交流的制度化法案過程中，動員和利用民間力量成為實現法案目標的關鍵策略。學術機構、非政府組織（NGO）以及企業界各自在此過程中扮演著不可或缺的角色，共同為法案的制定和實施提供強有力的支持。學術機構透過其專業知識和深入研究，能夠對法案中的策略提供科學的分析和建議，確保法案的制定既合理又具前瞻性。這些機構的參與，特別是在提供創新合作模式和策略上，不僅豐富法案的內容，也為雙方在科技、教育等領域的合作提供理論基礎和實踐指導。

39 石川，〈台日交流峰會宣言 籲制定對台關係基本法〉，《中央社 CNA》，2022 年 10 月 15 日，〈https://news.ltn.com.tw/news/world/breakingnews/3332994〉。

再者，NGO 則利用其在社會動員和公共外交方面的優勢，積極推動文化交流、環境保護和社會發展等領域的合作，透過組織各種活動加深台日民眾間的相互理解和友好關係。NGO 的參與不僅有助於擴大法案的社會影響力，也能夠增強雙方合作的社會基礎，促進人文交流；此外，企業界的積極參與為法案中經濟合作領域的實施提供資金和技術支持，特別是在促進貿易、投資以及技術交流等方面發揮著關鍵作用。企業的參與不僅能夠促進雙方經濟的共同成長，更能推動創新和可持續發展策略的實施，為雙方合作帶來實質性成果。

綜合來看，學術機構的專業支持、NGO 的社會動員能力以及企業界的資源優勢，共同構成推動台日深化交流法案的堅實基礎。透過這些民間力量的整合和協作，不僅能夠確保法案的全面和有效實施，也為加強台日之間的廣泛合作創造更多機會，展望未來，這將進一步促進雙方在多個層面的深入合作，為台日關係的持續發展奠定堅實的基礎。

## 第四節　知日學者扮演台日交流的「二軌要角」

### 壹、台日關係的當前狀態與挑戰

#### 一、當前日本對台政策

1895 年至 1945 年間，台灣曾是日本的殖民地。二戰後，隨著國際政治局勢的變化，台灣和日本的關係經歷重大轉折。1972 年，隨著日本與中華人民共和國正式建立外交關係，日本與中華民國（台灣）斷絕官方外交關係。此後，日本對台政策進入一個新階段，即「嚴控官方民間分流政策」與「積極發展非政府間實務關係」的雙軌模式。「嚴控官方民間分流政策」體現日本在外交層面的謹慎立場，即使在中斷官方外交關係之後，日本政府仍然在一定程度上限制與台灣官方的直接接觸，以避免對中國大陸造成不必要的政治敏感性。這一政策要求在與台灣的交往中嚴格區分官方與非官方層面，確保日本的外交行動不會超越一個政治上可接受的範圍。[40]

與此同時，日本採取「積極發展非政府間實務關係」的策略，透過加強非政府層面的交流與合作，深化與台灣的實質關係，主要偏重經貿往來、文化交流、學術合作以及人民之間的友好往來等多個方面。透過這種方式，台日之間建立一種特殊的關係，即在不具有正式外交關係的前提下，仍保持著密切的經濟合作和人文交流。[41] 這種關係不僅有利於維護雙方的共同利益，也對維持區域的穩定與和平發揮積極作用。

自 1972 年以來，日本對台政策的這一雙軌模式，既反映日本在國際政治壓力下的外交靈活性，也體現日本政府在實際行動中尋求與台灣保持密切關係的意願。透過這種方式，台日之間保持一種獨特且富有成效的合作關係，為台日未來關係的發展奠定基礎。

## 二、日本對台政策之挑戰與展望

自 1972 年以來，日本針對台灣採取的「嚴控官方民間分流政策」與「積極發展非政府間實務關係」雙軌策略對於當前台日關係的發展具有深遠的影響。透過鼓勵非官方的交流與合作，台日在經濟、文化、教育和科技等領域建立豐富的合作關係，不僅促進雙方人民之間的相互理解和友好，也為兩地帶來實質的經濟與社會發展利益。同時，這種策略也為日本在處理與台灣以及中國大陸關係時提供一定程度的靈活性，使其能夠在維持與中國的外交關係的同時，保持與台灣的緊密聯繫。

上述雙軌策略也帶來一系列的挑戰與限制。官方交流的限制在一定程度上阻礙台日在國際舞台上的合作機會，特別是在需要官方外交支持的國際議題和危機管理上。此外，日本需要在支持台灣與遵循「一個中國」政策之間尋找微妙平衡，不僅增加外交政策的複雜性，有時還可能導致與中

40 楊孟立、吳家豪，〈學者：日對台維持非政府實務關係〉，《中時新聞網》，2021 年 9 月 29 日，〈https://www.chinatimes.com/newspapers/20210930000053-260309?chdtv〉。

41 黃啟霖，〈回應安保對話 日官方：非政府實務關係適切應對〉，《Rti 中央廣播電臺》，2019 年 3 月 8 日，〈https://www.rti.org.tw/news/view/id/2013876〉。

國等國的外交摩擦。雖然非政府間的實務關係得到積極推動，但在防衛安全等需要官方參與的領域內的合作受到限制，這將影響到雙方在共同挑戰面前的合作效率。[42]

面對這些挑戰和限制，台日需要不斷探索和創新合作模式，以促進雙方關係的進一步發展。尋找有效的方法來平衡與中國大陸的關係和加強與台灣的合作，將是日本外交政策中一項持續的課題。未來，如何透過多層次、多領域的交流合作，進一步深化台日關係，並在維護區域穩定和促進共同利益方面發揮更大作用，將是雙方需要共同努力的方向。

## 貳、知日學者之角色與貢獻

### 一、知日學者之重要性

知日學者在台日交流中扮演著「第二軌道」的要角，其重要性不容忽視。知日學者在深化台日關係方面不僅促進文化理解和交流，也成為政策溝通的重要橋梁。[43] 由於對日本文化、歷史、語言和社會規範的深入研究，知日學者增進台灣社會對日本的理解，並主導和參與學術講座、文化活動和交流項目，不僅為台日民眾提供直接交流的平台，也建立相互理解和尊重的基礎。在政策層面，這些學者利用對日本政治經濟的深刻見解，為台日的溝通提供策略性分析和建議，促進官方與非官方層面的有效溝通和合作。

42 徐采薇，〈總統大選落幕，台灣未來怎麼走？哈佛學者建議：借鏡日本、壯大經濟…白宮將繼續支持「一個中國」政策〉，《Yahoo 新聞》，2024 年 1 月 16 日，〈https://tw.news.yahoo.com/%E7%B8%BD%E7%B5%B1%E5%A4%A7%E9%81%B8%E8%90%BD%E5%B9%95-%E5%8F%B0%E7%81%A3%E6%9C%AA%E4%BE%86%E6%80%8E%E9%BA%BC%E8%B5%B0-%E5%93%88%E4%BD%9B%E5%AD%B8%E8%80%85%E5%BB%BA%E8%AD%B0-%E5%80%9F%E9%8F%A1%E6%97%A5%E6%9C%AC-%E5%A3%AF%E5%A4%A7%E7%B6%93%E6%BF%9F-034135604.html〉。

43 中央台廣播電台，〈台日新關係 50 周年》72 年體制已鬆動 台日關係可望邁入新階段〉，《中央廣播電台》，2022 年 4 月 23 日，〈https://www.rti.org.tw/news/view/id/2130855〉。

在科技合作和創新方面，知日學者推動著台日之間的學術研究和技術交流項目，加強雙方在科技創新領域的合作，促進技術進步和經濟發展，也加深台日在全球科技競爭中的合作關係。此外，知日學者透過參與國際會議、學術交流以及在國際媒體上的積極發聲，有效提升台灣在國際社會中的形象和知名度，增加台灣的國際影響力。

知日學者在加深台日文化理解、促進政策溝通、推動科技合作，以及塑造台灣國際形象等方面，發揮不可或缺的作用，不僅促進台日之間的相互理解與尊重，也為台日在更廣泛的國際舞台上的合作提供堅實的基礎。[44] 隨著全球化的進程和國際局勢的變化，知日學者在深化台日關係中的角色將愈來愈受到重視。

## 二、知日學者之在台日交流的潛力

在當前緊張的國際形勢和日益增長的地緣政治重要性下，知日學者在加強台日關係中扮演著不可或缺的角色，深入的學術研究、文化交流和有效的公共外交可促進台日之間的文化理解，還能增進政策溝通和推動科技合作，進一步深化台日的關係。[45]

在促進文化理解方面，知日學者透過研究和分享日本的歷史、文化、社會規範和價值觀，幫助台灣社會更加深入地理解日本，同時也透過相似的活動在日本介紹台灣文化，從而建立共鳴和尊重。這種文化的互相理解是深化友好關係的基石，特別是在面對共同的國際挑戰和區域安全問題時，能夠促進更緊密的合作與對話。

在增進政策溝通方面，知日學者能夠擔任台日之間的橋梁，透過公共外交和學術研究，提供深入分析和建議，幫助台日政府和決策者更好地理解對方的政策立場和潛在合作空間。此外，面對全球性挑戰如氣候變化、

44 李世暉，〈國安、半導體、CPTPP 成為台日合作關鍵，甘利明：日本的國家發展受台灣影響〉，《The News Lens 關鍵評論網》，2023 年 10 月 19 日，〈https://www.thenewslens.com/article/193375〉。

45 中央廣播電台，〈台日關係尚未達「盟友」等級 學者呼籲積極推動制度性交流〉，《中央廣播電台》，2022 年 8 月 21 日，〈https://www.rti.org.tw/news/view/id/2142175〉。

經濟發展不平衡和區域安全威脅等，知日學者可以促進雙方就共同關心的議題開展對話，共尋解決方案。

推動科技合作也是知日學者重要的貢獻領域，台日都是科技創新的重要力量，知日學者可以透過促進台日在科技研究、人才交流和創新創業方面的合作，推動科技進步和經濟發展。特別是在當前全球科技競爭日益激烈和科技應用廣泛的背景下，台日在半導體、資訊技術、綠色能源和生物技術等領域的合作尤為重要。

在當前的國際情勢下，知日學者透過學術研究、文化交流和公共外交，在促進台日之間文化理解、增進政策溝通和推動科技合作等方面發揮著重要作用。這不僅加深台日之間的相互理解和信任，也為台日在更廣泛的國際舞台上合作提供堅實的基礎。隨著全球化的深入發展和地緣政治局勢的變化，知日學者的角色和貢獻將變得更加重要，對於進一步加強台日關係具有長遠的意義。

## 三、限制與挑戰

知日學者在促進台日交流和合作過程中，雖然發揮著不可替代的作用，但同時也面臨著多重挑戰和障礙。資源限制是知日學者面臨的主要障礙之一，學術研究和文化交流活動往往需要穩定而持續的資金支持，包括資料收集、實地考察、學術會議和文化活動的舉辦等。然而，研究經費的獲得往往不易，尤其是在經濟壓力大、教育與文化領域資金緊張的情況下，資源的稀缺成為限制深化台日交流與合作的重要因素。[46]

其次，台日雙方由於歷史和國際政治的原因，沒有正式的外交關係，這對雙方的官方交流設置一定的限制。此外，隨著國際形勢的變化，如地緣政治競爭加劇、區域安全環境的不確定性增加，政策上的謹慎和保守將進一步影響台日之間的合作項目和學術交流，使得知日學者在推動交流時

46 Mei-Chih Hu and John A Mathews, "Estimating the innovation effects of university–industry–government linkages: The case of Taiwan," Journal of Management & Organization, Vol. 15, No. 2, May 2009, pp. 138-154

需要克服更多政治和外交上的障礙。

此外，當前國際情勢的變化，尤其是美中競爭加劇、區域安全形勢的不穩定等因素，也對台日交流和合作產生影響。在這種大背景下，台日關係的戰略意義被進一步放大，但同時也使得雙方的交流合作受到更多國際政治因素的考量和限制。知日學者在推動台日合作的過程中，不僅要考慮到文化和學術層面的互動，也需要應對日益複雜的國際政治環境帶來的挑戰。

## 參、二軌外交的策略與機會

### 一、二軌外交對台日關係之重要性

二軌外交是一種重要的非官方外交形式，涵蓋非政府組織、學者、專家和民間社會代表等參與的非正式對話和交流。這種外交方式與傳統的官方外交活動相輔相成，特別是在官方外交渠道受限或政治敏感性較高的情況下，二軌外交提供一個靈活、低壓的平台，使參與雙方能夠探討敏感議題，促進理解和信任的建立。在台日關係中，由於缺乏正式的外交關係，二軌外交成為增進雙方理解、探索合作機會的重要橋梁。[47]

透過二軌外交，台日雙方能夠在非正式的環境中進行深入交流，促進文化、政治、經濟和社會等多方面的相互理解。這不僅有助於緩和政治敏感性，降低官方外交中的風險，還能夠探討合作新領域，如環保、科技創新和教育等，這些領域通常更容易獲得社會的廣泛支持。此外，二軌外交中的非正式對話有助於解決雙方在某些問題上的分歧，為官方外交關係的進一步發展奠定基礎。[48]

二軌外交在台日關係中不僅為雙方提供一個促進相互理解和信任的非正式溝通渠道，還為官方外交提供寶貴的支持和補充。透過這種形式的外

47 Nathaniel Allen and Travis Sharp, "Process Peace: A New Evaluation Framework for Track II Diplomacy," International Negotiation, Vol. 22, No. 1, February 2017, pp. 92-119.

48 Huiyun Feng, "Track 2 Diplomacy in the Asia-Pacific: Lessons for the Epistemic Community," Asian Policy, Vol. 13, No. 4, October 2017, pp. 60-66.

**圖 8-2　2019 年日美台安全保障合作的方向性」國際研討會**

資料來源：林翠儀，〈李友會「日台交流基本法」正式公開 美日學者議員均表贊同〉，《自由時報》，2019 年 5 月 19 日，〈https://news.ltn.com.tw/news/politics/breaking-news/2806325〉。

交活動，台日之間能夠在非正式的層面上探索和拓展合作的新領域，進一步加深雙方的關係，為未來可能的官方外交進展創造有利條件。

## 二、透過知日學者推動台日交流

### （一）搭建溝通平台

知日留日學者和智庫可以組織和參與各種形式的交流活動，如學術研討會、公共講座、文化節等，這些活動提供台日雙方交流的平台。透過這些平台，雙方能夠分享研究成果、討論合作機會，並對彼此的文化和社會有更深入的了解。這些活動不僅限於學術界，也應該廣泛吸引政府、業界和民間社會的參與。

### （二）提供專業建議和政策分析

知日留日學者和智庫憑藉其深厚的專業知識，可以為台日雙方的政策制定提供專業的建議和分析。他們可以就雙方共同關心的議題，如經濟合作、安全策略、環境保護等，提出具有前瞻性的政策建議，幫助政府和決策者做出更加明智的選擇。這種專業支持不僅能夠促進官方層面的合作，也為非官方層面的合作提供理論基礎和參考方向。

### （三）促進人才交流和培養

透過學術交換計畫、聯合研究項目和實習機會等方式，知日留日學者和智庫可以促進台日之間的人才交流和培養。這些活動有助於培養具有國際視野和專業能力的人才，為未來台日合作奠定人力資源的基礎。同時，這也增進雙方年輕一代的相互理解和友誼，為長遠的關係發展種下良好的種子。

### （四）強化信息分享和傳播

利用現代科技和社交媒體平台，知日留日學者和智庫可以加強信息的分享和傳播。透過網路研討會、在線論壇、博客文章等形式，可以將台日合作的成功案例、研究成果和合作機會廣泛傳播給更多的人。這不僅能夠提高公眾對台日合作重要性的認識，也能夠吸引更多的利益相關者參與到交流和合作中來。

# 參、具體作法

## 一、增加學術和文化交流計畫

為加強知日學者在深化台日關係中的參與和貢獻，建議採取一系列綜合策略。首先，增加學術和文化交流計畫至關重要，政府與民間機構應設立專門基金，支持學術會議、文化節等活動，並建立常態化交流平台如雙邊學術網絡，以促進持續性的互動。此外，應增加學生和青年的交流計畫，培養未來的領袖並深化相互理解。在當前台日關係日益密切的背景下，這些文化和學術交流尤其有助於鞏固雙方的友好關係。

### 二、支持跨領域的研究和合作項目

政府和學術機構應設立聯合研究基金，促進雙方在環保、健康、災害管理等領域的合作。這樣的跨領域合作不僅能夠促進創新，也能解決共同面臨的挑戰，增強雙方在國際社會中的合作影響力。

### 三、強化公私部門合作

加強公私部門合作，尤其在科技創新和經濟發展領域，是推動台日關係深化的另一關鍵策略。建立產學研合作平台，支持創新創業項目，不僅有助於雙方經濟的共同成長，也為台日青年創造更多合作與交流的機會。面對全球化挑戰和技術革新的當前國際情勢，這種合作模式尤為重要。

### 四、鼓勵政策制定者與學者之間的互動

鼓勵政策制定者與學者之間的互動，建立政策對話機制，強化智庫在政策研究和建言中的角色，對於促進台日雙方在共同關心的區域和全球議題上的合作具有重大意義。這不僅能夠使政策更加貼近學術研究和民間意見，也能夠為台日未來的官方合作提供堅實的理論和實踐基礎。

## 第五節　小結

台灣位於第一島鏈核心，對維持區域安全與穩定扮演著不可或缺的角色，地理位置對於阻止中國海軍自由進出西太平洋至關重要。從歷史視角來看，台灣長期以來一直是國際爭端的焦點區域，特別是在冷戰時期獲得

美國支持，直至 1979 年美中建交導致美台斷交，但透過 TRA，美台仍維持非正式的強烈聯繫。面對中國的一國原則和軍事壓力，台灣透過加強自我防禦能力及與國際合作來應對挑戰。經濟上，台灣以其強大的高科技產業在全球供應鏈中占有關鍵地位，不僅與中國保持密切的經貿往來，也是印太及全球經濟重要夥伴。

「自助人助」原則在促進台日之間政治、經濟與安全領域合作的關鍵作用，展示台日如何透過加強自身能力的同時尋求互相支持與合作。安全合作超越傳統軍事領域，擴展至人道救援、海上安全及資訊共享等非傳統安全領域，共同應對如中國軍事擴張等安全挑戰。經濟方面，台灣和日本的互補性促進經貿合作與交流，為台日經濟增長和發展開啟新機遇。此外，面對共同的地緣政治挑戰，如中國的崛起和北朝鮮的核武威脅，台日透過多邊論壇和直接對話加強戰略利益的協調，這種合作還擴及到氣候變化和疫情防控等非傳統安全領域。

在探討台日戰略合作關係的脈絡中，TRA 的實施及其對雙邊關係的啟示體現如何在缺乏正式外交關係的情況下透過立法和政策安排維持及加強國家間的合作。這項法律不僅確保美國與台灣間經濟、文化及其他非官方關係的持續，同時在安全保障方面提供重要支持，包括明確的對台軍售規定。借鑑 TRA 的經驗，台日之間的制度化合作法案有潛力進一步強化雙方在政治、經濟和安全領域的關係。這不僅包括加強防衛合作和情報共享，以應對共同的安全威脅，也涵蓋推動經濟互補、科技創新合作，以及促進人文和教育交流的重要性。透過這樣的合作框架，台日可以共同應對區域挑戰，促進經濟成長，並加深人民之間的相互理解與友好關係，從而在不穩定的國際環境中為雙方關係提供一個穩定且長期的發展基礎。

知日學者在強化台日交流和合作領域內展現關鍵性作用，透過促進文化和學術深度交流，為政策溝通和經濟合作奠定堅實基礎。組織與參與學術會議、文化節等活動，加深台日社會間的相互理解與尊重，並為青年學生創建珍貴的交流機會。在跨領域合作研究中的積極參與，尤其在應對共同挑戰如環保、公共衛生等領域的合作，進一步加強台日在國際舞台的合作關係。此外，與政策制定者之間的互動增強智庫影響力，使政策更接近學術研究與民間觀點，為雙方官方合作提供堅實的理論與實踐基礎。針對未來台日交流的方向，期待進一步加強知日學者在促進雙方關係中的角色。建議增加對學術和文化交流支持的資源投入，建立更多基金，並創設長期穩定的交流平台，促進雙方持續性互動。同時，鼓勵更多跨領域合作項目，特別是在科技創新和經濟發展領域，不僅促進共同進步，也能面對全球挑戰。加強公私部門間合作，推動學術界與政策制定者之間的互動，有助於學術研究成果轉化為具體政策建議，為台日未來合作提供更科學、合理的依據。

# 第九章　印太戰略下的兩岸關係

兩岸自 1949 年形成兩岸分治的局面迄今七十五年，期間國際情勢變幻莫測，兩岸關係跌宕起伏，時而春暖花開，時而波濤洶湧。冷戰時期，由於台灣地處第一島鏈中央，地理位置極具戰略價值，一直是自由陣營在東亞圍堵共產主義向外輸出的戰略前沿。冷戰結束之後，美國對中國採取全面接觸策略，希望以和平演變促進中國走向民主化，同時台灣也因為開放兩岸探親，兩岸民間往來相當熱絡。但是隨著台灣政治上政黨輪替成為常態，民主進一步的鞏固，不同政黨對兩岸的往來出現不同意見，台獨與統一兩股力量一直互相拉扯。隨著國際情勢的演變，美國外交政策又重新回到現實主義路線，尤其「印太戰略」成型之後，美中走向對抗的結果導致兩岸軍事衝突的潛在風險不斷升高。然兩岸關係從過去的軍事對峙，到目前的交流來往，似乎朝向和解的方向發展。但兩岸軍事對峙依舊存在，且迄今中國仍未承諾放棄武力犯台，近年對台的軍事威懾強度、頻率更是有增無減，至今仍然處於敵對狀態。本章擬透過戰略三角理論分析在美中關係走入競爭狀態之下美中台互動概況，探討「印太戰略」下兩岸關係走向，並提出策進建議，期望台海和平穩定，台灣永保繁榮昌盛。

## 第一節　戰略三角理論在美中台三邊關係的運用

戰略三角理論最初被用來探討美國、蘇聯和中國之間的競爭與合作關係。隨後，國內學者如包宗和和吳玉山等，將這一理論擴展應用到美國、中國和台灣這三方的互動中，形成在美蘇中戰略大三角框架下的一個子系統。在冷戰時期，全球政治格局主要由美蘇對立主導，中國雖然在國際上的實力相對較弱，但其作為平衡蘇聯影響力的關鍵因素不容忽視。美中關係的波動直接影響著美中台這一小三角關係的動態。

在這個小三角的權力結構中，台灣長期依賴美國的安全保障，面對中國的威脅，台灣似乎沒有其他選擇。即便在馬英九領導下，兩岸實現三通並簽署「海峽兩岸經濟合作架構協議」（ECFA），看似兩岸關係有所進步，但中國仍未承諾放棄對台使用武力的選項，兩岸依然處於對立狀態。在這種三角關係中，台灣在戰略上缺乏主動性。相比之下，即使在大三角關係中處於相對弱勢，中國仍保有一定程度的主動權。不論是在大三角還是小三角的框架內，這三方的互動模式 —— 無論是合作還是對抗 —— 展現出相似的趨勢。

根據 Dittmer 提出的四種戰略三角模型，美國、中國和台灣之間的關係不太可能完全落入朋友或敵人的單一範疇。在這三者的互動中，三邊家族型和單位否決型模型似乎不太適用，而羅曼蒂克型和結婚型模型更能貼切地描述美中台可能的關係模式。這兩種模式在歷史上都有出現，其適用性取決於當時的具體情況和發展動態。

在冷戰初期，面對共產主義的威脅和其對全球的意識形態輸出，美國領導的民主陣營在歐洲成立「北大西洋公約組織」（NATO）來遏制前蘇聯的擴張。在東亞，美國利用第一島鏈地理戰略來圍堵中國，並與台灣簽署「中美協防條約」。在這一時期，美中台的戰略三角關係呈現出結婚型模式，美國和台灣成為自由民主和軍事上的盟友，共同面對中國這一敵對力量。

隨著冷戰結束和「現實主義」的影響減弱，新自由主義的理念開始興起，美國採取與中國接觸的策略，希望透過國際體系的融入促使中國進行「和平演變」。在這一階段，美中關係顯著改善，而美國與台灣的關係，除台海危機等特殊事件外，主要基於「台灣關係法」和「三個美中聯合公報」等框架維持基本穩定。因此，美中台的戰略三角關係轉向了浪漫型模式，其中美國成為關鍵的樞紐國家，而台灣和中國則保持了敵對的側翼角色。

隨著「印太戰略」時代的來臨，美國與中國的關係經歷顯著的轉變，這也對美中台三方的互動模式帶來新的挑戰。美國的對華政策似乎回歸到冷戰時期的對抗性路線，使得雙方再次處於對立狀態。在這一背景下，美國與台灣的關係進一步加強，而台灣與中國之間的對抗關係依然存在。為加強對中國的遏制，美國的兩岸政策更加傾向於支持台灣，使得三方關係回到類似結婚型的模式。

美國加強與台灣關係的具體舉措包括增加對台軍售的頻次、數量和質量，旨在提升台灣的防衛能力。特別是在川普任內，對台軍售達到 11 次之多。此外，美國多位高級官員打破以往的訪問限制，公開訪問台灣，並透過多項對台友好的法案，這些行動旨在緊密美台之間的聯繫，並加強對中國的戰略圍堵。

相較於冷戰時期的「中美共同防禦條約」，台灣在當前的國際舞台上的地位顯得更為重要，無論是在地緣政治、經濟能力、科技發展還是軍事實力方面，台灣都展現出不容忽視的影響力。為保障全球的秩序與穩定，確保台灣不被中國吞併成為國際社會的一項重要任務。這一過程再次展示戰略三角理論的實際應用，並強調台灣在抗衡中國方面的關鍵作用，只要台灣持續強化自身實力，其在戰略三角中的角色將始終是不可或缺的。

美國與台灣之間建立深厚的政治、經濟及軍事聯繫，而美國與中國的關係則是既複雜又關鍵。作為全球最強大的國家，美國在軍事和經濟領域都占有領先地位，而中國則是世界上最大的發展中經濟體，兩國之間的互動對全球經濟和安全格局有著深遠的影響。台灣持有自主的政治立場，但面臨中國的主權聲索，將其視為不可分割的一部分，這使得台灣在國際上承受巨大的政治壓力。儘管如此，台灣仍獲得美國以及其他國家的支持。美國、中國和台灣之間的三角關係平衡是一項持續的挑戰，涉及廣泛的戰略、經濟和安全考量。[1] 透過戰略三角理論的綜合分析，可以深入理解這三方之間的合作與抗衡動態，從而為應對兩岸關係的變化提供更為明智的選擇和策略。

---

1　初國華，〈戰略三角理論與台灣的三角政治〉，《問題與研究》，第 49 卷第 1 期，2010 年 3 月，頁 88-110。

# 第二節　兩岸關係中的美國因素

## 壹、全球戰略考量

美國擁有強大的全球領導地位，其政治、經濟、軍事和文化影響力遍及全球。作為國際政治、經濟和安全事務的關鍵行動者，美國在聯合國、世界貿易組織等多個國際組織中發揮著重要作用。冷戰時期，美國與蘇聯的競爭定義全球政治格局，而中國則在這兩大力量之間扮演關鍵的第三方角色。在亞太區域，台灣作為第一島鏈的關鍵點，成為遏制中國擴張策略的前沿。

美國對於台灣海峽兩岸關係的影響至關重要，其政策的任何變化都深刻影響著兩岸關係的發展。因此，兩岸關係不僅僅是台灣和中國之間的事務，它也關係到整個區域乃至全球的安全局勢。從地緣政治的角度來看，美國和中國是重要的戰略競爭者，而台灣則位於這場大國博弈的戰略中心。台灣的地位和動向不可避免地會對地緣政治格局產生深遠的影響。[2]

自二戰結束後，美國在雅爾達會議所確立的國際體系中扮演領導角色，塑造了戰後時期的國際格局和秩序，成為一個具有全球影響力的霸權國家。無論是在過去的亞太區域還是當前的印度—太平洋區域，該區域一直是美國戰略利益的重心，對於其國家的長期繁榮和發展至關重要。[3] 在二戰結束後，美國在韓國戰爭期間首次直接與中國發生軍事衝突，從而開啟雙方的敵對關係。為加強第一島鏈的防禦能力，當時的美國總統杜魯門指令第七艦隊在台灣海峽進行巡弋，並致力於協助台灣的防衛。這一舉措旨在防止中國在韓戰期間對台灣發動武力攻擊，從而確保美國在韓國戰爭中的軍事行動不受影響。[4]

---

2 Zbigniew Kazimierz Brzezinski 著，林添貴譯，《大棋盤》（The Grand Chessboard）（台北縣：立緒文化，1998），頁 209-210。

3 鍾志東、陳亮志，〈2019 印太區域安全評估報告〉，《國防安全研究院》，2019 年 12 月 6 日，〈https://indsr.org.tw/respublicationcon?uid=16&resid=746&pid=2249&typeid=3〉。

4 李明，〈韓戰前後的美國對華政策〉，發表於「『中國近代史的再思考』國際學術研討會」（台北：中央研究近代史研究所，2005 年 6 月 29 日到 7 月 1 日），頁 10。

1951年5月，為防止台灣落入中國手中，美國國安會通過NSC48/5文件，提升台灣防衛能力。[5] 1954年12月，鑑於中國多次表達其解放台灣的決心，並對金門和馬祖進行大規模砲擊，台灣和美國簽署「中美共同防禦條約」。這一條約使美國軍隊駐紮在台灣，一直持續到1980年1月1日，當美國與中國正式建立外交關係，該條約隨之終止。在這段時期，台灣和美國形成軍事同盟關係，在戰略三角理論中，這可以被視為一種結婚型關係，其中中國被視為共同的對手。

當時的兩岸關係非常緊張，中國積極尋求透過武力統一台灣，而台灣則有意「反攻大陸」。然而，美國的介入使中國直接奪取台灣的企圖變得極為困難，幾乎不可能實現，同時台灣也因為與美國簽訂的共同防禦條約而失去反攻大陸的可能性。美國的積極參與和與台灣建立的軍事同盟關係，將兩岸關係推向軍事對峙的局面，在此期間，雙方發生多次軍事衝突，包括「一江山島戰役」、「大陳島撤退」、「八二三炮戰」、「八六海戰」和「烏坵海戰」等。

在國際關係中，一個常見的觀點：「國家沒有永遠的朋友，只有永遠的利益」（A country does not have permanent friends, only permanent interests）這話最初源於19世紀英國首相帕麥斯頓（Henry John Temple Palmerston）所說的，這一點在美國、蘇聯、中國之間的戰略互動中尤為明顯。珍寶島事件後，中國與蘇聯的關係惡化，蘇聯隨之成為中國北方的主要威脅。在這種背景下，根據「敵人的敵人可能是朋友」的邏輯，在美蘇冷戰的高張時期，中國逐漸成為美國試圖拉攏的對象，形成「聯中制俄」的戰略布局，這成為美國遏制蘇聯擴張的一個關鍵策略。因此，當時的美國總統尼克森採取措施放寬對中國的貿易限制，並且隨後他與福特總統都對中國進行訪問，這些舉措進一步加強美中之間的關係。最終，這一系列的外交努力促成美中兩國在1979年元旦正式建立外交關係。[6]

5　周湘華、董致麟、蔡欣蓉，《台灣國際關係史：理論與史實的視角（1949～1991）》（台北：新銳文創，2017），頁100-117。

6　林祖偉、李宗憲。〈中美建交40年：台灣如何在大國之間找出自己的路〉，《BBC NEWS中文》，2019年1月2日，〈https://www.bbc.com/zhongwen/trad/world-46719017〉。

美國決定與中國正式建立外交關係的消息震驚全球，這一舉措被視為美國出於國家利益考量，暫時擱置其傳統上倡導的民主自由價值觀，並在一定程度上疏遠其長期盟友台灣。這一事件同時凸顯在國際政治中，利益往往是決定國家行動的主要因素。為與中國建立外交關係，美國同意了中國提出的三項前提條件：撤出駐台美軍、廢除「中美共同防禦條約」以及終止與中華民國的官方關係。當時，美國國會對於卡特政府決定與中國建交持有保留意見。為平衡行政權力，展現民主國家的制度運作，並確保台灣的基本安全不受影響，美國國會制定台灣關係法。該法案旨在維持與台灣的非官方關係，並於美中建交的同一天生效，從而在美國外交政策中為台灣提供了一定程度的保障。[7]

美國在追求國家利益的過程中，選擇與中國建立外交關係，這一決策看似偏離其長期倡導的理念，但並未將台灣視為敵對方。透過實施台灣關係法，美國與台灣保持實質性的關係，同時向台灣提供了安全保障。在冷戰背景下，美中建交的策略旨在聯合中國對抗蘇聯的擴張，這一策略體現「現實主義」對於權力平衡的核心追求。當時美國的決策者認為，與台灣斷絕外交關係是基於實際需要，認為與中國建立良好關係對於保持亞洲區域的穩定及美國全球戰略利益至關重要。因此，美國在冷戰期間的外交策略是基於對權力平衡原則、國際關係動態以及國家利益的全面評估。

## 二、美國成為兩岸重要因素

美國與中國正式建立外交關係後，這一舉措對美中台三方的關係格局產生深遠影響。從此，兩岸關係從之前的緊張軍事對立逐漸轉向一種雖存敵意但相對緩和的狀態。中國調整對台灣外島的軍事策略，停止針對性的砲擊行動，並開始提出和平統一的主張。鄧小平發表的「告台灣同胞書」及其後提出的「三通四流」（即通商、通郵、通航以及經濟、文化、科

---

7 紀舜傑，〈「台灣關係法」—— 台灣、日本、與美國安全之連結〉，《台灣國際研究季刊》，2006 年春季號，頁 225-240。

技、體育交流）構想，以及「一國兩制」的方案，都是試圖緩和兩岸關係的舉措。

台灣方面，面對與美國斷交後的國際孤立，採取「三不政策」（即不接觸、不談判、不妥協），並以三民主義統一中國作為回應。隨著中國改革開放的吸引力增強，台灣政府對於對中轉口貿易採取「不接觸、不鼓勵、不干涉」的態度，間接容忍與中國的間接貿易。[8] 最關鍵的轉變發生在 1987 年，台灣解除戒嚴並開放民眾赴大陸探親，標誌著兩岸關係進入一個新的和平對峙階段。

隨著冷戰的終結和兩極體系的崩解，美國對中國的戰略立場經歷重大調整。從「聯中制俄」的策略轉變為對中國採取全面接觸與同時圍堵的雙軌策略，旨在將中國融入國際和全球貿易體系之中。這一策略鼓勵中國經濟的發展和對外開放，促使中國接受西方的思想和文化，並透過和平演變的方式，期望引導中國朝向民主化發展。在這一過程中，美國將中國視為一個「負責任的利益攸關方」，並與之建立「建設性戰略夥伴關係」。

隨著美中關係的改善和兩岸交流的日益加深，為解決兩岸官方和民間往來中的技術問題，中國成立國務院台灣事務辦公室和海峽兩岸關係協會，而台灣則設立海峽交流基金會，這些機構的設立旨在統籌和促進兩岸之間的交流事務。

在 1993 年 4 月，為建立有效的溝通渠道，來自台灣「海峽交流基金會」（海基會）的辜振甫董事長與大陸「海峽兩岸關係協會」（海協會）的汪道涵會長在新加坡進行會晤，並達成了數項協議，這為兩岸的務實會談和制度化互動奠定基礎。從美中關係、兩岸官方互動以及民間交流這三個層面來看，該時期兩岸的民間交流非常活躍。儘管期間發生一些突發事件，如千島湖事件、第三次台海危機以及陳水扁總統任內的政治對立等，但這些並未對兩岸的民間交流造成長期影響。冷戰結束後，美國對中國的政策發生了轉變，同時也積極促進兩岸透過對話來解決分歧。[9]

---

8　蔡學儀，〈兩岸三通之發展與分析〉，《展望與探索》，第 2 卷第 2 期，2004 年 2 月，頁 34-50。

9　林正義，〈「特殊的國與國關係」之後美國對台海兩岸的政策〉，發表於「『展望跨世紀兩岸關係』學術研討會」（台北：台灣大學政治系，1999 年 10 月 16 日），頁 10。

雖然中國的崛起對美中關係帶來變化，但雙方基本上仍保持著接觸與合作的基調。2008 年馬英九總統上任後，他採取「不統、不獨、不武」的政策來維持台海現狀，並努力在美中之間保持平衡，使得台灣、美國和中國都宣稱雙邊關係處於最佳狀態，[10] 這表明兩岸關係的變化與美國的對華政策密切相關，美國在此過程中扮演了關鍵的角色。

## 三、中國轉變成為「孤雛」

美中台三方關係的演變深受美國對中政策的調整所影響，這三者的互動狀態不斷在競爭與合作之間變化。從最初的軍事對立，到後來的和平對峙，再進一步到民間交流的擴大，乃至於和平發展的階段，這一系列變化都與當時的國際形勢及美國對華政策的調整緊密相連。從 1949 年至台灣與美國斷交的時期，台灣與美國維持軍事同盟的關係，彼此是堅定的盟友，將中國視為共同的對手，在戰略三角關係中形成一種結婚型的孤立狀態。在這段時期，兩岸的軍事對抗非常劇烈，中國有意對台灣進行軍事打擊，而台灣則有意圖反攻大陸，雙方發生多次軍事衝突，包括著名的古寧頭戰役和八二三炮戰等。

在美中建立外交關係後，中國採取主動態度，向台灣展現友好姿態，終止對金門和馬祖的砲擊行動，並提出「和平統一、一國兩制」的方案，希望透過和平的方式解決兩岸的敵對關係，實現中國的統一目標。對此，台灣回應以三民主義統一中國為原則，並採取一系列開放措施，如允許老兵返鄉探親、解除戒嚴、結束動員戡亂時期，並不再將中國定義為叛亂組織。此外，台灣還制定「國統綱領」，規劃兩岸統一前的交流步驟，旨在透過逐步增進了解和信任，為最終解決兩岸問題奠定基礎。[11] 美中台戰略三角轉變成羅曼蒂克型，美國成為三方的樞紐，兩岸為敵對的側翼。

---

10 趙春山，〈中美戰略競爭下的兩岸關係〉，《歐亞研究》，第 4 期，2018 年 7 月，頁 1-10。

11 張亞中，《台灣國際關係史：理論與史實的視角（1949～1991）》（台北：新銳文創，2012），頁 35。

隨著冷戰的結束，美國希望透過和平演變促進中國內部的變革，目標是根本改變中國的政治體制。因此，美國對中國採取更開放和積極的態度，實施全面接觸和合作的策略，使得美中關係進入蜜月期。這段時期，隨著中國經濟的快速發展，兩岸關係也變得更加緊密，民間交流活躍，經濟和文化交流頻繁，人員往來增多。到了馬英九總統任內，兩岸實現了全面的三通，簽署了包括 ECFA 在內的多項協議，推動兩岸關係進一步發展，進入和平發展的新階段。

「印太戰略」實施後，美國對中政策採取對抗路線，進一步改變了美中台戰略三角關係中的動態，並使中國在這三邊關係中變得孤立，在美中對抗中，台灣的戰略地位日益提升。美國對台灣的支持更加明確，包括軍售和高層互訪，這使台灣成為美中戰略博弈中的關鍵角色，進一步孤立了中國。美中台戰略三角轉變三邊關係轉為「台美為正、美中與台中為負」，美台成為夥伴的關係，中國的角色轉變成孤雛。

從 1949 年開始，美國在兩岸關係中扮演關鍵的角色和影響力。在這個戰略三角關係中，無論是台灣還是中國，幾乎從未完全掌握過主動權，而是受到美國對台政策的影響。特別是當美中關係緊張時，台灣作為美國的夥伴，兩岸關係往往呈現出更多的矛盾和對立。然而，隨著美中建交後關係的穩步發展，尤其是冷戰結束後美國採取的全面接觸合作戰略，美中關係達到近年來的高峰，兩岸關係也隨之日益加深。在馬英九總統時期，兩岸的官方和民間交流達到前所未有的高度，直到 2016 年政黨輪替，民進黨再次執政，兩岸關係因內部和外部因素出現新的挑戰。這一系列變化凸顯美國在美中台三方關係中的關鍵作用，以及兩岸關係受到美國全球戰略考量影響的程度。兩岸關係的發展不僅受到內部因素的影響，也難以脫離美國這一外部因素的影響。

## 第三節　「印太戰略」後美國兩岸政策轉變概況

### 壹、對中競爭成為基調

隨著冷戰結束，美國鞏固其全球唯一超級大國的地位。在這一大背景下，美國試圖透過和平演變策略 —— 該策略在蘇聯解體過程中發揮關鍵角色 —— 來促使中國的專制政體向民主制度轉變。[12] 美國積極推動中國融入國際體系及規範，特別是支援中國加入世界貿易組織（WTO），視為關鍵一步。隨著改革開放政策的持續推進，中國亦尋求加強與國際社會，尤其是美國的關係。

隨著來自北方的蘇聯威脅消失，以及美中關係的改善，中國得以專注於經濟發展。特別是自從加入 WTO 後，中國的經濟增長速度明顯加快，進而促進其國力的全面提升。進入 2010 年後，中國經濟的迅猛增長也間接促進軍事現代化的步伐，尤其在海權及海軍力量擴展方面。2012 年 9 月，隨著遼寧艦的服役，中國海軍的南海活動加劇與鄰國的海洋爭議，引發區域緊張局勢，同時也引起美國的高度關注。在這一情境下，美國歐巴馬總統提出將外交重點從阿富汗戰場轉移到亞太區域的策略，即所謂的「亞太再平衡」（Pivot to Asia）戰略。計畫將 60% 的美國海軍部署至亞太區域，旨在平衡中國崛起所帶來的潛在挑戰。[13]

在川普總統就職後，經過接近兩年的審視與調整，美國重新評估對華政策的成效。川普政府批評中國自加入世界貿易組織以來，利用對其有利的國際貿易規則來加強自身經濟，從而在全球範圍內獲得巨大利益。川普的上台標誌著一種對美中貿易關係持批評態度的轉變，他堅持美國的利益至上，指責現行的國際自由貿易體系和對中國的最惠國待遇導致美國商品市場被低價中國商品淹沒，從而對美國經濟和就業市場造成負面影響，因

12 蘇文，〈1991 年蘇聯解體的根本原因是什麼？解體後，帶來的最大惡果是什麼〉，《騰訊新聞》，2022 年 3 月 11 日，〈https://www.pf.org.tw/files/5408/40717DD3-F1B7-42ED-86E8-74B59EED2451〉。

13 洪銘德，〈美國重返亞洲之研究〉，《全球政治評論》，第 51 期，2015 年 7 月，頁 147-165。

此提倡對中國商品徵收高額關稅。[14] 此外，川普政府強調「美國優先」的原則，對中國在亞太區域的軍事擴張和透過「一帶一路」戰略的影響力擴散表示關切，認為這些行為威脅到美國在全球的利益。為對抗中國的擴張主義，川普於 2017 年 11 月在越南河內參加亞太經合組織（APEC）峰會期間首次提出「自由開放的印度太平洋願景」，隨後美國政府在「2017 國家安全戰略報告」中正式採用「印太」概念，取代之前的「亞太」表述，並重啟美國、日本、印度、澳洲的「四方對話」，該對話在 2019 年 9 月升級為部長級會議，作為推動「印太戰略」的一環。[15] 拜登總統上任之後，更加強化「印太戰略」實質內涵，以及號召盟國的參與，加大對中國的圍堵與遏制。

## 二、以「印太戰略」為手段

美國對華政策的轉變標誌著自冷戰結束以來新自由制度主義逐漸退出歷史舞台，取而代之的是「現實主義」理念的復興。這一轉變反映出美國對於透過合作與接觸來促使中國轉型的期望已然幻滅。多年來，自由主義策略促進中國成為一個潛在的霸權，其快速崛起挑戰美國的全球領導地位，加速美國霸權地位的相對衰落。在認識到這一現實後，美國採取一系列策略來應對中國的崛起，其中包括貿易和科技戰爭。美國努力限制對中國的高端科技、通訊系統和精密晶片等關鍵產品的出口，目的在於削弱中國的高科技產業發展，阻止其在科技領域取得領導地位。此外，美國也在區域安全方面採取行動，透過「印太戰略」及「美日印澳四方對話」（Quad）機制，在政治、安全、軍事和經濟領域對中國進行全方位圍堵，進一步遏制其擴張行為。2021 年 9 月，美英澳三國宣布成立「澳英美三方安全夥伴關係」（AUKUS），計畫支持澳洲建造 8 艘核動力潛艦並配備

---

14 倪世傑，〈川普完成的最後一塊拼圖：保守主義國際秩序的行程〉，《聯合新聞》，2016 年 11 月 10 日，〈http://global.udn.com/global_vision/story/8663/2098466〉。

15 吳安琪，〈美國印太戰略最新發展〉，《中華經濟研究院》，2021 年 11 月 25 日，〈https://web.wtocenter.org.tw/Mobile/page.aspx?pid=364161&nid=15483〉。

戰斧巡航導彈，雖然未明確指名對抗的對象，但普遍認為這是針對中國在海洋權力擴張的一種應對。

拜登總統就職後，他不僅延續前任川普政府對中國的對抗性政策，而且在軍事領域對中國的針對性措施有所增強。此外，拜登政府也推動了包括英國、德國、法國以及「北大西洋條約組織」（NATO）在內的歐洲國家積極參與印太（Indo-Pacific）區域事務，與美國在戰略上形成協同效應。這一策略包括組織多國海軍聯合演習，以海上力量對中國進行威懾，2021 年的海上聯合演習達到了 21 次的高峰。

2022 年 2 月，拜登政府發布上任後的首份「印太戰略」報告，旨在「推動一個更加互聯、繁榮、安全和具有韌性的自由開放印太區域」。這份戰略報告強調加強美國在該區域的作用，以及與盟友、夥伴和區域組織建立集體能力，並提出了 10 項行動計畫來實現這一戰略願景。報告中特別指出來自中國的挑戰，強調北京在全球及尤其是印太區域的擴張野心。[16]

再者，為對抗中國在印太區域的經濟影響力，同年 5 月，美國推出「印太經濟框架」（IPEF）。該框架的目的是透過重整供應鏈來減少對中國的依賴，並將生產基地轉移到其他亞洲國家，同時加強美國在該區域的經濟影響力。[17]

## 三、台灣成為關鍵核心

隨著川普政府推動「印太戰略」，美中關係由過往的建設性戰略夥伴關係轉變為明顯的競爭乃至對抗模式，[18] 這一轉變同時影響美國對台灣的政策走向。在歐巴馬時期，鑒於與中國的建設性關係，美國對台政策相對穩定，旨在遵守對台承諾，支持兩岸和解，並傾向於「維持現狀」。[19] 但是

16 Joe Biden, “Indo-Pacific Strategy of the United States,” February 2022, https://www.whitehouse.gov/wp-content/uploads/2022/02/U.S.-Indo-Pacific-Strategy.pdf.

17 張登及，〈2023 年美中關係：從有節制競爭進入可控的對抗？〉，《奔騰思潮》，2022 年 12 月 19 日，〈https://www.lepenseur.com.tw/article/1289〉。

18 丁肇九，〈印太經濟框架（IPEF）是什麼？台灣不在第一輪名單中真的是利空嗎？〉，《The News Lens 關鍵評論》，2022 年 6 月 1 日，〈https://www.thenewslens.com/article/167550〉。

19 翁明賢，〈對歐巴馬兩岸政策的反思 —— 台灣觀點〉，《台灣國際研究季刊》，第 5 卷第 1 期，2009 年春季號，頁 1-20。

川普執政後，隨著對中國崛起採取的「印太戰略」，美國對台的立場逐步明晰，由戰略模糊轉向戰略明確。

從理論上講，美中台三角關係中任何一方的政策調整都可能引起其他兩方的行為改變。然而，由於權力分布的不均等，美國在這一關係動態中占據主導地位，成為影響兩岸關係變化的關鍵外部因素。隨著美中關係的競爭對抗性加劇，美台關係自然而然地變得更加緊密，三邊關係從過往較為模糊的狀態轉變為明確的夥伴關係，共同面對中國崛起帶來的挑戰。

「印太戰略」實質上是對中國的圍堵和遏制政策。面對中國堅定不移地將台灣視為其領土一部分，以及對台獨立運動的堅決打擊態度，近年來中國對台的軍事威懾不斷升級，規模、強度和頻率均有增加。在這一背景下，台灣被視為中國打破「印太戰略」圍堵的關鍵，成為該戰略核心中的核心，關鍵中的關鍵。

由於台灣在印太區域占據的戰略要地，其安全狀況對全球秩序有著深遠影響。因此，美國在調整其對中政策後，迅速將強化台灣防衛能力定為優先事項。美國政府在 2017 年底發布的國家安全戰略報告中強調台灣在美國印太戰略中的重要性，將之定位為關鍵的軍事與安全議題。報告明確表示，美國將在遵守「一個中國政策」及「台灣關係法」的框架內，維持與台灣的堅固關係，並滿足台灣合理的防衛需求，以確保其安全。[20]

在拜登政府發布的「印太戰略」文件中，美國承諾將與區域內外的夥伴協作，致力於確保台灣海峽的和平及穩定。這包含支援台灣提升自身的防衛能力，以保障台灣的未來既能體現台灣人民的意志與最佳利益，又能在一個和平的環境下作出自主決定。從川普時期到拜登政府的相關文件中可見，美國對於加強台灣在印度太平洋區域的戰略地位給予顯著重視，並明確表示維持台灣海峽和平與安全是重要的目標。[21]

20 楊士範，〈川普任內首份國安報告：中俄為競爭對手，「隱含」日後對台軍售意圖〉，《The News Lens 關鍵評論》，2017 年 12 月 20 日，〈https://www.thenewslens.com/article/85873〉。
21 鍾志東，〈拜登「外交優先」下的「美國印太戰略」〉，《國防安全雙週報》，第 49 期，2022 年 3 月 11 日，頁 17-21。

美台關係的加強在近年顯著體現於對台灣的軍事支持上。在川普任內，美國共進行 11 次對台軍售，而在拜登上任後，這一數字已達到 14 次。相比過去，這些軍售不僅包括傳統的防禦性武器，還擴展到包含潛艇、高機動性多管火箭系統、陸軍戰術導彈、M1A2T 主戰坦克、魚叉反艦導彈以及 F-16C/D 戰機等現代化及具攻擊潛力的武器裝備。

除軍事支持之外，美台之間的交流與互動也變得更為密切，包括高層政治互訪的增加。2022 年 8 月，美國眾議院議長南希・裴洛西訪台，成為近期兩地交往的顯著例子，此外，新任眾議院議長可能的訪台行程，也是兩岸關係中的一大焦點。

在中國崛起所帶來的地緣政治挑戰下，美國對其對華政策的調整促使美台關係變得更加緊密。這種關係的加溫不僅重塑雙方的夥伴地位，也在印太區域的安全威脅尚存的背景下，確保美國對台安全的持續關注，進一步加強雙方在安全合作上的緊密聯繫，從而為該區域的安全與穩定作出貢獻。

台灣在全球社會扮演著多重關鍵角色，不僅在軍事安全方面接受國際支持，其在其他領域的貢獻也同樣顯著。首先，台灣的資訊科技產業和製造業高度發達，結合其卓越的創新及研發能力，在全球經濟中占有不可或缺的地位。其次，作為一個民主制度穩定、人權保障嚴謹的國家，台灣在全球範圍內展現出積極的示範效應。

再者，台灣積極參與世界衛生組織、世界貿易組織及亞太經合組織等多邊合作機制，並與多國簽訂自由貿易協定及其他合作協議，強化其在全球地緣政治中的重要角色。此外，台灣在環保、氣候變化、人道救援等全球公共議題中亦有積極貢獻，尤其是在 2020 年新冠疫情期間，台灣的防疫成效及國際援助行動成為全球範例。這些成就不僅展現台灣成為印太區域具有影響力國家的實力，也是美國在其「印太戰略」中將台灣視為關鍵核心的重要依據，進一步加深美國對台安全的關注並深化雙方的合作關係，以促進印太區域的安全與穩定。

## 表 9-1　2017 年迄今美國對台軍售主要項目概況

| 項次 | 日期 | 主要項目 | 金額（美元） | 備考 |
|---|---|---|---|---|
| 1 | 2017/6/29 | MK48 重型魚雷」、「AGM-88B 高速反輻射飛彈」等 8 項（價值 14.2 億美元），以及有關飛彈、雷達及射控系統等 | 14.2 億 | |
| 2 | 2018/9/24 | F-16 戰鬥機、C-130 運輸機、F-5 戰鬥機、經國號戰鬥機等四型機的五年份標準航材零附件及相關後勤支援系統 | 3.3 億 | |
| 3 | 2019/4/15 | F-16 在美訓練案 | 5 億 | |
| 4 | 2019/7/8 | M1A2 戰車、刺針防空飛彈等 | 22.24 億 | |
| 5 | 2019/8/20 | 「F-16V」Block 7 型 2/3 等 | 80 億 | |
| 6 | 2020/5/20 | MK48 重型魚雷等 | 1.8 億 | |
| 7 | 2020/7/10 | 愛國者三型飛彈零組件等 | 6.2 億 | |
| 8 | 2020/10/21 | 海馬斯多管火箭系統、AGM-84H / 增程型距外陸攻飛彈（SLAM-ER）、F-16 新式偵照莢艙（MS110） | 18 億 | |
| 9 | 2020/10/26 | 魚叉飛彈系統及相關設備 | 23.7 億 | |
| 10 | 2020/11/3 | MQ-9B 無人機等 | 6 億 | |
| 11 | 2020/12/7 | 戰地訊息通訊系統 | 2.8 億 | |
| 12 | 2021/8/4 | M109A6 自走砲等 | 7.5 億 | |
| 13 | 2022/2/7 | 愛國者系統工程勤務 | 1 億 | |
| 14 | 2022/4/5 | 愛國者專案人員技術協助 | 9,500 萬 | |
| 15 | 2022/6/8 | 艦艇零附件與技術支援 | 1.2 億 | |
| 16 | 2022/7/15 | 零附件採購與技術協助 | 1.08 億 | |
| 17 | 2022/9/2 | AIM-9、魚叉反艦導彈等 | 11.06 億 | |
| 18 | 2022/12/6 | F-16、經國號戰機及 C-130 運輸機零附件 | 4.28 億 | |
| 19 | 2022/12/28 | 火山車載布雷系統 | 1.28 億 | |
| 20 | 2023/3/1 | HARM 反輻射飛彈等 | 6.19 億 | |
| 21 | 2023/6/29 | 30 公厘機砲彈藥等 | 4.4 億 | |
| 22 | 2023/8/23 | F-16 戰機紅外線搜索追蹤莢艙（IRST） | 5 億 | |
| 23 | 2023/8/31 | F-16 戰機延壽案 | 1,817 萬 | |
| 24 | 2023/12/15 | 迅安系統作業維持 | 3 億 | |
| 25 | 2024/2/21 | 先進戰術數據鏈升級計畫與相關設備 | 7,500 萬 | |

資料來源：作者自行彙整。

# 第四節　未來兩岸關係挑戰

## 壹、美中競爭加劇兩岸情勢

在當今世界經濟格局中，美國與中國分別代表著最大的經濟體：一方是長久以來的全球霸主，另一方則是正在崛起的強國。權力轉移理論指出崛起的強國將挑戰既有的霸權國家，這一過程可能不可避免地引發衝突。[22] 為維護其霸權地位並防範中國崛起對國際秩序造成的潛在威脅，美國轉變冷戰結束後採用的自由主義策略，改為採取更為直接的對抗與圍堵、遏制中國的手段。自 2018 年起，美中之間的對立狀態已持續五年，期間美中關係未見緩和，反而在拜登就任後，競爭狀態有所加劇。

在美、中、台三方的不對等權力結構中，台灣處於相對被動的位置；美國則在策略上占據主導地位；中國根據自身利益的考量，可以選擇與美國對抗或合作。對於台灣來說，其對抗中國的立場使其不得不緊密跟隨美國，使台灣成為美國在對抗中國策略中的重要棋子。當美中關係出現緊張時，美國便會增加對台灣的支持，例如透過軍售和政治交流等方式來實現其政策目的。從歷史經驗來看，隨著美中緊張關係的加劇，中國可能會加強對台灣的軍事壓力，試圖確認對台灣的主權主張。這意味著中國可能會利用軍事威脅或行動來達成對台灣的統一目標。除軍事手段，中國也可能透過政治干預、國際外交打壓以及影響兩岸貿易等手段，在經濟和民間層面對台灣施加壓力。

在 2022 年 2 月，俄羅斯對烏克蘭的軍事行動顛覆全球的地緣政治平衡，同時也將國際社會的目光集中於台灣。在這一關鍵時刻，美國、日本、北約、歐洲聯盟、澳大利亞、韓國及 G7 等國家和組織紛紛發出聯合聲明，強調維護台海區域的和平與穩定對於維繫國際秩序的關鍵性，表達對於中國可能單方面改變地緣政治狀況的深切擔憂。儘管面對美國為首的國際組織對台海議題的關注和介入，中國對於台灣的政治與軍事壓力並未

22 廖小娟，〈探索中日爭霸東北亞之衝突行為：兼論 權力轉移理論的適用〉，《台灣政治學刊》，第 20 卷第 1 期，2016 年 6 月，頁 61-106。

有所減弱，反而增加軍事威懾的力度，包括派遣軍機繞台次數的顯著增加。

特別是在 2022 年，隨著中國和台灣分別迎來重要的政治事件，包括中共的第二十次全國代表大會以及台灣的選舉，區域內的緊張氛圍有增無減。在這種大國競爭的背景下，台灣努力在美中之間尋求一種戰略平衡，希望在這個三角關係中保持一定的均衡。然而，現實情況是，台灣與美國的關係更為密切，與中國的距離則相對較遠。當美中對立加劇時，台灣與美國的聯繫將進一步加深，而與中國的關係則會進一步疏遠。面對這種局勢，中國試圖透過經濟吸引、民間交流以及增強軍事和外交壓力來拉近與台灣的距離，這種做法可能導致惡性循環，對兩岸關係構成嚴峻挑戰。

## 貳、兩岸官方缺乏溝通管道

在 2016 年，民進黨再度勝選，實現台灣政黨的第二次輪替。民進黨不承認「九二共識」的立場，使得中國認為兩岸之間缺乏信任和溝通的基礎，進而中斷所有官方協商管道，導致雙方官方互動完全停滯。[23] 在這樣的對立狀態下，缺少有效溝通渠道不僅加深了雙方的猜疑和誤解，還可能使對立情緒進一步升溫，惡化雙方的關係，這成為目前兩岸關係的現狀。

兩岸關係的穩定性依賴於三大支柱：美中關係的狀態、兩岸官方互動以及民間交流。在理想情況下，這三者都應該呈現正面發展；如果美中關係出現緊張，但兩岸政府往來及民間交流能夠保持正常，則關係仍可保持一定的穩定；最不利的情況是美中關係緊張、兩岸官方互不往來，僅靠極為有限的民間交流維繫關係。若因政治因素使得民間交流也遭遇阻礙，則兩岸關係的緊張程度可能會進一步升高，甚至走向衝突的風險也不可忽視。

在冷戰時期，東西方勢力在歐洲的軍事對立非常緊張，雙方在邊境部署大量軍隊。然而，透過歐洲安全會議等機制，建立互信和暢通的溝通渠道，這有助於避免軍事衝突的發生。類似地，南北韓在 38 度線附近的

23 唐永瑞，〈美、「中」競合下的中共 對台政策變與不變〉，《展望與探索》，第 16 卷第 12 期，2018 年 12 月，頁 100-116。

對峙雖然時有發生小規模衝突，但雙方設立熱線，保持溝通暢通，這使得彼此能夠及時表達意圖，從而避免大規模軍事衝突的爆發。這兩個例子展示即便在緊張的對峙中，只要保持溝通渠道，就有可能防止軍事衝突的發生。

但是，自 2016 年起，兩岸的官方協商管道被關閉，溝通渠道完全斷絕，導致雙方缺乏互信，增加誤解或誤判對方意圖的風險。近年來，兩岸的軍事緊張情勢不斷升高，中國對台灣的軍事壓力持續增加，國際局勢的變化也加劇這一趨勢，戰爭的可能性因此不斷上升。問題的核心在於缺乏有效的溝通渠道，這使得兩岸難以透過對話來解決分歧，進一步加劇局勢的不確定性。

## 參、中國軍事威懾有增無減

自從兩岸關係中斷往來後，加之美國推動的「印太戰略」，台灣與美國的關係日益密切，而與中國大陸的距離則日漸拉遠，這一發展趨勢並不符合中國的預期。在國際與國內雙重不利因素的影響下，外部勢力對台灣議題的介入日益加強，台灣本土獨立派的聲音逐漸增強，導致台灣問題的國際化程度提升。

在中國，習近平自掌權以來已進入第三屆任期，並可能進入第四任，其打破過往領導人任期限制的行為表明對權力的全面掌控。特別是在軍事方面，習近平的影響力尤為顯著。自 2016 年進行的軍事改革以來，中國將原有的七大軍區整合為五大戰區，將 18 個集團軍裁減為 13 個，由軍區制轉變為戰區制，並廢除軍事委員會下轄的 4 個總部，改為成立聯合參謀部，實行軍事委員會負責制。此外，習近平還提拔新的幹部擔任重要職位，確保解放軍的高層職位均由其親信擔任。[24]

在習近平全面控制軍隊後，他進行一系列對軍事事務的加強與改革措施，致力於提升軍隊的整體作戰能力。這包括實施針對實際戰鬥情況的訓

24 林穎佑，〈共軍軍事體制改革的意涵與影響〉，《戰略與評估》，第 6 卷第 4 期，2015 年冬季號，頁 23-42。

練，從而對台灣構成更加嚴峻的威脅。根據國防部的數據顯示，解放軍軍機繞台次數自 2020 年的 380 次到 2023 年的 1,709 次，顯示出隨著台灣與美國關係的加強，中國對台灣的軍事威懾行動不僅增加，而且強度也在提升。[25]

此外，繼美國前眾議院議長裴洛西在 2022 年 8 月 2 日至 8 月 3 日訪台後，中國隨即在台灣周邊海域進行一系列軍事演習，形成對台灣的圍困態勢。在演習期間，多枚導彈和遠程火箭穿越台灣北部上空，這不僅展示中國軍事演習的規模，也表明台灣海峽安全環境的變化，未來中國對台灣的軍事壓力預計將持續增加，這對台灣防衛力量構成更大的挑戰，增加應對上的難度。嗣後中國在 2024 年 5 月 20 日賴清德總統就職演說後的第 4 天進行「聯合利劍－ 2024A」環台軍演，演習範圍包括台灣海峽、台灣北部、南部、東部及周邊離島，顯示出中國在多個方向上的軍事能力和部署範圍的擴大，加上演習科目是聯合海空戰備警巡、聯合奪取戰場綜合控制權、聯合精打要害目標等，表明中國解放軍在多領域協同作戰和綜合戰場控制方面的訓練重點，期藉由高強度的軍事威懾動作，旨在警告賴總統不要進行任何挑戰中國主權的行動，並向美國及其盟友傳遞信號，表明中國在台灣問題上的堅定立場。[26] 上揭情況若不慎因應處理，可能會引發擦槍走火的風險，進而觸發台海的武裝衝突。

自冷戰結束以來，美國曾試圖透過接觸和合作來實質改變中國，但中國共產黨對國家的牢固控制使這一策略效果有限。這一時期的合作，雖然促進中國的增長，但也被認為相對削弱美國的國力。面對這一現實，美國轉向現實主義政策，重新評估對中國的策略，透過實施「印太戰略」來圍堵和遏制中國的影響力，使美中關係進入一個競爭和對抗的新階段（Walt, 2019）。這種政策轉變不僅影響美中兩國的關係，也對台灣海峽兩岸的關係產生深遠影響。

---

25 張欣瑜，〈美媒：2023 年擾台共機 1709 架次 種類趨多樣〉，《中央社》，2024 年 1 月 6 日，〈https://www.cna.com.tw/news/aipl/202401060018.aspx〉。

26 陳文甲，〈快新聞／中國解放軍環台軍演怎因應，學者提五大點〉，《民視新聞網》，2024 年 5 月 23 日，〈https://talk.ltn.com.tw/article/breakingnews/4554673〉。

從歷史角度來看，自 1949 年以來，美中關係大致經歷冷戰前期的對抗、冷戰後期的合作與後冷戰時期的博弈等階段。美中關係的波動往往與兩岸關係的密切程度呈現正相關：當美中關係緊張時，兩岸關係往往對立加劇；當美中關係緩和時，兩岸關係也相對和緩。當前，隨著美中關係再次進入對抗階段，兩岸官方往來幾乎中斷，中國對台灣的政治施壓和軍事威懾也在不斷加劇。在這一美中競爭格局下的新變化，也給兩岸關係帶來新的挑戰，解決這些挑戰需要兩岸共同努力，尋求有效的應對策略。

## 第五節　小結

隨著冷戰的結束和「現實主義」的影響減弱，新自由主義的理念開始興起，美國對中國採取全面接觸策略，希望以和平演變促進中國走向民主化，同時台灣也因為開放兩岸探親，兩岸民間往來相當熱絡。但是隨著台灣政治上政黨輪替成為常態，民主進一步的鞏固，不同政黨對兩岸的往來出現不同意見，台獨與統一兩股力量一直互相拉扯。隨著國際情勢的演變，美國外交政策又重新回到「現實主義」路線，尤其「印太戰略」成型之後，美中走向對抗的結果導致兩岸軍事衝突的潛在風險不斷升高。在這一背景下，美國與台灣的關係進一步加強，而台灣與中國之間的對抗關係依然存在。為加強對中國的遏制，美國的兩岸政策更加傾向於支持台灣，使得三方關係回到類似結婚型的模式，而台灣在抗衡中國方面具備關鍵作用，只要台灣持續強化自身實力，在戰略三角中的角色將始終是不可或缺的。

美國在兩岸關係中扮演著關鍵角色，其全球戰略考量深刻影響著台灣海峽的動態。作為國際政治、經濟和安全事務的重要行動者，美國的政策變化對兩岸關係具有決定性的影響。自冷戰時期起，美國以其全球領導地位，在亞太區域對抗蘇聯擴張的同時，也將台灣視為遏制中國擴張策略的重要棋子。隨著時代變遷，美國與中國之間的戰略競爭加劇，台灣位於這場大國博弈的戰略中心，其地位和動向對地緣政治格局產生深遠影響。美國與中國正式建立外交關係後，美國在追求國家利益的同時，透過實施台灣關係法維持與台灣的實質性關係，展現出在國際政治中利益常常高於理念的現實。美國的對華政策經歷從戰略競爭到全面接觸合作的轉變，促使兩岸關係進入和平發展的新階段。然而，兩岸關係的未來發展仍然深受美國全球戰略的影響，美中台三方的互動狀態在競爭與合作之間不斷變化，顯示美國在此三邊關係中的中心地位和影響力。

自冷戰結束以來，美國的對華政策經歷從合作到對抗的轉變，特別是在「印太戰略」的背景下，這種轉變更加顯著。美國原本試圖透過接觸和合作來促使中國轉向民主制度，並支持中國加入國際體系，如世界貿易組織（WTO），以期中國能成為負責任的國際社會成員。然而，隨著中國的迅速崛起和在軍事現代化方面的進展，美國逐漸認識到需要重新評估其對華政策。川普政府期間，美國明確轉向對中國的圍堵和遏制策略，並通過提高對台灣的軍事支持和加強與台灣的關係來實現這一目標。這種策略的轉變不僅反映美國對中國崛起的擔憂，也凸顯台灣在美國印太戰略中的關鍵角色。在拜登政府時期，這一戰略得到進一步加強，美國與區域內外的夥伴合作，致力於確保台灣海峽的和平與穩定，並支持台灣提升自身的防衛能力。此外，台灣在科技、民主、人權和國際合作方面的表現，更加凸顯其在維護印太區域安全與穩定中的重要性。隨著美中關係的競爭加劇，台灣面臨的挑戰也隨之增加，但同時也成為美國在區域內制衡中國的關鍵力量。

隨著美中競爭的加劇，兩岸關係面臨新的挑戰。美國和中國作為當今世界最大的兩個經濟體，分別代表長期的全球霸主和崛起中的強國。美國為維護其霸權地位，從冷戰結束後的自由主義策略轉向更直接的對抗和遏制中國的舉措。這種轉變導致美中關係進入長期的對立狀態，影響台灣的戰略定位。台灣處於美中權力結構中的被動地位，被迫更加緊密地跟隨美國，同時面臨來自中國的增加軍事壓力和政治干預。

因此誠如「權力轉移理論」所指，隨著中國的崛起，不滿現有美國主宰的國際秩序，進而加以挑戰；而既有的霸權國家為維持權力與利益，必然予以遏制，美中雙方於是產生權力衝突，而衍生「又競爭、又對抗、又合作」的弔詭博弈，當然兩岸關係也會受到美中競爭的影響，未來兩岸關係一方面將取決於美國對兩岸政策的「維持現狀」（一中政策、台灣不獨、中國不武）與「防止現狀改變」（提供嚇阻的防衛武器、反對單邊改變現狀），以及中國對台政策的「促統」（一個中國、一國兩制、九二共識）與「反獨」（反對台獨、不放棄使用武力、反對外力介入）之間擺盪。至於當前中國正受限於「武統台灣動機雖然強烈，惟軍事實力明顯不足，加上美日介入後果嚴重」等三大因素，充其量只能持續加大「統一戰線、文攻武嚇、經濟脅迫、認知作戰、灰區作戰」等諸般手段，企圖「分化台灣、弱化台灣、恐嚇台灣、孤立台灣、制裁台灣」，所以從「條件論」面向來研判，中國短期內應不至於有貿然攻台的實質作為；只是從研究中國對外政策的學術角度來看，尤須以「微觀與宏觀」研究方法，在「宏觀層次」上需觀察中國的國際制約與國內決定因素，以及在「微觀層次」上需掌握中國領導人習近平的「一人一黨專制」決策模式，才能妥擬「超前部署、料敵從寬、禦敵從嚴」的政策因應；並要秉持「用兵之法，無恃其不來，恃吾有以待也；無恃其不攻，恃吾有所不可攻也」的高度警覺，強化台灣防衛力量與對中情報工作力度，才能精確掌握中國對台軍事預警動態，杜絕與防患中國未來「武統台灣」於未然。[27]

此外，也期待賴政府應如同《清史稿．卷一五八．邦交志六》：「夫安內攘外之策，以固本防患為先。」所言，應以「安內攘外之策、固本防患為先，確保台灣永續生存發展」為執政戰略：一則，賴政府與民進黨要以最大的誠意與智慧，同國民黨及民眾黨「共生共榮」，同心協力為台灣的生存發展，以及應處國際與兩岸變局；二則，賴政府需審時度勢地運用「地緣戰略」的優勢，並應當「借力使力」的與美日同盟發展緊密的政經與軍事合作關係，且積極強化軍事防衛能力與經貿科技等硬實力，以及民主價值的軟實力為後盾；三則，藉由與美日同盟建立緊密的安保關係後，經由彼等的連結印太與歐洲等民主國家；四則，當台灣有更強大的國力與

27 中央廣播電台，〈兩岸各自劃定紅線 矢板明夫：未來台海持續「鬥而不破」〉，《中央廣播電台》，2024 年 6 月 12 日，〈https://www.rti.org.tw/news/view/id/2209315〉。

國際援助力後，在「靠實力才有真和平」的基礎上，務實地開啟兩岸的「和平對等的民主對話」，確保台灣的永續生存與發展。[28]

28 陳文甲，〈新政府應固本防患 以確保台灣永續發展〉，《自由時報》，2024 年 1 月 17 日，〈https://talk.ltn.com.tw/article/breakingnews/4554673〉。

# 第十章　結論

## 第一節　印太區域面臨區域安全挑戰

印太區域正面臨著來自於美中戰略競爭加劇的區域安全挑戰。隨著美國與中國之間的戰略博弈在印太區域展現出前所未有的激烈程度，該區域的戰略格局呈現出多變和不確定性。在這場大國博弈中，區域內其他國家，特別是日本與台灣，如何進行戰略定位，以及如何透過外交策略和安全合作來保障自身的國家利益成為重要的議題。美國透過其在印太的軍事布局、經濟政策及國際合作來維持其全球霸權地位，同時中國透過經濟崛起、軍事現代化以及「一帶一路」等戰略來擴大其國際影響力，這些動作對區域安全結構和國際秩序的影響日益顯著。

日本作為區域內的重要國家，其安全政策的演變及對外關係的調整影響著區域安全架構。日本如何在保障國家安全和推動區域穩定的同時，加強與美國的同盟關係，並透過積極參與區域事務來應對日益複雜的國際環境成為關鍵。台灣則因其獨特的地理位置和政治地位，在美中戰略競爭中有著關鍵的位置，探討台灣如何在大國政治的夾縫中尋求生存與發展，以及其在印太區域安全與穩定中所扮演的角色，對於了解印太區域的安全挑戰至關重要。

「印太戰略」作為針對中國而來的戰略概念，其地理空間範圍以中國當前發展與活動區域為主，形成一個全新地緣政治概念，旨在確保自由開放的國際秩序，並透過加強與區域盟友和夥伴國的合作來促進區域的和平、安全與繁榮。這一策略意在形成一個更加緊密聯合的印太區域，以應對中國日益增長的影響力和挑戰，並確保區域內國家的主權和經濟自由不受侵犯。

面對以上的挑戰，台灣應加強國防能力，提升國防預算並推動國防自主研發，同時深化與美國、日本等國家的軍事合作。外交方面，應推動外交多元化，強化與東南亞國家的經貿關係，積極參與國際組織和活動，爭取更多國際支持與認同。經濟上，應積極爭取加入 CPTPP 和 RCEP，並支持新興產業與科技創新，特別是綠色科技與清潔能源產業。此外，應提升國內治理效率，強化政府透明度，確保社會穩定，並推動全民國防教育，提升民眾的國防意識和應急能力。透過上述因應作為，有利台灣在美中戰略競爭中尋求生存與發展，並在印太區域安全與穩定中發揮關鍵作用。

## 第二節　台灣對日本具備不可或缺性

日本的安全環境受多方面因素影響，包括其與美國的同盟關係、中國的崛起與挑戰、俄羅斯的動盪與合作、東南亞的連結與影響、與韓國的糾葛，以及面對北韓的威脅。為應對這些安全挑戰，日本從戰後的嚴格和平主義轉變為積極和平主義，並透過國際軍事合作與和平支援活動，展現其作為負責任國家的承諾。

面對中國的崛起和安全威脅，日本積極參與「印太戰略」，加強在區域安全和經濟發展中的影響力。日本的安全戰略旨在回應中國的軍事和經濟擴張，並與美國合作，確保印太區域的自由和開放。這表明日本在印太區域的戰略博弈中是一個不可或缺的要角，其安全環境隨著「印太戰略」的興起而發生重要變化。

日本的國際安全合作和雙邊軍事演習是其安全戰略的重要組成部分，這些活動不僅增強日本與合作國家之間的互信和理解，也提升共同應對潛在威脅的能力。例如，日本與美國、澳大利亞、印度等國家定期進行聯合軍事演習，以增進彼此之間的協調和溝通。

台灣對日本的重要性多維度展現，從地緣政治、經濟到安全層面皆有深遠的影響。地理位置上，台灣位於第一島鏈的關鍵點，控制著東亞至東南亞、直至太平洋的重要海上通道，對維護海上航線的自由和安全具有戰略意義，使其在印太區域安全架構中成為不可忽視的一環。這一地理優勢對於平衡區域力量、防止任何單一勢力的海洋霸權具有重要作用。

經濟角度看，台灣是全球重要的貿易國和科技創新中心，尤其在半導體產業方面擁有全球領先地位。台日的經貿關係密切和穩固，雙方在電子、汽車、能源、農業等領域有著廣泛的合作和互補，且日本對台投資金額創下歷年新高，顯示經濟合作關係愈來愈緊密。

安全層面，台灣面臨的軍事威脅和區域緊張局勢，對於印太區域的和平與穩定構成挑戰。日本將台灣視為其海洋安全的前沿，認為台灣海峽的和平與穩定對日本的安全保障和國際社會的穩定相當重要。台日在情報分享、防衛裝備、人員交流等方面有著密切的合作，日本也支持美國對台灣的安全承諾，並表示將與美國協調應對台海的任何危機。

2024 年 4 月 11 日，美日菲在美國白宮舉行三方峰會，這是首次美日菲領導人共同參與的峰會。在此次會議中，三國領導人重申對台海和平穩定的共同承諾，並強調對全球安全與繁榮的重要性。美日菲三方在聯合聲明中指出，台海的和平穩定是全球安全與繁榮不可或缺的要素，體現三國對於維護該區域和平的決心。日本首相岸田文雄在會後的發言中也特別提到「台灣的安定很重要」，這反映了日本對於台海和平穩定的支持，並凸顯了台日關係在區域安全中的重要性。

此外，峰會中討論的區域安全與經濟合作議題，對於台日關係的發展具有深遠的影響，三方討論區域安全、經濟合作在內的多個議題，這些討論與合作對於台日關係的發展，特別是在經濟與安全領域，都可能產生正面與積極的影響。這些合作對於加強台日之間的經濟聯繫和安全保障都是至關重要的。

美日菲三方峰會對中國在區域的軍事恫嚇及灰色地帶脅迫行徑表示了關切，這種立場對於台日關係的發展，特別是在對抗中國的壓力方面，將發揮正面且積極的作用。三國領導人對於中國在區域內的行為表達擔憂，並尋求透過合作來應對可能的挑戰。這一立場的表達，不僅對於台日關係的強化有所助益，也對於整個區域的安全架構產生了積極的影響。

美日菲峰會對於台日關係的影響主要體現在對台海和平穩定的重視、區域安全與經濟合作的深化，以及對中國行為的共同關切上。這些議題的討論與合作對於台日關係的未來發展具有重要意義，並將對區域內的政治與經濟格局產生深遠的影響。這次峰會不僅是三國合作的一個新起點，也是台日關係在新的國際環境下進一步發展的契機。透過這樣的多邊合作平台，台日可以在維護區域和平與穩定的同時，加強經濟與安全上的合作，共同應對區域內外的挑戰。這次峰會的舉行，對於台日關係以及整個印太區域的未來都具有重要的戰略意義。

根據以上結論，建議台灣政府強化與日本的安全合作與經濟聯繫。首先應深化防衛合作，加強在情報分享、防衛裝備和人員交流方面的協作，並積極參與聯合軍事演習，提升雙方應對區域安全威脅的協同作戰能力；其次，推動經濟合作，鞏固並拓展台日之間在電子、半導體、汽車、能源和農業等領域的經貿關係，推動雙邊自由貿易協定（FTA）談判，促進雙邊貿易和投資；此外，與日本密切合作，共同應對來自中國的軍事恫嚇和灰色地帶脅迫行為，透過多邊合作平台與日本、美國及其他盟友協調應對台海危機，確保區域和平與穩定。同時，積極參與日本推動的印太戰略，加強在區域安全和經濟發展中的協作，推動台灣加入 CPTPP 和 RCEP，提升台灣在區域經濟合作中的地位；最後，促進人文交流，推動台日之間的文化、教育和科技交流，增進台日人民的相互理解與友誼，為雙邊關係的長遠發展奠定基礎。

## 第三節　台日必須強化抗中戰略之合作

在當今多變的國際局勢中，台日透過深化抗中戰略合作，共同鑄造一個以安全、經濟互利與人文交流為基礎的生命共同體。面對來自中國的壓力和挑戰，台日不僅在軍事防衛、網路安全等領域展現出堅定的合作態度，更在經濟戰略上互補互助，攜手保護關鍵技術，加強供應鏈的韌性與自主性。此外，台日之間豐富的教育與文化交流活動，更是為台日人民搭建起深厚的情感橋梁，促進相互理解與尊重，從而在精神層面上拉近彼此的距離。這樣的生命共同體不僅加強台日在面對共同挑戰時的團結合作，也為區域和平與穩定注入積極正面的力量，展現台日作為負責任國際社會成員的決心與努力。

台日在加強雙邊關係方面採取全方位的策略，旨在促進經濟互補、安全合作，並深化教育與文化交流。經濟領域的互補與合作尤為顯著，例如台灣的半導體產業與日本的材料、設備供應之間的緊密合作，以及雙方在汽車零部件等領域的相互依賴。這種經濟合作不僅鞏固台日貿易增長的基礎，也加強台日經濟關係的穩固性和互惠性，促進雙邊經濟發展和技術創新。

在安全合作方面，台日面對共同的區域安全挑戰，特別是針對中國崛起所帶來的地緣政治不確定性，雙方加強安全合作和戰略對話，包括海洋安全、網路安全以及人道救援等領域的合作。這些合作項目不僅增強台日之間的互信和理解，也對於維護區域和平與穩定具有重要意義。同時，透過積極參與區域多邊合作機制，如 APEC 和 CPTPP，台日共同推動自由貿易和經濟整合，增強台日在國際社會的影響力和合作潛力。

教育與文化交流是台日加強雙邊關係的另一重要維度。透過青年交換計畫、學術合作以及文化藝術活動，台日成功地加深台日人民的相互理解與友好情感，為台日關係打下堅實的民間基礎。這種基於人文交流的深化合作模式不僅促進雙方社會的緊密聯繫，也為持續推動雙邊合作提供積極動力，展現台日在促進區域穩定和繁榮方面的共同努力和責任。

台日在加強抗中戰略合作上採取全面策略，旨在共同面對來自中國的挑戰。在安全合作方面，雙方針對中國的軍事壓力和安全威脅，積極強化包括海上安全、網路安全、反恐及人道救援在內的非傳統安全領域合作，並透過情報共享和防衛裝備交流加強戰略對話和協調。經濟戰略調整上，台日加深經貿關係和技術合作，在半導體、5G、疫苗研發等關鍵技術領域建立緊密的供應鏈聯盟，共同開發和保護關鍵技術，對抗中國在全球範圍內的技術霸權。此外，台日在國際政治互動中細膩操作，透過非官方渠道建立與其他國家的深層聯繫，並在多邊平台上協調立場，形成戰略合作，以強化對中國影響力擴張的共同防線。這些全面的策略和措施顯示出台日致力於加強雙方安全和經濟的互利合作，同時在國際舞台上維護台日及印太區域的和平、穩定與繁榮。

# 第四節　台日關係深受美中博弈影響與未來發展

## 壹、台日關係深受美中博弈影響

台日關係深受美中印太博弈的大背景下，日益複雜且多元，尤其是美中之間的戰略競爭與對抗，深刻影響了台日之間的互動和合作；而從政治、經濟、安全和文化等多方面探討，台日關係的變化和未來發展具有重要意義。

一是政治影響方面。美國在印太區域的戰略布局對台日關係有深遠影響。美國將台日視為維護印太區域穩定的核心夥伴，對台灣提供軍事和政治支持，強化了台灣的國際地位，並促進了台日政治互信，而台灣在美國支持下，與日本在外交政策上更加一致，共同應對中國的威脅壓力。然而，中國對台灣的政治壓力和對日本的強硬姿態，對台日關係構成挑戰，尤其是中國的「一國兩制」政策和對台軍事威脅，使台灣依賴外部力量的支持；而日本則因其地理位置和歷史因素，也對中國的軍事擴張保持高度警惕，尤其日本身為美國最為重要的印太盟國也配合於 2022 年 12 月 16 日新修「國安三文件」，確定將中國定為「最大戰略挑戰」與允許自衛隊「擁有反擊能力」；此外，日本故首相安倍晉三生前於 2021 年 12 月 1 日在國策研究院舉辦的「影響力論壇」線上演說指出：「『台灣有事』等同於『日本有事』，也等同於『美日同盟有事』。」這一表述強調了台日關係的緊密性，以及台灣在日本安全戰略中的重要地位，也表明台灣若遭受威脅，日本將視其為自身安全的挑戰，並會依賴美日同盟來共同應對，更顯示了日本對台灣安全的高度重視，也強化了美日同盟在維護亞太地區和平與穩定中的作用。所以在上揭的背景下，台日政治合作變得更加緊密，但也需要謹慎應對中國操弄「中俄朝戰略協作」的反制。

二是經濟影響方面。美國這幾年來對中國實施的貿易戰、供應鏈重組、科技限制、投資審查與歐盟合作，以「降依賴」與「去風險」，從而對全球經濟的影響，也使得台日關係在經濟領域面臨新的機遇和挑戰，尤其是在半導體、科技創新和基礎設施建設等領域展開了多層次的合作，有如2021年，台灣的台積電和日本的索尼合作，在日本建立先進的半導體製造廠，這不僅有助於台日經濟的互補性發展，也降低了對中國市場的依賴，進一步加強了雙邊經濟聯繫；而日本企業在台灣投資的增加，也促進了台日之間的經濟互動，這對於台日的經濟發展具有重要意義。然而中國的經濟崛起和市場規模，對台日經濟合作構成一定壓力，尤其是台日需在與中國的經貿關係中尋求平衡，避免過度依賴中國市場；此外，台日兩國在美中博弈白熱化的背景下，更加注重經濟合作的多樣性和供應鏈的穩定性，以確保經濟安全。

三是安全影響方面。在安全領域上，隨著美中博弈的白熱化，使得台日合作更為緊密，尤其是美國對台灣的軍事支持，促使台灣加強防衛能力，並與日本在區域安全上展開合作。而日本在美國的支持下，積極推動與台灣的安全合作，雙方共同應對來自中國的威脅，然而中國的軍事擴張和對台灣的威脅，增加了區域安全的不確定性，台日需在美中博弈中尋求戰略平衡，避免過度依賴單一國家的安全保障，特別是雙方加強在多邊框架下的安全合作，共同維護印太區域的和平與穩定。

四是文化影響方面。台日之間的文化交流和民間互動，在美中博弈的影響下，顯得更加重要。文化上的連結，有助於鞏固台日之間的政治和經濟合作基礎。台日在教育、旅遊和藝術等領域的交流，不僅促進了雙方人民的相互理解，也增強了民間友好關係。

## 貳、台日關係未來的發展

如上揭，美中印太博弈對台日關係的影響是多方面且深遠的，儘管面臨來自中國的壓力和挑戰，台日在安全、經濟和政治領域的合作仍在不斷深化。這種合作不僅有助於台日應對共同的威脅，也為地區和平與穩定作出了重要貢獻。由於台日關係的發展建構於多層次且密切的「五形與五體」關係，包括：一是在「美國引領」所形塑的「戰略共同體」、二是在「地緣安全」所形塑的「命運共同體」、三是在「民主政治」所形塑的「價值共同體」、四是在「經貿科技」所形塑的「利益共同體」、五是在「民間友情」所形塑的「情感共同體」，所以台日將會繼續受到美中博弈的影響，雙方應該也會在複雜的國際局勢中強化上揭「五形與五體」的合作力量。究其台日關係未來發展如下揭：

一是安全合作加強。面對來自中國的軍事威脅，台日在美國的授意下有關情報分享與戰略協調方面的合作將進一步深化，而日本將會在更大程度上支持台灣的防禦能力，強化區域安全合作。

二是經濟互動頻繁。隨著美國對中國的經濟制裁和貿易戰，台日在供應鏈重組和技術合作方面的互動將更加頻繁，並在半導體、科技創新和新能源等領域展開更多合作，減少對中國市場的依賴與風險。

三是外交關係深化。在國際場合中，日本將會更積極地為台灣發聲，支持台灣參與國際組織，而台日雙方在民間和議會層面的交流將更加活躍，有助於鞏固雙邊關係。

四是民間交流加強：台日民間組織和個人之間的交流將會更加頻繁，包括學術與科研合作、教育文化活動和旅遊觀光業的發展，這些交流活動將促進台日人民的相互了解和友誼，進一步深化台日友情。

五是區域影響擴大。台日合作的深化將對印太地區的和平與穩定產生積極影響，有助於形成對中國的戰略牽制，而台日關係的發展將成為美中博弈中的關鍵因素，影響區域地緣政治格局。

六是中國反應強烈。中國將會對台日加強合作表示強烈反對，並採取軍事、經濟和外交手段施壓，這將導致台日需要在安全、經濟和外交政策上更加謹慎，平衡各方利益，避免激化區域緊張局勢。

## 第五節　兩岸關係深受美中博弈影響與應處

### 壹、兩岸關係深受美中博弈影響

近年來兩岸關係伴隨美中博弈的加劇，變得更加複雜和緊張，因為美中兩國在全球政治、經濟、軍事和外交上的對抗，直接影響到台灣的生存環境和發展策略：

一則是美國對台政策的變化對兩岸關係產生了深遠影響。美國近年來逐漸從戰略模糊轉向戰略清晰，加強與台灣的官方交流，並多次強調對台灣安全的承諾與出售先進武器給台灣，還多次派遣高層官員訪問台灣，這些舉動無疑增強了台灣的安全信心，但也引發了中國的強烈反應，因為中國視美國的舉動為對其主權和領土完整的挑戰，進一步加強了對台灣的政治壓力，並在國際上不遺餘力地打壓台灣的外交空間。

二則在經濟科技方面，美中貿易戰和科技戰的持續進行，對兩岸經濟關係也帶來了深刻的影響。美國要求盟國減少對中國的依賴，這使得台灣在全球供應鏈中的重要性更加突出，尤其是在半導體產業中，使得台灣企業不得不在美中之間謹慎平衡，避免捲入兩國的經濟對抗中；同時中國也透過「一帶一路」戰略和區域經濟合作組織（如 RCEP）來加強與其他國家的經濟聯繫，試圖削弱台灣在國際市場中的地位。

三則在軍事安全上，兩岸關係因美中博弈的升溫而更加緊繃。中國在台灣周邊不斷進行軍事演習，展示其軍事力量，並向台灣發出強硬信號；而美國則透過對台軍售和軍艦穿越台灣海峽等行動來支持台灣的防衛，提升台灣的軍事能力。這種軍事對抗不僅增加了台海爆發衝突的風險，也使得兩岸之間的軍備競賽日益激烈，甚至導致「安全困境」的發生。

四則在外交空間上，台灣在國際社會中的參與受到美中博弈的直接影響。美國及其盟國在國際組織中支持台灣的參與，而中國則無所不用其極地阻撓台灣的國際空間，雖然導致台灣的外交盟友數量逐漸減少，但是美國與西方國家卻加強與台灣的非正式外交關係，提升雙邊合作水平，這對台灣的國際地位產生了一定的積極影響。

五則在政治體制上，在美中博弈下台灣的民主體制與中國的專制體制形成對比，兩岸在政治理念和治理模式上存在根本分歧，因為美國支持台灣的民主制度，加強政治和軍事合作，對中國構成壓力，而中國則強調統一目標，對台灣進行政治和軍事施壓，這使兩岸關係更加緊張。

## 貳、台灣的應處之道

在美中博弈日益激烈的背景下，台灣面臨的外部壓力和挑戰與日俱增，而台灣為了確保自身的安全與發展，需要採取綜合而靈活的因應之道：

一則是台灣應加強自身的國防與情報能力。因為面對中國不斷增強的軍事威脅，台灣需要持續提升自製武器裝備的能力，以增強國防自主性；此外，台灣應該多元化其軍事合作和武器採購渠道，除了依賴美國之外，還可以尋求與其他國家的軍事合作；再者，台灣應發展不對稱作戰能力，如反艦飛彈、無人機和網路戰，以提升威懾效果，確保足夠的防衛能力，尤其是針對中國近期對台加強「文攻武嚇、經濟脅迫、認知作戰、灰區作戰」等諸般手段，對台灣進行「促統」與「反獨」工作，甚而只要主客觀條件允許情況下隨時採取「武統」行動；所以台灣應有效整合對中情報單位，完善「指導、蒐集、研析、運用」等情報四大循環體系，才能優化情報單位職能，唯有給予執行對中情報單位更多的肯定、支持與包容，才能更加調動對中情報單位的積極心與使命感，才能落實把情報布建發展到區內，把情戰工作推展到敵後的對中情報工作目標，才能建成高層情蒐網絡，才能精確掌握中國對台預警情報，才能讓政府據以確立相關應處作為，才能確保台灣的國家安全與利益。[1]

二則是台灣應加強官方與非官方的溝通與對話機制。在當前的國際政治格局下，有效的溝通不僅能夠避免誤判與誤解，更是建立互信與理解的基石。兩岸官方應致力於建立一個長期、穩定的對話平台，針對共同關心的議題進行深入交流，並探尋解決分歧的可行途徑。此外，促進經濟與文化層面的交流合作對於增進兩岸人民的相互理解與友好感情具有不可替代的作用。加強經濟合作，尤其是在高科技、綠色能源、醫療健康等領域的合作，可以為兩岸關係帶來實質性的利益，同時也為區域經濟發展注入新

1　陳文甲，〈因應中國激化緊張意圖 學者籲政府支持情報工作〉，《中央廣播電台》，2024年2月5日，〈https://www.rti.org.tw/news/view/id/2195111〉。

的活力。在文化交流方面，透過學術研討、藝術展覽、民間互訪等多種形式，加深兩岸人民對彼此文化的理解和欣賞，從而鞏固兩岸關係的社會基礎。

三則是台灣應強化經濟韌性。為了減少對單一市場的依賴，台灣企業應積極布局全球供應鏈，尤其是在半導體等關鍵產業上，建立多元供應鏈；同時，台灣應加強與美國、日本、歐盟等主要經濟體的合作，參與更多區域經濟組織和貿易協定如 CPTPP，提升經濟競爭力。此外，推動科技創新和產業升級，提升自身在全球市場中的競爭力，保持經濟發展的韌性。

四則是台灣應積極拓展國際空間與國際支持。積極拓展與各國的非正式外交關係，尤其是與美國及其盟國的合作。台灣應在國際組織中爭取更多的參與機會，透過非政府組織和國際活動提升國際能見度和影響力。此外，加強對外宣傳和文化交流，提升國際社會對台灣的了解和支持，從而在國際舞台上贏得更多的認同和支持。

五則是台灣應強化內部團結。面對外部壓力，台灣應加強內部的政治團結，減少內部紛爭，形成一致對外的共識。推動國防教育和愛國主義教育，增強全民的國防意識和凝聚力；同時也要提升社會的韌性和應變能力，包括災害防救、網路安全和公共衛生等領域，確保社會穩定和安全。

六則是台灣應持續深化民主發展。兩岸的政治體制的本質是制度之爭，自由民主與共產獨裁之選，也就是當前兩岸關係發展關鍵點並不是「統或獨」之爭，而是「民主與獨裁」之爭；所以台灣應與民主價值觀相同的美日等國家持續深化民主發展，並為中國由獨裁向民主轉型指出可行途徑，以及建立兩岸民主對話的契機。

# 參考文獻

## 壹、中文部分

### 一、專書

中華民國108年國防報告書編纂委員會，《中華民國108年國防報告書》（台北：國防部，2019）。
中國軍事科學院軍事戰略研究部，《戰略學》（北京：軍事科學出版社，2020）。
王緝思，《國際關係理論》（北京：世界知識出版社，2012）。
吳玉山，〈權力轉移理論：悲劇預言？〉，收於包宗和主編，《國際關係理論》（台北：五南，2011）。
李世暉、陳文甲等，《當代日本的政治與經濟》（台北：翰蘆圖書，2021）。
張亞中，《台灣國際關係史：理論與史實的視角（1949-1991）》（台北：新銳文創，2012）。
林文程，《中國海權崛起與美中印太爭霸》（台北：五南，2019）。
周湘華、董致麟、蔡欣蓉，《台灣國際關係史：理論與史實的視角（1949-1991）》（台北：新銳文創，2017）。
倪世雄，《當代國際關係理論》（台北：五南，2010）。
陳文甲，《亞太區域經濟合作之政經分析》（台北：五南，2018）。
陳文甲，〈日本推動CPTPP之經濟外交意涵〉，收於李世暉、陳文甲主編，《當代日本的政治與經濟》（台北：翰蘆圖書，2020）。
陳文甲，〈地緣政治影響下的日印關係發展〉，收於《安倍主義與印太戰略》（台北：當代日本研究學會出版，2022），頁213-224。
過子庸、陳文甲，《台灣有事，全世界都有事》（台北：五南，2023）。
傅瑩，《中國外交的思考與實踐》（北京：世界知識出版社，2013）。
楊潔篪，《大國外交》（北京：中央編譯出版社，2014）。

## 二、專書譯註

Zbigniew Kazimierz Brzezinski 著，林添貴譯，《大棋盤》（The Grand Chessboard）（台北縣：立緒文化，1998）。

Robert Haddick 著，童光復譯，《海上交鋒》（Fire on the Water）（台北：國防部政務辦公室史政編譯處，2017）。

## 三、期刊論文

王志民，〈日本在東盟防長會議（ADMM）中的角色與作用〉，《亞太安全與戰略研究》，第 1 期，2014 年 1 月，頁 10-18。

王振宇、陳信宏，〈台日供應鏈韌性合作：現況、挑戰與展望〉，《台灣經濟研究月刊》，第 64 卷第 2 期，2023 年 8 月，頁 1-28。

王振寰，〈台灣參與四方安全對話的可行性與挑戰〉，《國防安全雙週報》，第 22 卷第 22 期，2022 年 11 月，頁 1-10。

王浩，〈日本在國際安全合作中的新挑戰與新機遇〉，《亞太安全與戰略研究》，第 3 期，2022 年 4 月，頁 52-60。

王崑義，〈台日關係基本法：可行性、必要性與挑戰〉，《台灣國際研究季刊》，第 19 卷第 2 期，2023 年 6 月，頁 1-36。

王緝思，〈中國的崛起與世界秩序的變遷〉，《國際關係研究》，第 2 期，2010 年 4 月，頁 3-12。

王緝思，〈印太戰略的演變與前景〉，《世界經濟與政治論壇》，第 6 期，2022 年 12 月，頁 12-20。

王緝思，〈霸權穩定論與權力轉移理論：評析與反思〉，《國際關係研究》，第 2 期，2005 年 4 月，頁 49-64。

呂建良，〈東海石油能源與中日衝突之分析〉，《復興崗學報》，第 88 期，2006 年 12 月，頁 255。

初國華，〈戰略三角理論與台灣的三角政治〉，《問題與研究》，第 49 卷第 1 期，2010 年 3 月，頁 88-110。

林建山、張素華，〈台日供應鏈合作：挑戰與機遇〉，《亞太經濟評論》，第 28 卷第 3 期，2023 年 9 月，頁 1-20。

林穎佑，〈共軍軍事體制改革的意涵與影響〉，《戰略與評估》，第 6 卷第 4 期，2015 年冬季號，頁 23-42。

洪銘德〈美國重返亞洲之研究〉，《全球政治評論》，第 51 期，2015 年 7 月，頁 147-165。

紀舜傑，〈「台灣關係法」—— 台灣、日本、與美國安全之連結〉，《台灣國際研究季刊》，第 2 卷第 1 期，2006 年春季號，頁 225-240。

唐永瑞，〈美、「中」競合下的中共 對台政策變與不變〉，《展望與探索》，第 16 卷第 12 期，2018 年 12 月，頁 100-116。

徐昕，〈美國在亞太區域的戰略轉移及其影響〉，《國際關係研究》，第 4 期，2021 年 8 月，頁 10-22。

徐昕，〈權力轉移與國際秩序變遷：理論與實證研究〉，《世界經濟與政治論壇》，第 6 期，2012 年 12 月，頁 12-20。

翁明賢，〈對歐巴馬兩岸政策的反思 —— 台灣觀點〉，《台灣國際研究季刊》，第 5 卷第 1 期，2009 年春季號，頁 1-20。

張文德，〈海權論與中國的海上戰略〉，《國際問題研究》，第 1 期，2015 年 1 月，頁 23-30。

張洋，〈美國、日本、韓國三邊安全合作的深化：原因、目標與影響〉，《國際展望》，第 3 期，2020 年 6 月，頁 78-84。

張國城，〈中國崛起對台海局勢之影響〉，《海峽評論》，第 35 卷第 4 期，2014 年 12 月，頁 1-20。

陳志武，〈日本金融業的發展與趨勢〉，《金融研究》，第 4 期，2023 年，頁 56-62。

陳怡涵、黃怡俟，〈貿易戰關稅與管制事件對美國高科技業之影響〉，《財稅研究》，第 50 卷第 2 期，2021 年 3 月，頁 104。

陳麗娟，〈台日大學間學術合作之研究〉，《教育政策論壇》，第 22 卷第 1 期，2019 年 3 月，頁 1-32。

陳文甲，〈拜登時期美中博弈與美日同盟聯合軍演之評析〉，《亞洲政經與和平研究》，第 9 期，2022 年 4 月，頁 25-50。

陳文甲，〈俄烏戰爭與日中關係的發展〉，《中共研究》，第 56 卷第 2 期，2022 年 6 月，頁 98-103。

傅瑩，〈「一帶一路」：構建人類命運共同體的新實踐〉，《世界知識》，第 1 期，2017 年 1 月，頁 2-6。

廖小娟，〈探索中日爭霸東北亞之衝突行為：兼論權力轉移理論的適用〉，《台灣政治學刊》，第 20 卷第 1 期，2016 年 6 月，頁 61-106。

趙春山，〈中美戰略競爭下的兩岸關係〉，《歐亞研究》，第 4 期，2018 年 7 月，頁 1-10。

蔡榮祥，〈國際政治平衡者的角色和轉變：比較歐巴馬總統時期和川普總統時期的美中台三角關係〉，《遠景基金會季刊》，第 21 卷第 1 期，2020 年 1 月，頁 5-6。

蔡學儀，〈兩岸三通之發展與分析〉，《展望與探索》，第 2 卷第 2 期，2004 年 2 月，頁 34-50。

鄭瑞城，〈台日技術創新合作的策略分析〉，《科技管理學刊》，第 26 卷第 2 期，2020 年 6 月，頁 1-224。

鍾志東，〈拜登「外交優先」下的「美國印太戰略」〉，《國防安全雙週報》，第 49 期，2022 年 3 月，頁 17-21。

蘇紫雲，〈美日台三邊對話機制的發展與挑戰〉，《亞太安全研究》，第 20 卷第 3 期，2023 年 9 月，頁 1-20。

## 四、網際網路

BBC News 中文，〈「美國印太戰略：幫助印度崛起 聯合抗衡中國」〉，《BBC News 中文》，2021 年 1 月 15 日，〈http://www.bbc.com/zhongwen/trad/world-55684095〉。

BBC 中文網，〈中國與台灣經貿發展的三大關鍵詞：「以商促統」、「經濟介選」和「降風險」〉，《BBC News 中文》，2024 年 1 月 24 日，〈https://www.bbc.com/zhongwen/trad/chinese-news-67955957〉。

BBC 中文網。〈北約「東進」設立東京聯絡處 烏克蘭戰爭催生亞洲「小北約」？〉，《BBC 中文網》，2023 年 6 月 1 日，〈https://www.bbc.com/zhongwen/trad/world-65774317〉。

CSIS，〈中國海軍現代化的進展如何？〉，《China Power》，2019 年 3 月 8 日，〈https://chinapower.csis.org/china-naval-modernization/?lang=zh-hant〉。

RAYMOND ZHONG，〈台灣、貿易、技術：詳解新時代美中競爭〉，《紐約時報中文網》，2021 年 11 月 16 日，〈https://cn.nytimes.com/asia-pacific/20211116/us-china-tensions-explained/zh-hant/〉。

TechNews 科技新報，〈攜歐美抗中國！日本傳設千億基金推動晶片研發〉，《TechNews 科技新報》，2021 年 6 月 21 日，〈https://technews.tw/2021/06/21/japan-100-billion-fund-promotes-chip-research-and-development/〉。

The News Lens 關鍵評論網，〈「美國印太戰略中的「印太經濟框架」有哪些地緣政治意涵？與區域自由貿易協定有何不同？」〉，《The News Lens 關鍵評論網》，2022 年 4 月 13 日，〈https://www.thenewslens.com/article/164967〉。

丁肇九，〈印太經濟框架（IPEF）是什麼？台灣不在第一輪名單中真的是利空嗎？〉，《The News Lens 關鍵評論》，2022 年 6 月 1 日，〈https://www.thenewslens.com/article/167550〉。

上海證券，〈2022 年中國對外直接投資流量 1631.2 億美元為全球第 2 位〉，《上海證券報》，2023 年 9 月 28 日，〈https://news.cnstock.com/news,bwkx-202309-5129682.htm〉。

中央廣播電台，〈《台日新關係 50 周年》72 年體制已鬆動 台日關係可望邁入新階段〉，《中央廣播電台》，2022 年 4 月 23 日，〈https://www.rti.org.tw/news/view/id/2130855〉。

中央廣播電台，〈兩岸各自劃定紅線 矢板明夫：未來台海持續「鬥而不破」〉，《中央廣播電台》，2024 年 6 月 12 日，〈https://www.rti.org.tw/news/view/id/2209315〉。

中央社，〈台灣印度中小學教育交流 兩國各 28 校簽署備忘錄〉，《中央社》，2022 年 3 月 24 日，〈https://news.ltn.com.tw/news/politics/breakingnews/3871003〉。

中央社，〈印太戰略新軸線從安倍到岸田日本重申台海和平 擴增軍事預算落實印太戰略〉，《中央社》，2023 年 5 月 29 日，〈https://www.cna.com.tw/news/aopl/202305290042.aspx〉。

中央社，〈四方安全對話面對中國虎視眈眈 強調印太自由開放〉，《中央社》，2021 年 9 月 24 日，〈https://www.cna.com.tw/news/firstnews/202109250049.aspx〉。

中央研究院，2022/5/12。〈中央研究院與日本理化學研究所簽署雙邊合作協議〉，《中央研究院》，〈https://www.sinica.edu.tw/News_Content/55/1992〉。

中央廣播電台，〈台日關係尚未達「盟友」等級 學者呼籲積極推動制度性交流〉，《中央廣播電台》，2022 年 8 月 21 日，〈https://www.rti.org.tw/news/view/id/2142175〉。

中國電子信息產業發展研究院，〈人工智能白皮書 2023〉，《中國電子信息產業發展研究院》，2023 年 5 月，〈https://v4.cecdn.yun300.cn/100001_2012025014/2023 人工智能 展白皮书 .pdf〉。

中華人民共和國國務院，〈中國武裝力量的多樣化運用〉，《中華人民共和國中央人民政府網站》，2023 年 4 月 16 日，〈http://big5.www.gov.cn/gate/big5/www.gov.cn/jrzg/2013-04/16/content_2379013.htm〉。

中華人民共和國國務院，〈推動共建絲綢之路經濟帶和 21 世紀海上絲綢之路的願景與行〉，《「一帶一路」國際合作高峰論壇網站》，2017 年 4 月 7 日，〈http://www.beltandroadforum.org/BIG5/n100/2017/0407/c27-22.html〉。

中評社，〈日本 2023 年度防衛預算 6.8 萬億日元 創歷史新高〉，《中評網》，2022 年 12 月 16 日，〈http://hk.crntt.com/crn-webapp/touch/detail.jsp?coluid=218&kindid=0&docid=106549330〉。

尹啟銘，〈《晶片對決》懷璧其罪─台灣半導體面對的政治風險〉，《聯合新聞網》，2023 年 3 月 13 日，〈https://reading.udn.com/read/story/122749/7028386〉。

王照坤，〈台日關係 外交部：深化合作有助印太和平〉，《Rti 中央廣播電臺》，2023 年 3 月 21 日，〈https://www.rti.org.tw/news/view/id/2145940〉。

台灣日本關係協會，〈台日經濟貿易狀況〉，《台灣日本關係協會》，2021 年 10 月 25 日，〈https://www.twreporter.org/a/usa-china-taiwan-strategy-national-security-advisor-mcmaster〉。

外交部駐大阪辦事處，〈台日半導體合作加強成熟製程半導體供應鏈穩定性〉，《經貿透視》，2023 年 8 月 1 日，〈https://www.trademag.org.tw/page/newsid1/?id=7897436&iz=6〉。

石川，〈台日交流峰會宣言 籲制定對台關係基本法〉，《中央社 CNA》，2022 年 10 月 15 日，〈https://news.ltn.com.tw/news/world/breakingnews/3332994〉。

安倍晉三，〈安倍晉三對台視訊演講全文：台灣有事 等同日本有事 等同日美同盟有事〉，《Rti 中央廣播電臺》，2021 年 12 月 1 日，〈https://www.rti.org.tw/news/view/id/2118277〉。

朱炳元，〈實現「兩個一百年」奮鬥目標的內在邏輯〉，《人民網》，2018 年 3 月 9 日，〈http://theory.people.com.cn/n1/2018/0309/c40531-29858071.html〉。

江今葉，〈共軍在台周邊演習 美國防部監控中〉，2023 年 4 月 7 日，https://www.cna.com.tw/news/firstnews/202104070015.aspx〉。

江今葉，〈美日領袖聯合聲明 台海和平是國際安全不可或缺要素〉，《中時新聞網》，2023 年 1 月 14 日，〈https://www.cna.com.tw/news/aopl/202301140008.aspx〉。

江楓，〈強化印太聯盟 美國積極拉攏印度〉，《rfi》，2023 年 6 月 26 日，〈https://udn.com/news/story/6809/7646062〉。

江澤民，〈實現國防和軍隊現代化建設跨世紀發展的戰略目標〉，《中國改革信息庫》，1997 年 12 月 7 日，〈http://www.reformdata.org/1997/1207/5729.shtml〉。

行政院經貿談判辦公室，〈台日雙邊經貿關係〉，《行政院經貿談判辦公室》，2023 年 12 月 6 日，〈https://www.ey.gov.tw/otn/5C88B86FE3C87EB5/72bfdded-7a2d-4448-a998-c7568c829979〉。

行政院經貿談判辦公室，〈澳洲及紐西蘭之證將情勢與對外關係〉，《行政院經貿談判辦公室》，2023 年 12 月 14 日，〈bing.com/ck/a?!&&p=9d6b1407bf0559d9JmltdHM9MTcwOTQyNDAwMCZpZ3VpZD0zODczMzE3OC0zYzEyLTYxZTgtMTc2MS0yMmFhM2Q4NjYwNGYmaW5zaWQ9NTE4MQ&ptn=3&ver=2&hsh=3&fclid=38733178-3c12-61e8-1761-22aa3d86604f&psq= 澳洲及紐西蘭之證將情勢與對外關係 &u=a1aHR0cHM6Ly93d3cuZXkuZ292LnR3L0ZpbGUvNDQ3QjZDNUY5NjFGNjQ3Ng&ntb=1〉。

吳安琪，〈美國印太戰略最新發展〉，《中華經濟研究院》，2021 年 11 月 25 日，〈https://web.wtocenter.org.tw/Mobile/page.aspx?pid=364161&nid=15483〉。

呂伊萱，〈首屆「台灣印度對話」落幕 聚焦安全、經貿與科技合作〉，《自由時報電子報》，2022 年 10 月 11 日，〈https://news.ltn.com.tw/news/politics/breakingnews/4085511〉。

呂嘉鴻，〈RCEP 正式生效：中國主導亞太區域經濟的機會與台灣的挑戰〉，《BBC 中文網》，2022 年 1 月 13 日，〈https://www.bbc.com/zhongwen/trad/business-59964200〉。

宋燕輝，〈美中「海洋法律戰」擴大之觀察〉，《台北論壇》，2020 年 7 月 15 日，〈https://www.taipeiforum.org.tw/article_d.php?lang=tw&tb=3&cid=18&id=1536〉。

李世暉，〈日本 5G 專網落地引領智造新里程碑—台日科技合作推動辦公室〉，《台日科技合作推動辦公室》，2021 年 4 月 8 日，〈https://tjsto.nccu.edu.tw/%e6%97%a5%e6%9c%ac5g%e5%b0%88%e7%b6%b2%e8%90%bd%e5%9c%b0%e5%bc%95%e9%a0%98%e6%99%ba%e9%80%a0%e6%96%b0%e9%87%8c%e7%a8%8b%e7%a2%91/〉。

李世暉，〈日本 AI 原則的經濟思維〉，《台日科技合作推動辦公室》，2019 年 3 月 29 日，〈https://tjsto.nccu.edu.tw/ 日本 ai 原則的經濟思維 /〉。

李世暉，〈國安、半導體、CPTPP 成為台日合作關鍵，甘利明：日本的國家發展受台灣影響〉，《The News Lens 關鍵評論網》，2023 年 10 月 19 日，〈https://www.thenewslens.com/article/193375〉。

林妤柔，〈供應鏈「去台化」掀起全球角力戰，各國晶片政策一次看〉，《TechNews 科技新報》，2022 年 12 月 13 日，〈http://edgeservices.bing.com/edgesvc/redirect?url=https%3A%2F%2Ftechnews.tw%2F2022%2F12%2F13%2Fglobal-semiconductor-subsidy%2F&hash=nrdGOjPtzAsrLjT0op%2BnNvQpv7Px%2FXp6L5EkO8Obj0c%3D&key=psc-underside&usparams=cvid%3A51D%7CBingProd%7CD19E1EF78A3BA32AE7ABBBA1F8D4CAF117320A5D635609E3D7BE723227E69869%5Ertone%3ACreative〉。

林志怡，〈2020 再生能源大躍進 獲利機會可期〉，《台灣醒報》，2021 年 5 月 12 日，〈https://tw.news.yahoo.com/2020%E5%86%8D%E7%94%9F%E8%83%BD%E6%BA%90%E5%A4%A7%E8%BA%8D%E9%80%B2-%E7%8D%B2%E5%88%A9%E6%A9%9F%E6%9C%83%E5%8F%AF%E6%9C%9F-101519050.html〉。

林祖偉、李宗憲，〈中美建交 40 年：台灣如何在大國之間找出自己的路〉，《BBC NEWS 中文》，2019 年 1 月 2 日，〈https://www.bbc.com/zhongwen/trad/world-46719017〉。

林翠儀，〈李友會「日台交流基本法」正式公開 美日學者議員均表贊同〉，《自由時報電子報》，2019 年 5 月 29 日，〈https://news.ltn.com.tw/news/politics/breakingnews/2806325〉。

科技部，〈加速半導體前瞻科研及人才布局—穩固我國在全球半導體產業鏈的關鍵地位〉，《行政院全球資訊網 - 重要政策》，2021 年 9 月 30 日，

〈https://www.ey.gov.tw/Page/5A8A0CB5B41DA11E/6bbd5511-ca28-4133-b7f1-0467d37f6e8a〉。

白宮，〈美國印太戰略〉，《美國白宮》，2022年2月，〈https://uploads.mwp.mprod.getusinfo.com/uploads/sites/68/2022/05/U.S.-Indo-Pacific-Strategy-zh.pdf〉。

軍傳媒編輯部，〈面對脅迫式與生存式威脅的困境，台灣的戰略方向何去何從？〉，《軍傳媒》，2023年6月21日，〈https://opinion.udn.com/opinion/story/123525/7249868〉。

倪世傑，〈川普完成的最後一塊拼圖：保守主義國際秩序的行程〉，《聯合新聞》，2016年11月10日，〈http://global.udn.com/global_vision/story/8663/2098466〉。

徐采薇，〈總統大選落幕，台灣未來怎麼走？哈佛學者建議：借鏡日本、壯大經濟…白宮將繼續支持「一個中國」政策〉，《Yahoo新聞》，2024年1月16日，〈https://tw.news.yahoo.com/%E7%B8%BD%E7%B5%B1%E5%A4%A7%E9%81%B8%E8%90%BD%E5%B9%95-%E5%8F%B0%E7%81%A3%E6%9C%AA%E4%BE%86%E6%80%8E%E9%BA%BC%E8%B5%B0-%E5%93%88%E4%BD%9B%E5%AD%B8%E8%80%85%E5%BB%BA%E8%AD%B0-%E5%80%9F%E9%8F%A1%E6%97%A5%E6%9C%AC-%E5%A3%AF%E5%A4%A7%E7%B6%93%E6%BF%9F-034135604.html〉。

徐詠絜，〈台科大與日本德島大學 \u3000 合作教研中心〉，《教育廣播電台》，2014年6月30日，〈https://www.ntust.edu.tw/p/404-1000-60146.php?Lang=zh-tw〉。

郝雪卿，〈台日安全論壇 強化政治經濟與區域安全合作〉，《中央社 CNA》，2021年11月20日，〈https://www.cna.com.tw/news/aipl/202111200203.aspx〉。

高詣軒，〈日本東協峰會 聲明擬強化安全合作〉，《聯合新聞網》，2023年12月17日，〈https://udn.com/news/story/6809/7646062〉。

張欣瑜，〈美媒：2023年擾台共機1709架次 種類趨多樣〉，《中央社》，2024年1月6日，〈https://www.cna.com.tw/news/aipl/202401060018.aspx〉。

張郁婕，〈日本看上新戰略資源 比氫氣更穩定、更便宜的「氨氣」發電〉，《台達電子文教基金會》，2022年12月23日，〈https://www.delta-foundation.org.tw/blogdetail/4336〉。

張登及，〈2023 年美中關係：從有節制競爭進入可控的對抗？〉，《奔騰思潮》，2022 年 12 月 19 日，〈https://www.lepenseur.com.tw/article/1289〉。

習近平，〈在莫斯科國際關係學院的演講〉，《人民日報》，2013 年 3 月 28 日，〈http://politics.people.com.cn/n/2013/0324/c1024-20892661.html〉。

習近平，〈在黨的十九大上的報告〉，《人民日報》，2017 年 10 月 19 日，〈http://cpc.people.com.cn/n1/2017/1028/c64094-29613660.html〉。

許昌平，〈5G 標準必要專利 中國領先〉，《Yahoo 奇摩新聞》，2017 年 8 月 18 日，〈https://tw.news.yahoo.com/finance.html〉。

許家瑜，〈工研院 ICT TechDay 大顯身手！從低軌衛星到資安與綠能永續，全面深耕技術佈局搶進逾 7 兆產值的資通訊產業〉，《數位時代》，2023 年 10 月 26 日，〈https://www.bnext.com.tw/article/77073/itri-ict-techday-2023?〉。

陳子華，〈共艦常態部署台灣周邊 學者：營造控制台海既定事實〉，《中央社》，2024 年 1 月 29 日，〈https://www.rti.org.tw/news/view/id/2152871〉。

陳文甲，〈新首相新思維（二）新常態下的地緣政治與台日關係〉，《中央廣播電台》，2021 年 10 月 7 日，〈https://insidechina.rti.org.tw/news/view/id/2113352〉。

陳文甲，〈台日安全論壇 強化政治經濟與區域安全合作〉，《中央社 CNA》，2021 年 11 月 20 日，〈https://insidechina.rti.org.tw/news/view/id/2117338〉。

陳文甲，〈中評論壇：台日關係的現狀與趨勢〉，《中國評論新聞網》，2022 年 4 月 1 日，〈https://hk.crntt.com/doc/1063/1/1/0/106311045_10.html?coluid=7&kindid=0&docid=106311045&mdate=0401000933〉。

陳文甲，〈陳文甲專欄》當前美日同盟戰略需求托舉下的台日關係〉，《中央廣播電台》，2022 年 4 月 22 日，〈https://insidechina.rti.org.tw/news/view/id/2130664〉。

陳文甲，〈陳文甲觀點》利益與安全！日中關係「競合」新局—評日本新版安保三文件〉，《Newtalk 新聞》，2022 年 12 月 21 日，〈https://newtalk.tw/news/view/2022-12-22/849662〉。

陳文甲，〈台灣在印太戰略中的轉變〉，《自由時報》，2023 年 12 月 10 日，〈https://talk.ltn.com.tw/article/breakingnews/4526381〉。

陳文甲，〈新政府應固本防患 以確保台灣永續發展〉，《自由時報》，2024 年 1 月 17 日，〈https://talk.ltn.com.tw/article/breakingnews/4554673〉。

陳文甲，〈因應中國激化緊張意圖，學者籲政府支持情報工作〉，《中央廣播電台》，2024 年 2 月 5 日，〈https://www.rti.org.tw/news/view/id/2195111〉。

陳文甲，〈快新聞 / 中國解放軍環台軍演怎因應，學者提五大點〉，《民視新聞網》，2024 年 5 月 23 日，〈https://talk.ltn.com.tw/article/breakingnews/4554673〉。

陳怡君，〈研調：全球晶圓代工產能台灣 2027 年估降至 41%〉，《經濟日報》，2023 年 12 月 14 日，〈https://money.udn.com/money/story/5612/7641087〉。

陳建志，〈新南向政策八年實踐成果回顧：台灣正逐漸減少對單一中國市場依賴，逐步實現經濟多元化〉，《The News Lens 關鍵評論網》，2024 年 1 月 7 日，〈https://www.bing.com/chat?q=Bing%20AI&qs=ds&form=NTPCHB〉。

陳建志，〈擦亮「日之丸半導體」招牌 2025 年日本半導體的復活戰略〉，《台灣日本研究院》，2019 年 12 月，〈https://tajs.com.tw/%e6%93%a6%e4%ba%ae%e3%80%8c%e6%97%a5%e4%b9%8b%e4%b8%b8%e5%8d%8a%e5%b0%8e%e9%ab%94%e3%80%8d%e6%8b%9b%e7%89%8c-2025%e5%b9%b4%e6%97%a5%e6%9c%ac%e5%8d%8a%e5%b0%8e%e9%ab%94%e7%9a%84%e5%be%a9%e6%b4%bb/〉。

陳筠，〈雙航母高調露臉中國意圖建立亞太海洋新秩序？〉，《美國之音》，2021 年 4 月 18 日，〈https://www.voacantonese.com/a/does-china-intend-to-establish-a-new-order-in-the-asia-pacific-ocean-20210418/5857547.html〉。

陳嘉銘，〈台灣應強化反恐機制〉，《台灣新社會智庫全球資訊網》，2024 年 3 月 2 日，〈http://taiwansig.tw/index.php/%E6%94%BF%E7%AD%96%E5%A0%B1%E5%91%8A/%E6%86%B2%E6%94%BF%E6%B3%95%E5%88%B6/5292-%E5%8F%B0%E7%81%A3%E6%87%89%E5%BC%B7%E5%8C%96%E5%8F%8D%E6%81%90%E6%A9%9F%E5%88%B6〉。

斯洋，〈年終報導：拜登的對華政策，比特朗普更特朗普〉，《美國之音》，2021 年 12 月 27 日，〈https://www.voacantonese.com/a/ygf-ye-biden-china-policy-20211227-ry/6371122.html〉。

斯影，〈Quad 四方安全對話：美、澳、印、日領導人舉行會談 聚焦台灣、半導體供應鏈和疫苗分配〉，《BBC News 中文》，2021 年 9 月 23 日，〈https://www.bing.com/chat?form=NTPCHB〉。

游凱翔，〈半導體最先進主要製程根留台灣 經部 4 點駁「去台化」〉，《中央社》，2022 年 12 月 7 日，〈https://www.cna.com.tw/news/aipl/202401290313.aspx〉。

貿易全球資訊網，〈印度與我經貿關係〉，《貿易全球資訊網》，2023 年 7 月 27 日，〈https://www.taitraesource.com/total01.asp?AreaID=00&CountryID=IN&tItem=w05〉。

黃啟霖，〈回應安保對話 日官方：非政府實務關係適切應對〉，《Rti 中央廣播電臺》，2019 年 3 月 8 日，〈https://www.rti.org.tw/news/view/id/2013876〉。

黃晶琳，〈台灣大 5G 滲透率成長〉，《經濟日報》，2023 年 11 月 15 日，〈https://money.udn.com/money/story/5710/7576590〉。

黃靖伶，〈教育部、國家發展委員會及澳洲辦事處共同簽署「2022 台澳英語學習夥伴關係行動計畫」〉，《教育部》，2022 年 8 月 17 日。〈https://www.edu.tw/News_Content.aspx?n=9E7AC85F1954DDA8&s=1E202D17FB6C53C6〉。

新南向政策專網編輯部，〈台日正共同面對全球經貿環境變化、供應鏈重組、產業智慧化與高值化等議題，今後應持續加強半導體產業優勢互補合作關係，共同推動數位及綠色轉型，並提升雙方人員往來與觀光、文化交流，共創台日關係下一個 50 年榮景〉，《新南向政策專網》，2024 年 3 月 14 日，〈https://www.president.gov.tw/News/26247〉。

楊士範，〈川普任內首份國安報告：中俄為競爭對手，「隱含」日後對台軍售意圖〉，《The News Lens 關鍵評論》，2017 年 12 月 20 日，〈https://www.thenewslens.com/article/85873〉。

楊孟立、吳家豪，〈學者：日對台維持非政府實務關係〉，《中時新聞網》，2021 年 9 月 29 日，〈https://www.chinatimes.com/newspapers/20210930000053-260309?chdtv〉。

楊明珠，〈日相菅義偉肯定台灣防疫成果 支持台加入 WHO 等組織〉，《中央社》，2021 年 3 月 4 日，〈https://www.cna.com.tw/news/firstnews/202103040328.aspx〉。

楊明珠，〈台日交流峰會宣言 籲制定對台關係基本法〉，《中央社》，2022 年 10 月 15 日，〈https://www.cna.com.tw/news/aipl/202210150247.aspx〉。

楊智強、李雪莉，〈美中與印太新布局，台灣如何立足 —— 專訪白宮前國安顧問麥馬斯特〉，《報導者 The Reporter》，2021 年 10 月 25 日，〈https://www.twreporter.org/a/usa-china-taiwan-strategy-national-security-advisor-mcmaster〉。

經濟部國貿署，〈台美供應鏈及經貿合作論壇，台美優勢互補共創雙贏〉，《經濟部》，2023 年 8 月 15 日，〈https://www.trade.gov.tw/Pages/Detail.aspx?nodeid=40&pid=766430〉。

經濟部統計處，〈產業經濟統計簡訊〉，《經濟部統計處》，2024 年 1 月 5 日，〈file:///Users/pablo/Downloads/%E3%80%8C2022%E7%B6%93%E6%BF%9F%E6%83%85%E5%8B%A2%E3%80%8D%E6%87%B6%E4%BA%BA%E5%8C%85.pdf〉。

經濟學人，〈印太區域：全球人口和經濟的中心〉，《經濟學人》，2023 年 1 月 1 日，〈https://cdo.wikipedia.org/wiki/%E7%B6%93%E6%BF%9F%E5%AD%B8%E4%B〉。

菱傳媒，〈未來事件簿 4 / 四方論戰　美國博弈陷「安全或戰略困境」？〉，《菱傳媒》，2023 年 3 月 29 日，〈https://rwnews.tw/article.php?news=7994〉。

葉耀元，〈北京侵台動機下，邦交國銳減對台灣有何影響？有多少國家支持「一中原則」？〉，《Yahoo 奇摩新聞》，2023 年 3 月 19 日，〈https://tw.news.yahoo.com/%E5%8C%97%E4%BA%AC%E4%BE%B5%E5%8F%B0%E5%8B%95%E6%A9%9F%E4%B8%8B〉。

資策會產業情報研究所，〈【36th 春季研討會】2023 全球半導體市場衰退 3.1% 景氣循環春天要等 2024　台灣半導體兩大發展機會 環繞數位轉型、永續發展〉，《MIC AISP 情報顧問服務》，2023 年 5 月 10 日，〈https://mic.iii.org.tw/aisp/news-content?sno=645〉。

廖睿靈，〈2022 年對外直接投資流量 1631.2 億美元 中國對外投資規模保持世界前列〉，《人民網》，2023 年 10 月 7 日，〈http://big5.www.gov.cn/gate/big5/www.gov.cn/lianbo/bumen/202310/content_6907590.htm〉。

暨南大學，〈2023 台日大學校長論壇 共商前瞻科技育才、推動跨域合作〉，《財團法人高等教育國際合作基金會》，2023 年 7 月 25 日，〈https://www.ncnu.edu.tw/p/406-1000-14202,r30.php?Lang=zh-tw〉。

趙怡萌，〈日本運輸淨零怎麼做？〉，《台灣大學風險社會與政策研究中心》，2021 年 12 月 21 日，〈https://rsprc.ntu.edu.tw/zh-tw/m01-3/en-trans/1655-1221-transport-jp-net-zero.html〉。

劉敏夫，〈日本經團聯稱，北京方面誓言改善外企在中國營商環境〉，《財訊快報》，2024 年 1 月 25 日，〈https://tw.stock.yahoo.com/news/%E6%97%A5%E6%9C%AC%E7%B6%93%E5%9C%98%E8%81%AF%E7%A8%B1-%E5%8C%97%E4%BA%AC%E6%96%B9%E9%9D%A2%E8%AA%93%E8%A8%80%E6%94%B9%E5%96%84%E5%A4%96%E4%BC%81%E5%9C%A8%E4%B8%AD%

E5%9C%8B%E7%87%9F%E5%95%86%E7%92%B0%E5%A2%83-064700334.html〉。

潘姿羽，〈2050淨零碳排路徑出爐〉，《中央社》，2022年3月30日，〈https://www.cna.com.tw/news/afe/202203300334.aspx〉。

環境部氣候變遷署全球資訊網編輯部，〈中華民國（台灣）更新版國家自定貢獻〉，《環境部氣候變遷署全球資訊網》，2023年11月20日，〈https://www.moenv.gov.tw/cca/D2B61B18C99F9C47〉。

盧業中，〈盧業中導讀：當前美國外交政策的「結」與「解」〉，《風傳媒》，2022年12月9日，〈https://www.storm.mg/article/1867523?page=1〉。

鍾志東、陳亮志，〈2019印太區域安全評估報告〉，《國防安全研究院》，2019年12月6日，〈https://indsr.org.tw/respublicationcon?uid=16&resid=746&pid=2249&typeid=3〉。

簡永祥，〈台積電海外布局傳好消息 最快2月6日宣布日本建熊本二廠、美國補貼3月底前到手〉，《經濟日報》，2024年1月29日，〈https://money.udn.com/money/story/5612/7739567〉。

魏聰哲，〈日本推動物聯網創業發展經驗及對台日合作啟示〉，《台日科技資訊網》，2020年10月14日，〈https://tnst.org.tw/日本推動物聯網創業發展經驗及對台日合作啟示/〉。

蘇文，〈1991年蘇聯解體的根本原因是什麼？解體後，帶來的最大惡果是什麼〉，《騰訊新聞》，2022年3月11日，〈https://www.pf.org.tw/files/5408/40717DD3-F1B7-42ED-86E8-7 4B59EED2451〉。

蘇建豪，〈日本、英國、義大利將聯合開發新戰鬥機 盼最晚2035年服役〉，《台視新聞網》，2022年12月9日，〈https://news.ttv.com.tw/news/11112090003500W〉。

## 貳、外文部分

### 一、專書

A. F. K. Organski and Jacek Kugler, The War Ledger (Chicago: The University of Chicago Press, 1980).

Alfred Thayer Mahan, The Influence of Sea Power upon History, 1660-1783 (Boston: Little, Brown and Company, 1890).

Aurelia George Mulgan and Shinichi Kitaoka, Japan's Security Policy in the Age of China's Rise (Oxford University Press, 2023).

Delury, John, "China's New Silk Roads" Initiative: The Long and Winding Road (Washington, D.C.: Brookings Institution Press, 2018).

E. Baark, China's New Digital Infrastructure (East Asian Policy, 2022).

Green, Michael J. and Smith, Sheila A., Japan's New Defense Policy: A Strategic Shift in Response to China's Rise. In The Routledge Handbook of Japanese Security (London: Routledge, 2023).

Hill, Michael J. and Morris, Andrew C., China's Grand Strategy: From Mao to Xi Jinping (New York: Oxford University Press, 2023).

Ian Easton, The Chinese Invasion Threat: Taiwan's Defense Dilemma. Annapolis (MD: Naval Institute Press, 2021).

John J. Tkacik, Jr., Taiwan's Security and the U.S.-Japan Alliance (The Heritage Foundation, 2021).

John Mearsheimer, The Tragedy of Great Power Politics (New York: W. W. Norton & Company, 2001).

Joseph Robinette Biden Jr., National Security Strategy (Washington: The White House, 2022).

Lowell Dittmer, The Strategic Triangle: China and the United States, and the Soviet Union (New York: Praeger, 1981).

Michael J. Green and Sheila A. Smith, "Japan's Response to China's Rise: A Balancing Act." In The Asia-Pacific in the Age of China's Rise (Columbia University Press, 2023).

Richard C. Bush, Taiwan's Economy in the Shadow of the U.S.-China Trade War (Washington, D.C.: Brookings Institution Press, 2020).

Ronald L. Tammen, Jacek Kuglr, Douglas Lemke, Allan C. Stam Ⅲ , Mark Abdollahian, Carole Alsharabti, Brian Efird and A.F.K. Organski, Power Transitions: Strategies for the 21st Century (New York: Chatham House Publishers of Seven Bridges Press, 2000).

Samuel P. Huntington, The Third Wave: Democratization in the Late Twentieth Century (University of Oklahoma Press, 1991).

## 二、期刊論文

A Khan, Shamshad, "Japan's New Defence Guidelines: An Analysis," Strategic Analysis, Vol. 35, No. 3, 2011/3, pp. 391-395.

Ahmed Z. and Ziaul Haque Sheikh, Md, "Impact of China's Belt and Road Initiative on regional stability in South Asia," Journal of the Indian Ocean Region, Vol. 17, No. 3, 2021/1, pp. 271-288.

Ajami, R., "Strategic Trade and Investments Framework and Geopolitical Linkages across Asia-Pacific Economies," Journal of Asia-Pacific Business, Vol. 23, No. 3, 2022/6, pp. 183-186.

Akaha, Tsuneo, "Japan's security agenda in the post cold war era," Pacific Review, Vol. 8, No.1, 1995/4, pp. 45-75.

Akimoto, Daisuke, "A sequence analysis of international peace operations: Japan's contributions to human security of East Timor," Peace and Conflict Studies, Vol. 20, No. 2, 2013/12, pp. 152-172.

Allen Nathaniel and Sharp, Travis, "Process Peace: A New Evaluation Framework for Track II Diplomacy," International Negotiation, Vol. 22, No. 1, 2017/2, pp. 92-119.

Amba Pande, Ngaibiakching, "India's Act East Policy and ASEAN: Building a Regional Order Through Partnership in the Indo-Pacific," International Studies, Vol. 57, No. 1, 2020/1, pp. 67-78.

Armstrong, Shiro, "Taiwan's Asia Pacific economic strategies after the Economic Cooperation Framework Agreement." Journal of the Asia Pacific Economy, Vol. 18, No. 1, 2013, pp. 114-98.

Atanassova-Cornelis, Elena, "Alignment Cooperation and Regional Security Architecture in the Indo-Pacific," The International Spectator, Vol. 55, No. 1, 2020/2, pp. 18-33.

Baruah, D., "Expanding India's Maritime Domain Awareness in the Indian Ocean," Asia Policy, No. 22, 2016/7, pp. 49-55.

Beckley, Michael, "The U.S.-China Security Competition: Implications for Allies and Partners," The Washington Quarterly, Vol. 44, No. 1, 2021/Winter, pp. 21-35.

Bi, Shihong, "Japan's Diplomacy Towards ASEAN from the Perspective of its 'Indo-Pacific Strategy'," East Asian Affairs, Vol. 96, N0. 1, 2020/1, pp. 131-148.

Blasko, Dennis J., "The U.S.-Japan Alliance and Taiwan's Security," Asia Policy, No. 10, 2003/Spring, pp. 1-24.

Bremmer, Ian, "The End of the Free World Order?" Foreign Affairs, Vol. 97, No. 2, 2018/3-4, pp. 32-42.

Brooks, Stephen G. and Wohlforth, William C., "The Rise and Fall of the Great Powers in the Twenty-first Century: China's Rise and the Fate of America's Global Position," International Security, Vol. 40, No. 3, 2015/2016/Winter, pp. 7-53.

Burgess S. and Beilstein, Janet C., "Multilateral defense cooperation in the Indo-Asia-Pacific region: Tentative steps toward a regional NATO?," Contemporary Security Policy, Vol. 39, No. 2, 2018/1, pp. 258-279.

Bush, Richard C., "The Quadrilateral Security Dialogue: An Evolving Framework for Regional Cooperation," The Washington Quarterly, Vol. 43, No. 2, 2020/Summer, pp. 143-156.

Campbell Kurt and Sullivan, Jake, "The US–Australia Alliance: A Vital Partnership for the Indo-Pacific," International Affairs, Vol. 98, No. 5, 2022/9, pp. 102-113.

Capistrano, A. R. and Kurizaki, S., "Japan's Changing Defense Posture and Security Relations in East Asia." The Korean Journal of International Studies, Vol. 14, No.1, 2016/4, pp. 77-104.

Carpenter, R., "Alfred Thayer Mahan's style on sea power: A paramessage conducing to ethos," Communication Monographs, Vol. 42, No. 3, 1975, pp. 190-202.

Chang, Jaw-ling Joanne, "Lessons from the Taiwan Relations Act," Orbis, Vol. 44, No. 1, 2000/12, pp. 63-77.

Chang, Shih-Chieh and Wang, Chien-Kuo, "The Impact of the US-Japan Alliance on Taiwan's Cybersecurity: Challenges and Opportunities," Asian Security, Vol. 16, No. 3, 2020/9, pp. 287-304.

Chien-Kuo Wang and Chien-Hsun Chen, "Cybersecurity Governance in Taiwan: Lessons Learned from the Cybersecurity Management Act," Journal of Contemporary Eastern Asia, Vol. 18, No. 2, 2019/12, pp. 1-16.

Diamond L. and Ellis, James O., "Deterring a Chinese military attack on Taiwan," Bulletin of the Atomic Scientists, Vol. 79, No. 2, 2023/3, pp. 65-71.

Diamond, Larry, "Promoting Democracy: What the West Gets Right and Wrong," Foreign Affairs, Vol. 81, No. 2, 2002/3-4, pp. 25-38.

Dickins, F., "The Pictorial Arts of Japan," Nature, Vol. 33, 1886, 1989/Summer, pp. 386-388.

Dinicu, Anca and Oancea, Romana, "Geopolitical E-Analysis Based on E-Learning Content," International Association for Development of the Information Society, 2017, pp. 105-112.

Dittmer, Lowell, "Taiwan as a Factor in China's Quest for National Identity," Journal of Contemporary China, Vol. 15, No. 49, 2006/1, pp. 671-686.

Dobrinskaya, O., "Peacekeeping in Foreign Policy of Japan," International Relations, Vol. 8, No. 1, 2020/6, pp. 21-39.

Drysdale, P. and Armstrong, S., "RCEP: a strategic opportunity for multilateralism," China Economic Journal, Vol. 14, No. 2, 2021/5, pp. 128-143.

Dull, Jonathan R., "Mahan, Sea Power, and the War for American Independence," International History Review, Vol. 10, No. 1, 1988/2, pp. 59-67.

Elisabeth, Siahaan, Sereffina Yohanna and Risman, Helda, "STRENGTHENING ASEAN CENTRALITY WITHIN THE INDO-PACIFIC REGION," PEOPLE: International Journal of Social Sciences, Vol. 6, No.1, 2020/4, pp. 254-266.

Eric Heginbotham and Richard J. Samuels, "Active Denial: Redesigning Japan's Response to China's Military Challenge," International Security, Vol. 42, No. 4, 2018/Spring, pp. 128-169.

Erickson Andrew and S. Chase, Michael, "China's Maritime Gray Zone Strategy," Naval War College Review, Vol. 71, No. 4, 2018/Autumn, pp. 41-68.

Erickson Andrew S. and Finkelstein David M., "China's Anti-Access/Area Denial (A2/AD) Challenge," Naval War College Review, Vol. 66, No. 3, 2013/Summer, pp. 7-33.

Erickson, Andrew S. and Martinson, Ryan D., "China's Maritime Gray Zone Strategy in the South China Sea," Naval War College Review, Vol. 74, No. 1, 2021/Winter, pp. 4-34.

Etzioni, Amitai, "Freedom of Navigation Assertions," Armed Forces & Society, Vol. 42, No. 3, 2016/7, pp. 501-517.

Eungjin Jeong, "Military Diplomacy of Korea-Japan GSOMIA for Crisis Management on the Korean Peninsula," Crisis and Emergency Management: Theory and Praxis, Vol. 18, No. 5, 2022/5, pp. 137-152.

Feng, Huiyun, "Track 2 Diplomacy in the Asia-Pacific: Lessons for the Epistemic Community," Asian Security, Vol. 13, No. 4, 2018/10, pp. 60-66.

Francis Fukuyama, "The End of History?" The National Interest, No. 16, pp. 3-18.

Friedberg, Aaron L., "The Future of U.S.-China Competition," International Security, Vol. 45, No. 3, 2020/21/Winter, pp. 7-43.

Fusacchia, Ilaria, "Evaluating the Impact of the US-China Trade War on Euro Area Economies: A Tale of Global Value Chains," Italian Economic Journa, 2019/11l, pp. 441-468.

Ghosh, P., "Enhancing interoperability and capacity building: cooperative approach of the Indian Navy," Journal of the Indian Ocean Region, 2016/7, pp. 191-208.

Gill Bates and O'Hanlon, Michael, "China's Grand Strategy: A New Silk Road," Foreign Affairs, Vol. 94, No. 2, 2015/March/April, pp. 78-88.

Gilpin, Robert, "The Political Economy of the United States' Global Power," International Organization, Vol. 50, No. 3, 1996/Summer, pp. 491-513.

Glaser, Bonnie and Goldstein, Lyle, "China's Military Challenge in the Asia-Pacific," Foreign Affairs, Vol. 95, No. 4, 2016/July/August, pp. 28-38.

Glaser, Bonnie and Heath, Timothy R., "The Future of U.S.-Taiwan Relations: A Framework for Durable Peace," The Washington Quarterly, Vol. 45, No. 1, 2022/Spring, pp. 113-128.

Glaser, Bonnie and Funaiole, Matthew P., "The U.S.-China Technology Competition in the Semiconductor Industry," International Security, Vol. 47, No. 1, 2022/Summer, pp. 4-43.

Glaser, Bonnie and Lampton, David M., "The U.S.-China Military Balance in Asia," The Washington Quarterly, Vol. 43, No. 3, 2020/Autumn, pp. 11-29.

Glaser, Bonnie, "The U.S.-China Security Competition in the Taiwan Strait," International Security, Vol. 46, No. 2, 2021/Fall, pp. 4-43.

Glaser, Bonnie, “The Rising Military Competition in the South China Sea and the East China Sea: Implications for Regional Security” Strategic Studies Quarterly, Vol. 16, No. 2, 2022/2, pp. 13-32.

Glennon, Michael J., “The New Interventionism: The United States and the Changing Nature of International Law,” Foreign Affairs, Vol. 78, No. 2, 1999/3-4, pp. 24-36.

Gordon, Robert J., “Americanization in the Twenty-First Century,” Journal of American History, Vol. 94, No. 4, 2008/3, pp. 1067-1093.

Green, Michael and Funaiole, Matthew P., “The U.S.-China Security Competition and Its Implications for Taiwan,” The Washington Quarterly, Vol. 44, No. 2, 2021/ Summer, pp. 11-25.

Green, Michael J. and Armacost, Michael H., “The U.S.-Japan Alliance: A Framework for the Future,” Foreign Affairs, Vol. 99, No. 2, 2020/3-4, pp. 112-123.

Green, Michael J. and Swaine, Michael D., “The Taiwan Conundrum,” Foreign Affairs, Vol. 97, No. 5, 2018/9-10, pp. 108-117.

H. Envall, T. Wilkins, “Japan and the new Indo-Pacific order: the rise of an entrepreneurial power,” The Pacific Review, Vol. 36, No. 4, 2022/1, pp. 691-722.

Hamilton, Eric and Rathbun, Brian C., “Scarce Differences: Toward a Material and Systemic Foundation for Offensive and Defensive Realism,” Security Studies, Vol. 22, No. 3, 2013/7, pp. 436-465.

Hashmi, Sana, “Taiwan in the Indo-Pacific Region: Prospects and Challenges,” Asian Perspective, Vol. 47, No. 2, 2023/Spring, pp. 229-245.

Hickey, D., “Taiwan’s Security in the Changing International System,” The Journal of Asian Studies, Vol. 57, 1996, pp. 498-499.

Holmes, James R. and Yoshihara, Toshi, “The First Island Chain and U.S.-China Military Competition,” The Washington Quarterly, Vol. 37, No. 3, 2014/Summer, pp. 87-104.

Hornung, Jeffrey W. and Mochizuki, M., “Japan: Still an Exceptional U.S. Ally,” The Washington Quarterly, Vol. 39, No. 1, 2016/4, pp. 95-116.

Horváth ,Csaba Barnabas, “Japonia i Tajwan-strategiczna konwergencja,” Teka Komisji Politologii i Stosunków Mi dzynarodowych, 2016, p. 85.

Hosoya, Yuichi, "FOIP 2.0: The Evolution of Japan's Free and Open Indo-Pacific Strategy," Asia-Pacific Review, Vol. 26, No. 1, 2019/9, pp. 18-28.

Hsin, Lee, "China's Dominance in Regional Economic Integration and Its Impact on Asia-Pacific Supply Chains," Journal of Asian Economic Studies, Vol. 29, No. 3, 2022/3-6, pp. 142-165.

Hu, Mei-Chih and Mathews, John A., "Estimating the innovation effects of university–industry-government linkages: The case of Taiwan," Journal of Management & Organization, Vol. 15, No. 2, 2009/5, pp. 138-154

Huang, Yiping, "Understanding China's Belt & Road Initiative: Motivation, framework and assessment," China Economic Review, Vol. 40, 2016/9, pp. 314-321.

Hughes, C., "Japan's subregional security and defence linkages with ASEANs, South Korea and China in the 1990s," Pacific Review, Vol. 9, No. 2, 2007/4, pp. 229-250.

Ikenberry, John, "After Victory: Institutions, Strategic Restraint, and the Rebuilding of Order," International Security, Vol. 29, No. 1, 2004/Summer, pp. 8-41.

J. Calabrese, "ASSURING A FREE AND OPEN INDO-PACIFIC – REBALANCING THE US APPROACH," Asian Affairs, Vol. 51, 2020, pp. 307-327.

J. Calabrese, "ASSURING A FREE AND OPEN INDO-PACIFIC – REBALANCING THE US APPROACH," Asian Affairs, Vol. 51, No. 2, 2020/4, pp. 307-327.

J. Michael Cole, "The Taiwan-Japan Security Partnership: Prospects and Challenges," The China Quarterly, Vol. 244, December 2020, pp. 1077-1094.

J. R. Holmes, "China's Way of Naval War: Mahan's Logic, Mao's Grammar", Comparative Strategy, Vol. 28, 2009, pp. 217-243.

J. S. Lobo, "Balancing China: Indo-US relations and convergence of their interests in the Indo-Pacific," Maritime Affairs: Journal of the National Maritime Foundation of India, Vol. 17, 2021/7, pp. 73-91.

Jade Lindley, "Criminal Threats Undermining Indo-Pacific Maritime Security: Can International Law Build Resilience," Journal of Asian Economic Integration, Vol. 2, No. 2, 2020/8, pp. 206-220.

Jamil, N., "Taiwan's New Southbound Policy in Southeast Asia and the 'China Factor': Deepening Regional Integration Amid New Reality," Asian Affairs, Vol. 54, No. 2, 2023/3, pp. 264-285.

John P. McClaran, "U.S. Arms Sales to Taiwan: Implications for the Future of the Sino-U.S. Relationship," Asian Survey, Vol. 40, No. 4, 2000/7, pp. 622-640.

Johnson, D. D. P. and Thayer, B. A., "The evolution of offensive realism," Politics & Life Sciences, Vol. 35, No. 1, 2016/6, pp. 1-26.

Ka Zeng, Rob Wells, Jingping Gu and Austin Wilkins, "Bilateral Tensions, the Trade War, and US–China Trade Relations," Business and Politics, Vol. 24, No. 4, 2022/12, pp. 399-401.

Kang, David C., "Taiwan in the Eyes of Japan: The Past, Present, and Future," Issues & Studies, Vol. 57, No. 2, 2021/6, pp. 1-26.

Kaplan, Robert D., "The Geography of Strategy," Foreign Affairs, Vol. 78, No. 2, 1999/3-4, pp. 46-61.

Kaplan, Robert D., "The Geography of Chinese Power," Foreign Affairs, Vol. 84, No. 2, 2005/3-4, pp. 66-81.

Kastner, Scott L., "The U.S.-Taiwan Commercial Relationship: Moving toward a Free Trade Agreement?" Asia Policy, Vol. 14, No. 4, 2019/10, pp. 10-14.

Kennedy, P., "The Influence and the Limitations of Sea Power," International History Review, Vol. 10, No. 1, 1988/2, pp. 2-17.

Keohane, Robert, "After Hegemony: Cooperation and Discord in the 21st Century," Foreign Affairs, Vol. 82, No. 3, 2003/3-6, pp. 44-59.

Kim, Jin-a., "Ukraine's Implications for Indo-Pacific Alignment," The Washington Quarterly, Vol. 45, No. 3, 2022/10, pp. 47-64.

Kimura, H., "Putin's Policy toward Japan: Return of the Two Islands, or More?" Demokratizatsiya, Vol. 9, 2001/1, pp. 276.

Koga, K. "Japan's 'Indo-Pacific' question: countering China or shaping a new regional order," International Affairs, Vol. 96, No. 1, 2020/1, pp. 49-73.

Krepinevich, Andrew F., "The Pentagon's Waning Power: How the U.S. Military Can Adapt to a New Era," Foreign Affairs, Vol. 93, No. 3, 2014/May/June, p. 99.

Kruger-Sprengel, Friedhelm, "International Security and Navigation," India Quarterly, Vol. 29, No. 2, 1973/4, pp. 120-125.

Labs, Eric J., "Beyond Victory: Offensive Realism and the Expansion of War Aims," Security Studies, Vol. 6, No. 4, 1997/Summer, pp. 22-23.

Lee, D., “The Making of the Taiwan Relations Act: Twenty Years in Retrospect,” The Journal of Asian Studies, Vol. 60, No. 2, 2001/5, pp. 533-535.

Levyk, Bogdan O., Aleksandrova, Khrypko, Svitlana and Iatsenko, Ganna, ”Geo-policy and Geo-psychology as Cultural Determinants of Ukrainian Religion, Mentality and National Security,” Journal of History Culture and Art Research, Vol. 9, 2020/9, pp. 217-225.

Li, Mingjiang, “The Belt and Road Initiative: geo-economics and Indo-Pacific security competition,” International Affairs, Vol. 96, No. 1, 2020/1, pp. 169-187.

Lin, G., “Beijing’s Taiwan policy in evolution,” Journal of Chinese Political Science, Vol. 2, 1996/6, pp. 93-113.

Loja, Melissa H., “Status Quo Post Bellum and the Legal Resolution of the Territorial Dispute between China and Japan over the Senkaku/Diaoyu Islands,” European Journal of International Law, Vol. 27, No. 4, 2016/11, pp. 979-1004.

Lynn-Jones, Sean M., “Realism and America’s Rise: A Review Essay,” International Security, Vol. 23, No. 2, 1998/Fall, pp. 157-182.

Masakatsu Ota, “Conceptual Twist of Japanese Nuclear Policy: Its Ambivalence and Coherence Under the US Umbrella,” Journal for Peace and Nuclear Disarmament, Vol. 1, No. 1, 2018/4, pp. 193-208.

Mayali, Laurent and Yoo, J.. “Resolution of Territorial Disputes in East Asia: The Case of Dokdo,” Berkeley Journal of International Law, Vol. 36, No. 3, 2018/12, pp. 505.

Mearsheimer, John J., “The False Promise of International Institutions,” International Security, Vol. 19, No. 3, 1994/Winter, pp. 13-14.

Michael J. Green and Zachary Keck, “The U.S.-China Strategic Competition in the South China Sea: A Framework for Analysis,” The Washington Quarterly, Vol. 44, No. 1, 2021/Winter, pp. 7-22.

Mishra, V., “US Power and Influence in the Asia-Pacific Region: The Decline of ‘Alliance Mutuality’,” Strategic Analysis, Vol. 40, No. 3, 2016/3, pp. 159-172.

Mishra, V., “India-US Maritime Cooperation: The Next Decade,” Indian Foreign Affairs Journal, Vol. 12, No. 1, 2017/1-3, p. 60.

Mitchell, D., “Do International Institutions Matter,” International Studies Review, Vol. 5, No. 3, 2003/9, pp. 360-363.

Nakano, R., “The Sino–Japanese territorial dispute and threat perception in power transition,” The Pacific Review, Vol. 29, No. 2, 2016/3, pp. 165-186.

Nobukatsu, Kanehara, “President Biden’s Desired Strategy for Engagement with China,” Asia-Pacific Review, Vol. 28, No. 1, 2021/7, pp. 61-79.

Leonova, O., The Impact of the Strategic Partnership AUKUS on the Geopolitical Situation in the Indo-Pacific Region. International Organisations Research Journal, Vol. 17, No. 3, 2022/10, pp. 194-211.

Packard, George R., “Some Thoughts on the 50th Anniversary of the US-Japan Security Treaty,” Asia-Pacific Review, Vol. 17, No. 2, 2010/11, pp. 1-9.

Padmapati, Kaustav, “Taiwan’s Critical Position in Indo-Pacific: India’s Response to China’s Reactions,” ijpmonline, Vol. 2, No. 1, 2023/6, pp. 19-25.

Paige, T. and Stagg, J., “Well-intentioned but missing the point: the Australian Defence Force approach to addressing conflict-based sexual violence,” Griffith Law Review, Vol. 29, No. 3, 2020/9, pp. 468-492.

Pan, Zhongq., “Sino-Japanese Dispute over the Diaoyu/Senkaku Islands: The Pending Controversy from the Chinese Perspective,” Journal of Chinese Political Science, Vol. 12, No. 1, 2007/6, pp. 71-92.

Pant, Harsh and Rej, Abhijnan, “Is India Ready for the Indo-Pacific?,” The Washington Quarterly, Vol. 41, No. 2, 2018/7, pp. 47-61.

Pulipaka, Sanjay and Garg, Libni, “India and Vietnam in the Indo-Pacific,” India Quarterly, Vol. 77, No. 2, 2021/5, pp. 143-158.

Putri, Descenda Angelia, “Japan’s Foreign Policy on the Truth of China and North Korea Issues,” Jurnal Diplomasi Pertahanan, Vol. 9 No. 1, 2023/2, pp. 20-23

Rajagopalan, R., “Evasive balancing: India's unviable Indo-Pacific strategy,” International Affairs, Vol. 96, No. 1, 2020/1, pp. 75-93.

Ratner, E., “Rebalancing to Asia with an Insecure China,” The Washington Quarterly, Vol. 36, No. 2, 2013/5, pp. 21-38.

Rohde, David S., “Taiwan’s Role in U.S.-China Competition,” The Center for Strategic and International Studies, 2021, pp. 1-40.

Ross, R., “Navigating the Taiwan Strait: Deterrence, Escalation Dominance, and U.S.-China Relations,” International Security, Vol. 27, No. 2, 2002/12, pp. 48-85.

Ross, Robert S., "The Taiwan Strait: A Test Case for U.S. Security Policy in the 21st Century," International Security, Vol. 29, No. 2, 2004/Fall, pp. 74-102.

Roy, Denny, "The Taiwan-Japan Relationship: A Strategic Partnership in the Making," Asian Survey, Vol. 64, No. 3, 2024/5-6, pp. 415-435.

Sana, Asma and Akhtar, Shaheen, "India's 'Indo-Pacific' Strategy: Emerging Sino-Indian Maritime Competition," Strategic Studies, Vol. 40, No. 3, 2020/October, pp.1-21.

Sheldon-Duplaix, Alexandre, "Beyond the China Seas. Will China Become a Global 'Sea Power'," China perspectives, No. 3, 2016/1, pp. 43-52.

Shinde, Nivedita and Kulkarni, Priti, "Cyber incident response and planning: a flexible approach," Computer Fraud & Security, No. 1, 2021/1, pp. 14-19.

Shirk, Susan L., "China's 'New Era' of Diplomacy," Foreign Affairs, Vol. 97, No. 2, 2018/3-4, pp. 114-123.

Shumkova, V. and Korolev, A., "Security Institutions in Greater Eurasia: Implications for Russia." International Organisations Research Journal, Vol. 13, No. 3, 2018/1, pp. 70-81.

Slaughter, Anne-Marie, "The Responsibility to Protect," Foreign Affairs, Vol. 81, No. 5, 2002/September/October, pp. 52-68.

Smith, Sheila A., "Taiwan and Japan: The Evolving Security Relationship," Asian Survey, Vol. 60, No. 4, 2020/8, pp. 725-744.

Smith, Sheila A., "The United States, China, and Taiwan: A Framework for Peace and Stability," International Security, Vol. 45, No. 4, 2021/Spring, pp. 124-155.

Tan, See Seng, " Consigned to hedge: south-east Asia and America's 'free and open Indo-Pacific' strategy," International Affairs, Vol. 96, No. 1, 2020/1, pp. 131-148.

Tellis, Ashley J., "The Rise of Great Powers and the Future of U.S. Grand Strategy," International Affairs, Vol. 98, No. 2, 2022/March/April, pp. 44-55.

The Economist, "Japan: A Reliable Partner," The Economist, Vol. 432, No. 9164, 2022/12, pp. 32-33.

Tow, W., "Minilateral security's relevance to US strategy in the Indo-Pacific: challenges and prospects," The Pacific Review, Vol. 32, No. 2, 2018/5, pp. 232-244.

Townshend, Ashley, "Australia's Engagement in the Indo-Pacific: Promoting Security and Prosperity," Australian Journal of International Affairs, Vol. 75, No. 1, 2021, pp. 73-89.

Unger, R., "Alfred Thayer Mahan, Ship Design, and the Evolution of Sea Power in the Late Middle Ages," International History Review, Vol. 19, No. 3, 1997/8, pp. 505-521.

Walt, Stephen, "The End of American World Order?" Foreign Affairs, Vol. 97, No. 2, 2018/3-4, pp. 88-97.

Wang, Hao, "National identities and cross-strait relations: challenges to Taiwan's economic development," ZFW – Advances in Economic Geography, Vol. 66, No. 4, 2022/11, pp. 228-240.

Wei, Zhang, "The Impact of RCEP on Regional Trade Rules and Standards," Journal of International Trade Studies, Vol. 15, No. 2, 2021/3-4, pp. 105-128.

Wilkins, Thomas, "A Hub-and-Spokes 'Plus' Model of US Alliances in the Indo-Pacific: Towards a New 'Networked' Design," Asian Affairs, Vol. 53, No. 3, 2022/5, pp. 457-480.

田中明 ，〈日米豪印の安全保障協力とインド太平洋地域の安定〉，《防衛研究所評論》，第 12 号，2018 年 3 月 9 日，頁 1-14。

田中裕子，〈台湾の地政 的重要性と日台関係の展望〉，《日本国際問題研究所報告》，第 3 号，2019 年 3 月，頁 1-14。

佐藤宏，〈日米同盟とインド太平洋戦略〉，《日本国際問題》，第 6 号，2018 年 11 月，頁 1-16。

佐藤優，〈中国の軍事力と日本の安全保障〉，《外交フォーラム》，第 28 巻第 12 期，2007 年 12 月，頁 32-39。

飯田將史，〈台頭する中国と東アジアの安全保障〉，《防衛研究所評論》，第 4 号，2010 年 1 月 8 日，頁 1-10。

## 三、官方文件

The U.S. Congress, 2023/2. U.S. Strategic Interests in the Indo-Pacific Region, Congressional Research Service Report.

The U.S. Department of State, 2023/5/23. Fact Sheet: Indo-Pacific Economic Framework for Prosperity.

The U.S. State Department, 2019/11. A Free and Open Indo-Pacific: Advancing a Shared Vision.

U.S. Department of Defense, 2022. The Department of Defense Annual Report on China.

U.S. Department of Defense, 2021/3. The United States Strategic Approach to the People's Republic of China.

日本防衛省，〈令和3年防衛白書〉，2021年7月13日，頁40-41。

## 四、網際網路

Davidson, Helen, "Taiwan reports increased Chinese military drills nearby," The Guardian, November 19, 2023, https://www.theguardian.com/world/2023/nov/19/taiwan-reports-increased-chinese-military-drills-nearby.

IMF, "World Economic Outlook: October 2023," IMF, November 2023, https://meetings.imf.org/zh/IMF/Home/Publications/WEO/Issues/2023/10/10/world-economic-outlook-october-2023.

Joe Biden, "Indo-Pacific Strategy of the United States," February 2022, https://www.whitehouse.gov/wp-content/uploads/2022/02/U.S.-Indo-Pacific-Strategy.pdf.

Rfi, "Japan reported to have conducted free navigation ops in South China Sea," Radio Free Asia, December 1, 2022, https://www.rfa.org/english/news/china/japan-southchinasea-01122022144855.html.

U.S. Department of Defense, "Military and Security Developments Involving the People's Republic of China 2023," U.S. Department of Defense, October 2023, https://media.defense.gov/2023/Oct/19/2003323409/-1/-1/1/2023-MILITARY-AND-SECURITY-DEVELOPMENTS-INVOLVING-THE-PEOPLES-REPUBLIC-OF-CHINA.PDF.

NHK，〈日本の5G基地局数、6万2000局に4G超え〉，《NHK》，2019年4月，〈https://www.nikkei.com/article/DGXMZO43177160R00C19A4TJ2000/〉。

OECD 日本政府代表部，〈OECD 報告書「図表で見る教育 2021 年版」が公表されました（2021 年 9 月 16 日）〉，《日本外務省》，2019 年 9 月 17 日，〈https://www.oecd.emb-japan.go.jp/itpr_ja/11_000001_00082.html〉。

Phil Stewart、Idrees Ali，〈焦点：台湾有事で最大の弱点、米軍が兵站増強に本腰〉，《Reuters》，2024 年 2 月 1 日，〈https://jp.reuters.com/world/taiwan/SG3KJN3GKNPQ3C7YN54VGGTUEQ-2024-02-01/〉。

ジェトロ，〈バイデン米政権、「インド太平洋戦略」を発表〉，《日本貿易振興機構（ジェトロ）》，2022 年 2 月 14 日，〈https://www.jetro.go.jp/biznews/2022/02/de514ef31b3a8ecb.html。

小谷哲男，〈第 4 章 アメリカのインド太平洋戦略：さらなる日米協力の余地〉，《日本国際問題研究所》，2021 年 6 月 7 日，〈https://www.jiia.or.jp/pdf/research/R01_Indopacific/04-kotani.pdf〉。

山本真由美，〈米日台、軍事演習で連携　中国の台湾侵攻に備え〉，《朝日新聞》，2023 年 10 月 25 日，〈https://www.asahi.com/articles/ASLDW6FJZLDWUTFK01J.html〉。

山本敬一，〈高まる台湾の優位性、日本企業の商機は拡大〉，《経団連タイムス》，2022 年 3 月 3 日，〈https://www.keidanren.or.jp/journal/times/2022/0303_06.html〉。

今井扶美，〈日本のブランド力は世界トップレベル！ 世界 100 カ国・地域で調査した結果〉，《JETRO センサー》，2023 年 1 月 18 日，〈https://webtan.impress.co.jp/n/2023/11/27/46049〉。

日本弁護士連合，〈「敵基地攻 能力」ないし「反 能力」の保有に反対する意見書〉，《日本弁護士連合会》，2022 年 12 月 16 日，〈https://www.nichibenren.or.jp/document/opinion/year/2022/221216.html〉。

日本国際問題研究所，〈日米安保条約：歴史、現状、課題〉，《日本国際問題研究所》，2023 年 3 月 22 日，〈https://www.jiia.or.jp/〉。

外務省，〈日本の安全保障政策と日米同盟―冷戦後の展開と今後の課題〉，《JIIA》，2011 年 3 月，〈https://www2.jiia.or.jp/pdf/resarch/h22_nichibei_kankei/13_Chapter1-11.pdf〉。

外務省，〈日本の平和国家としての歩み〉，《外務省》，2021 年 1 月 19 日，〈https://www.mofa.go.jp/mofaj/fp/nsp/page1w_000091.html〉。

外務省，〈日本の安全保障と国際社会の平和と安定〉，《外務省》，2021年1月19日，〈https://www.mofa.go.jp/mofaj/gaiko/kokusai.html〉。

外務省，〈北方領土問題の経緯（領土問題の発生まで）〉，《外務省》，2021年1月19日，〈https://www.mofa.go.jp/mofaj/area/hoppo/hoppo_keii.html〉。

外務省，〈国連PKOを通じた日本の貢献の歩み〉，《外務省》，2013年11月18日，〈https://www.mofa.go.jp/mofaj/press/pr/wakaru/topics/vol104/index.html〉。

田中一世，〈日米台、人権尊重で協力強化 中国念頭に「法の支配」訴え〉，《朝日新聞》，2023年11月15日，〈https://www.asahi.com/shimen/20231115/〉。

田中美穂，〈米日台、中国の軍事的拡張に警戒　地域の平和と繁栄を守るために協力強化〉，《朝日新聞》，2023年12月10日，〈https://www.asahi.com/articles/ASLDW6FJZLDWUTFK01J.html〉。

田中智彥，〈米日台の軍事協力、中国に牽制　情報共有や武器売却など強化〉，《日本経済新聞》，2023年12月15日，〈https://www.nikkei.com/article/DGXZQODF15C2V0X11C23A1000000/〉。

吉岡桂子，〈半導体産業、日台相互に投資を　台湾から見える米中対立〉，《朝日新聞》，2023年4月7日，〈https://www.asahi.com/articles/ASR307G1TR3WULZU00K.html〉。

佐橋亮，〈アメリカの台 政策（2022）〉，《日本国際問題研究所》，2022年9月18日，〈https://www.jiia.or.jp/pdf/research/R04_US/01-09.pdf。

佐藤正久，〈日米同盟の新たな展望―日米安保条約60周年を迎えて〉，《日本外交協会》，2020年1月17日，〈https://www.mofa.go.jp/mofaj/na/st/page6_000482.html〉。

佐藤智子，〈台湾の脱炭素に向けたロードマップを読み解く〉，《ジェトロ地域 分析レポート》，2022年5月19日，〈https://www.jetro.go.jp/biz/areareports/2022/01464c8cfbcaf9b4.html〉。

佐藤智子，〈台湾と日本、次世代複合半導体で協力　産学連携で研究開発〉，《読売新聞》，2023年12月5日，〈https://www.yomiuri.co.jp/science/20231205-OYT1T50141/〉。

佐藤優，〈日米同盟の変容と日本の安全保障政策〉，《外交フォーラム》，2019年12月，〈https://www.mofa.go.jp/mofaj/area/usa/hosho/henkaku_saihen_k.html〉。

防衛省，〈冷戦後の日米安全保障体制をめぐる動き〉，《防衛白書》，2006年，〈http://www.clearing.mod.go.jp/hakusho_data/2006/2006/html/i4211000.html〉。

防衛省，〈第一部　我が国周辺の安全保障環境〉，《防衛白書》，2020年，〈https://www.mod.go.jp/j/publication/wp/wp2021/html/nd100000.html〉。

防衛省・自衛隊，〈多国間安全保障枠組み・対話における取組〉，《防衛白書》，2018年，〈https://www.mod.go.jp/j/publication/wp/wp2018/html/n32102000.html〉。

防衛省・自衛隊，〈第2節 日米同盟の抑止力及び対処力の強化〉，《防衛白書》，2021年，〈https://www.mod.go.jp/j/publication/wp/wp2021/pdf/R03030202.pdf〉。

防衛省・自衛隊，〈憲法と防衛政策の基本〉，《防衛白書》，2021年，〈https://www.mod.go.jp/j/publication/wp/wp2021/pdf/R03020102.pdfy〉。

防衛省・自衛隊，〈わが国の安全保障・防衛政策〉，《防衛白書》，2022年，https://www.mod.go.jp/j/publication/wp/wp2022/pdf/R04000032.pdf〉。

防衛省・自衛隊，〈多国間における安全保障協力の推進〉，《防衛白書》，2023年，〈https://www.mofa.go.jp/mofaj/gaiko/anpo/tasouteki.html〉。

河上康博，〈国家防衛戦略を踏まえた日本の戦略的コミュニケーション〉，《笹川平和財団》，2024年1月，〈https://www.spf.org/iina/articles/kawakami_07.html〉。

國家圖書館出版品預行編目 (CIP) 資料

美中印太博弈下的台日關係 / 陳文甲著.
-- 初版. -- 臺北市 : 五南圖書出版股份有限公司,
2024.08
面；　公分
ISBN 978-626-393-615-7(平裝)

1.CST: 全球戰略 2.CST: 國際關係
3.CST: 區域研究4.CST: 文集

592.407　　13011045

4P08

美中印太博弈下的台日關係

作　　者 — 陳文甲
企劃主編 — 劉靜芬
責任編輯 — 林佳瑩
封面設計 — 封怡彤
出 版 者 — 五南圖書出版股份有限公司
發 行 人 — 楊榮川
總 經 理 — 楊士清
總 編 輯 — 楊秀麗
地　　址：106 台北市大安區和平東路二段339號4樓
電　　話：(02)2705-5066
傳　　真：(02)2706-6100
網　　址：https://www.wunan.com.tw
電子郵件：wunan@wunan.com.tw
劃撥帳號：01068953
戶　　名：五南圖書出版股份有限公司

法律顧問　林勝安律師

出版日期　2024 年 8 月初版一刷
定　　價　新臺幣 390 元

# 經典永恆·名著常在

## 五十週年的獻禮——經典名著文庫

五南，五十年了，半個世紀，人生旅程的一大半，走過來了。
思索著，邁向百年的未來歷程，能為知識界、文化學術界作些什麼？
在速食文化的生態下，有什麼值得讓人雋永品味的？

歷代經典•當今名著，經過時間的洗禮，千錘百鍊，流傳至今，光芒耀人；
不僅使我們能領悟前人的智慧，同時也增深加廣我們思考的深度與視野。
我們決心投入巨資，有計畫的系統梳選，成立「經典名著文庫」，
希望收入古今中外思想性的、充滿睿智與獨見的經典、名著。
這是一項理想性的、永續性的巨大出版工程。
不在意讀者的眾寡，只考慮它的學術價值，力求完整展現先哲思想的軌跡；
為知識界開啟一片智慧之窗，營造一座百花綻放的世界文明公園，
任君遨遊、取菁吸蜜、嘉惠學子！